AMBIENTES E TERRITÓRIOS

Do autor (pela Bertrand Brasil):

O desafio metropolitano: A problemática sócio-espacial nas metrópoles brasileiras (Prêmio Jabuti 2001, categoria Ciências Humanas e Educação)

Mudar a cidade: Uma introdução crítica ao planejamento e à gestão urbanos

ABC do desenvolvimento urbano

A prisão e a ágora: Reflexões sobre a democratização do planejamento e da gestão das cidades

Fobópole: O medo generalizado e a militarização da questão urbana (finalista do Prêmio Jabuti 2009, categoria Ciências Humanas)

Os conceitos fundamentais da pesquisa sócio-espacial

AMBIENTES E TERRITÓRIOS

UMA INTRODUÇÃO À ECOLOGIA POLÍTICA

MARCELO LOPES DE SOUZA

BB
BERTRAND BRASIL
2019

Capa: Anderson Junqueira Correa

Imagens de capa: Fogo e desmatamento na Tailândia/chokchaipoomichaiya/iStock; Pobre homem em um depósito de lixo/stefanofiorentino/iStock; Protesto/James-Alexander/iStock; Vista aérea mostrando lama cobrindo a cidade de Mariana no estado brasileiro de Minas Gerais/Agência Brasil/Alamy Stock Photo

Texto revisado segundo o novo
Acordo Ortográfico da Língua Portuguesa

2019
Impresso no Brasil
Printed in Brazil

CIP-BRASIL. CATALOGAÇÃO NA PUBLICAÇÃO
SINDICATO NACIONAL DOS EDITORES DE LIVROS, RJ

S716a

Souza, Marcelo Lopes de
Ambientes e territórios: uma introdução à ecologia política / Marcelo Lopes de Souza. – 1ª ed. – Rio de Janeiro: Bertrand Brasil, 2019.

Inclui bibliografia
ISBN 978-85-286-2437-3

1. Geografia política. 2. Política ambiental – Brasil. 3. Ecologia – Aspectos políticos. I. Título.

19-59822

CDD: 304.28
CDU: 502.1

Meri Gleice Rodrigues de Souza – Bibliotecária – CRB-7/6439

Direitos exclusivos de publicação adquiridos pela:
EDITORA BERTRAND BRASIL LTDA.
Rua Argentina, 171 – 3º andar – São Cristóvão
20921-380 – Rio de Janeiro – RJ
Tel.: (21) 2585-2000 – Fax: (21) 2585-2084

Atendimento e venda direta ao leitor:
sac@record.com.br

Para Marcia, graças a quem o crepúsculo se fez aurora.
E para Bruno, que nasceu com o novo dia.

Sumário

Apresentação: Os inícios e os fins

Malgrado seu vigor (e mesmo seu frescor, apesar das primeiras rugas e de algumas angústias e autocríticas), a Ecologia Política não constitui um campo intelectual novo. Conforme irei expor com mais vagar na **Introdução** e, muito especialmente, no **Cap. 2**, podemos traçar a sua existência até, no mínimo, a década de 70 do século passado, ou mesmo a segunda metade da década anterior. É espantoso, diante disso, e considerando ainda a vitalidade e a relevância do pensamento político-ecológico na América Latina, que haja uma escassez tão grande de obras de referência sobre o assunto, em português. Essa escassez é, contudo, exatamente o problema que me estimulou a elaborar o presente livro. Problema que, tantas e tantas vezes, me afligiu em meio às minhas atividades de professor universitário, ao ter de indicar, para alunos de graduação, trabalhos sobre o tema em língua portuguesa que fossem, de uma só tacada, acessíveis e relativamente abrangentes.

Imagino que o livro que o leitor tem em mãos possa ser útil para profissionais de campos de formação universitária bem variados, da Sociologia à Biologia, uma vez que a lacuna detectada afeta profissionais os mais diversos. Seja lá como for, por ironia do destino, é em relação à disciplina acadêmica chamada Geografia, da qual eu mesmo sou oriundo e que tem sido o meu "endereço profissional" oficial há três décadas, que se pode observar, pelas lentes da experiência brasileira, a mais significativa e curiosa distância em matéria de publicações específicas: desde os anos 1980, os geógrafos têm estado, ao lado dos antropólogos (e quiçá mais ainda que estes), à frente das iniciativas de cultivo e promoção da Ecologia Política, sobretudo se considerarmos o universo acadêmico anglófono; em contraste com isso, a Geografia brasileira tem se mostrado extremamente tímida (com as exceções de praxe, algumas até com destaque internacional) no que diz respeito ao interesse pelo campo em questão. Com efeito, a realidade da Geografia no Brasil, de resto tão vibrante e às vezes pujante, não nos deixa sequer imaginar que, longe de serem retardatários ou meros apêndices, os geógrafos de formação e seus ambientes de discussão têm estado, internacionalmente, entre os principais fomentadores de um rico veio de debates científicos e políticos (e filosóficos), o qual tem se expandido tremendamente nos últimos três decênios.

As razões desse hiato não são fáceis de identificar com precisão, mas arrisco um palpite: o tipo de rejeição que os estudos sobre a natureza, comumente chamados de "Geografia Física" (e que, por motivos que mencionarei mais tarde, prefiro denominar, acompanhando Jean Tricart, *Ecogeografia*) sofreram entre os geógrafos brasileiros, a partir da virada para a década de 1980 e ao longo dela, deixou sequelas que foram e vão muito além de ressentimentos e desconfianças. A maneira como a "Geografia Crítica" ou "Radical" (na verdade, basicamente uma Geografia *marxista*, já que a presença libertária era, até o início do século XXI, inexpressiva, apesar de precursores do calibre de um Élisée Reclus ou um Piotr Kropotkin) penetrou e se instalou nestas plagas foi particularmente problemática. Patrocinou-se um — me desculpem o chavão — "jogar fora o bebê com a água do banho", no que concerne a decretar a natureza como uma espécie de "ilusão" e, mais do que isso, tratar a "Geografia Física" como um empreendimento mais ou menos alienado e alienante, e até mesmo intrinsecamente conservador. Afirmar, contra a resistência dos positivistas mais empedernidos — os quais, não há como negar, eram legião nos anos 1980 e mesmo depois, na "Geografia Física" e nas ciências da natureza em geral —, que o nosso conhecimento da natureza não humana é sempre mediado pela história e pela cultura, e que a própria categoria "natureza" é social, exigiria realmente desprezar o saber gerado por geomorfógos, pedólogos, climatologistas e biogeógrafos? Hostilizar e indispor-se com colegas de departamento (e, queiram ou não, de profissão) seria um preço inevitável a pagar pela ousadia de se rechaçar a ideologia do "naturalismo", isto é, da despolitização dos processos e problemas ambientais e da crença na necessidade de imitação metodológica dos estudos da sociedade pelos da natureza? A historicização do conhecimento sobre a natureza não humana exigiria, como premissa, o desinteresse e o menoscabo pelos fatores geoecológicos e as dinâmicas naturogênicas (ou seja, não criadas pelo *homo sapiens*)? Não me parece. Mas o fato é que tudo isso aconteceu, em maior ou menor medida. Para um campo como a Ecologia Política, que nitidamente depende de um diálogo de saberes, esses afastamentos (recíprocos e que se autorreforçam com o tempo) e essas incompreensões (mútuas, idem) só poderiam ser fatais. Daí, provavelmente, decorre a mais importante causa de os perfis acadêmicos de um Carlos Walter Porto-Gonçalves ou de uma Dirce Suertegaray — infensos aos muros e às cercas *intra*disciplinares que os geógrafos tão bem conhecem — ainda corresponderem, no Brasil, a exceções, e de forma alguma a uma regra.

Há, todavia, algo de novo sob o sol. Uma certa *environmental geography*, que no fundo constitui uma retomada ou recuperação — *ainda que sobre novas bases*, epistemológica, teórica e metodologicamente — da velha tradição geográfica de procurar construir uma "ponte" entre os saberes sobre a natureza e a sociedade, despontou e vem ganhando adeptos desde a primeira década deste século, inicialmente no mundo anglo-saxônico, e cada vez mais igualmente em outros ambientes linguístico-culturais. Até certo ponto, trata-se de uma ironia, já que, muito mais que no interior da Geografia alemã ou mesmo da francesa, foi nos marcos da Geografia anglo-saxônica que a decretação unilateral (e um tanto míope, apesar das boas razões e intenções) da Geografia como uma "ciência social", em detrimento de qualquer diálogo de saberes digno do nome, foi levada ao paroxismo nos anos 1970 e 1980. Na França e principalmente na Alemanha, onde se tentou preservar ao máximo aquela tradição (mas com o elevado custo, especialmente na Alemanha, de se manter quase inteiramente à margem da "renovação crítica" da disciplina), as perseguições, o dogmatismo e os expurgos nunca assumiram ares de moda. É curioso, mas explicável à luz da acachapante hegemonia da cultura acadêmica anglo-saxã e da língua inglesa, que também na Alemanha e na França, principais países no mapa da Geografia acadêmica até meados do século XX, as agendas de pesquisa e os gostos e preferências venham, cada vez mais, sendo ditados pelo mundo anglófono. De toda sorte, a *environmental geography*, que se beneficia do fato de a Ecologia Política ser forte desde os anos 1980 entre os geógrafos anglo-saxônicos, vem representando, por sua influência internacional, uma lufada de ar fresco. Ao mesmo tempo, no Brasil, em que já desde bem antes da década de 1980 houve, entre os geógrafos, notáveis precursores tanto no que concerne à Ecologia Política quanto no que se refere à Geografia Ambiental contemporânea — basta pensarmos em Orlando Valverde —, a Geografia Ambiental que começa a ganhar corpo entre nós constitui, também para o crescimento do interesse pela Ecologia Política, um sopro de esperança. Oxalá assim seja!

• • •

O título desta **Apresentação** acabou de ter um de seus componentes minuciosamente explicado. Os "inícios", isto é, as origens, as motivações, dizem respeito, resumidamente, a um incômodo, para não dizer a uma perplexidade, com a pouquíssima oferta de textos de Ecologia Política que possuam as qualidades de abrangência temática e inteligibilidade de exposição que os recomendem como introduções a esse vasto campo. Passo agora, pois, a aclarar os "fins", cujo sentido, aqui, é duplo. O primeiro, como o leitor adivinhou, é o de "finalidade"; o segundo sentido, porém, decerto que não é o de "término", dado que o arremate, por provisório que seja, é tarefa, por suposto, para a **Conclusão.** O outro significado que ora nos interessa é o de "limite", a definir o alcance, as possibilidades, as limitações do trabalho. Em outras palavras, é preciso demarcar a extensão e a profundidade da empreitada, para que não sejam geradas expectativas falsas ou indevidas.

Ambientes e territórios se pretende uma obra meramente introdutória. Como tal, não poderia ter a ambição de cobrir um espectro temático muito amplo e tampouco (e muito menos) a de esgotar algum assunto. Longe de ser exaustivo, o livro busca, pelo menos, ser representativo dos principais debates contemporâneos, oferecendo uma visão panorâmica sobre o campo na atualidade e permitindo-se aprofundar em algumas discussões selecionadas. O público-alvo principal são os estudantes dos dois últimos anos da graduação, além daqueles em nível de pós-graduação. Afora os pesquisadores iniciantes e os jovens universitários em geral, presumo que profissionais experientes também possam tirar proveito do material de diversos capítulos, menos pela novidade dos assuntos que pelo enfoque, que provavelmente não lhes será sempre familiar. Acalento, ademais, a esperança de que muito do que este livro contém possa (retro)alimentar, não apenas dentro da academia, mas igualmente e sobretudo fora dela, o ativismo ambiental crítico e a prática de combater as iniquidades e as distorções.

Acredito que este livro possa ter utilidade para os estudantes e estudiosos cuja formação se dá ou se deu em disciplinas tão diferentes quanto a Sociologia e a Biologia, a Antropologia e a Arquitetura, a Economia (Política) e a Engenharia Florestal, a Ciência Política e a Geologia (Ambiental), a História e os estudos de Saúde Pública e Sanitarismo. Isso é totalmente coerente com um campo de estudos que, por excelência, é interdisciplinar — e, idealmente, até mesmo transdisciplinar. No entanto, uma vez que a minha própria formação acadêmica ocorreu e a minha inserção institucional tem lugar no âmbito formal da Geografia, é aos geógrafos de formação, em primeiro lugar, que estão voltadas estas páginas. Não creio, porém, que isso implique qualquer desvantagem. Permito-me, a bem da verdade, imaginar que profissionais de outras áreas poderiam lucrar muito com um contato com a literatura e os enfoques advindos da Geografia, por incompletos e imperfeitos que sejam.

Após a **Introdução**, em que os princípios que governam a minha visão da Ecologia Política e regeram a elaboração da obra — o *pluralismo epistemológico, teórico e político-filosófico* e o *anticolonialismo* — serão devidamente expostos, o **Capítulo 1** trará a discussão de dois conceitos-chave: o de *ambiente* e o de *território*. Conforme argumentarei pormenorizadamente, o labor intelectual em torno do campo da Ecologia Política não pode prescindir desses dois conceitos geográficos, de modo que as reflexões que ocupam este livro se valerão, recorrentemente, desses conceitos e de conceitos deles diretamente derivados, tais como *paleoambiente*, *ambiente construído*, *territorialidade*, *territorialização* e *desterritorialização*, ou a eles indiretamente vinculados, a exemplo dos conceitos de *ecossistema* e *geossistema*. Na realidade, não é somente o trabalho de pesquisa e reflexão acadêmicas que depende desses conceitos: o mundo real das lutas por direitos tem, especialmente em décadas recentes, como bem atesta a América Latina, valorizado grandemente vocábulos e expressões que passam a ser elos de uma cadeia de intercâmbios menos ou mais explícitos e assumidos entre o saber científico-universitário e o saber local ou tradicional, atuando como termos técnicos (re)apropriados enquanto termos nativos: sejam mencionados, a título de ilustração, *território* e *justiça ambiental*.

O **Capítulo 2** se encarregará de apresentar uma versão resumida da história e das perspectivas da Ecologia Política, a partir de um olhar consciente de sua situacionalidade histórico-geográfico-cultural e ético-política — vale dizer, produto de um autor brasileiro, socializado academicamente nas últimas décadas do século XX no âmbito (sobretudo) da Geografia e que esposou, já cedo, ideias libertárias como *autonomia*, *autogestão* e *horizontalidade* que iriam, justamente, dar o tom de vários dos mais interessantes movimentos sociais do século XXI, inclusive no que tange ao debate em torno da "ecologia". A partir daí, o que se segue, do **Capítulo 3** ao **Capítulo 6**, é uma sucessão de temas específicos, porém tratados de maneira encadeada e bastante cumulativa, em que alguns assuntos selecionados serão objeto de aprofundamento. A seleção obedeceu ao critério de considerar não somente a relevância político-social, mas, ainda, o quão "vertebrador" de todo um conjunto de discussões um dado tema tem sido. O **Capítulo 7**, sobre aquilo que venho chamando de "direito ao planeta", é um desaguadouro de grande parte das análises anteriores, ou uma verdadeira apoteose das preocupações político-ecológicas, encaradas a partir de um prisma libertário. Por fim, caberá à **Conclusão** arrematar o percurso de reflexão sobre a Ecologia Política, suas origens e propósitos, suas limitações e potencialidades e seus conceitos e temas principais, debruçando-se sobre uma tarefa difícil, porém necessária: um balanço provisório das realizações, possibilidades e novas aberturas que podemos vincular àquele campo de conhecimento, largamente localizado não apenas na interface entre as ciências da sociedade e as da natureza, mas, também, na interface da atividade científica com a reflexão filosófica e a prática política.

• • •

À semelhança de meu livro mais recente (*Por uma Geografia libertária*), mas à diferença da maioria de meus outros trabalhos, o estilo escolhido para o livro que o leitor tem em mãos acompanha o exemplo dado pelo filósofo Edgar Morin n'*O método*, sua obra-prima, na "Advertência do Tomo I":

> Neste texto, passo do *eu* ao *nós*, do *nós* ao *eu*. O *eu* não é pretensão, é tomada de responsabilidade do discurso. O *nós* não é majestade, é companheirismo imaginário com o leitor. (MORIN, s.d.: Tomo I, p. 33)

Eu já havia lançado mão desse artifício de oscilar entre o "eu" e o "nós" (inclusive escorando-me no citado trecho de Morin) em minha dissertação de mestrado, defendida em 1988, mas nas décadas subsequentes acabei me conformando, o mais das vezes, aos padrões estilísticos correntes das obras científicas, que prescrevem um estilo mais impessoal. Não vejo, porém, razão para uniformidade estilística a esse respeito, seja no interior de um trabalho, seja entre trabalhos de um mesmo autor. Mantenho uma relação única com cada livro que escrevo, seja pelo momento em que ele é elaborado, seja pelo seu objetivo, seja pela minha relação com o assunto, seja, ainda, pelo público a que se destina. No caso deste, seguir, novamente, o exemplo de Morin, adotado anteriormente aqui e ali, me pareceu válido e conveniente.

Ainda sobre o estilo, uma advertência que também já fiz alhures: de vez em quando refiro-me ou dirijo-me "ao leitor", forma que se arrisca, hoje em dia, a ser confundida com um linguajar machista. Não é. Faço alusão a um leitor genérico, pertencente à espécie humana, à humanidade — e é óbvio que incluo, entre os meus leitores, *as* leitor*as*. Ocorre que sou adepto de um estilo econômico, avesso a ficar repetindo "os leitores e as leitoras", fórmula que sempre me soa redundante, a despeito de entender perfeitamente as legítimas intenções de quem faz questão de frisar os dois gêneros (coisa que, em inglês, com os vocábulos *reader[s]* e *readership*, é dispensada pelo próprio idioma, muito embora a preocupação emerja ali em outros casos, notadamente quando do uso dos pronomes pessoais). Tampouco adotei a prática de empregar fórmulas como "leitor@s" ou "leitorxs" — que, ao se revelarem inúteis na linguagem falada, me parecem pouco mais que muletas simpáticas e, no geral, contornáveis. A forma, de certa maneira, *é o conteúdo*, não se tratando, assim, de uma questão menor, como bem reconheço. Mas a adoção de estilos limitados ou canhestros (como a prática atualmente bastante difundida em países anglófonos, de simplesmente inverter as coisas e substituir, ao longo do texto, os velhos *he/his* patriarcais pelo *she* e pelo *her*, até mesmo em situações em que isso soa um tanto esquisito ou forçado devido ao contexto) não me parece uma alternativa satisfatória.

Por último, permanecendo ainda no quesito "estilo", alguns esclarecimentos sobre a citação de trechos em línguas estrangeiras. À semelhança de trabalhos anteriores da minha lavra, tomei uma decisão que aumenta consideravelmente o número de notas de rodapé e, por isso, não ajuda a tornar o texto mais leve, mas, em contrapartida, colabora com um objetivo mais importante, o *rigor*: forneço, para as traduções de línguas estrangeiras, também as passagens originais, no corpo do texto (quando for uma simples frase ou um membro de frase, com exceção de frases longas), ou, o mais das vezes, em notas de rodapé (quando forem duas ou mais sentenças, ou então uma frase extensa). Achei por bem oferecer esse tipo de informação ao leitor, posto que, com frequência, a força e a precisão de um argumento ou simples exemplificação se perdem um pouco com a tradução. Confesso que hesitei no caso dessa língua irmã e tão próxima da nossa como é o espanhol, pois não desejava sobrecarregar ainda mais o texto; acabei, entretanto, por me render a razões de praticidade e simetria, ponderando que não seria muito adequado limitar-me a reproduzir as passagens no idioma original. Observo, por fim, que sempre que não se indicar nada em contrário, as traduções são de minha autoria e inteira responsabilidade.

Rio de Janeiro e Petrópolis, novembro de 2018.

Dívidas e afetos

Um livro de certo fôlego, ainda que consista em nada mais que uma obra introdutória como esta que o leitor tem diante de si, dificilmente vê a luz do dia sem que muitas pessoas concorram para isso, direta ou indiretamente. A autoria de um trabalho científico, por mais que pareça uma atividade solitária (e, muitas vezes, de certo modo realmente o é), depende das achegas proporcionadas e dos auxílios prestados por colegas, amigos e parentes, alunos, orientandos, agências de fomento e, sem dúvida, pelos atores sociais com os quais interagimos no âmbito de trabalhos de campo e, volta e meia, de colaborações diversas. Acumulamos tantas dívidas de gratidão que, lamentavelmente, corremos o risco de acabar esquecendo alguém.

Algumas contribuições individuais e de grupos específicos, porém, são cristalinas. A primeira delas, como tem sido sempre desde 2012, é a de Marcia Alvarez Lopes de Souza. Sem sua solidariedade, eu não teria podido ruminar o conteúdo deste livro com a mesma tranquilidade; e sem seus conselhos e suas opiniões "de leiga", talvez algumas decisões de minha carreira tivessem sido erradas, prematuras ou tardias. Ela é o esteio, o principal pilar e a voz sábia que me socorre nas horas de maior necessidade. Se seu amor inspira e se sua paciência encoraja, sua lucidez, quero assim crer, me contagia um pouco.

Os colegas da Rede de Pesquisadores em Geografia (Socio)Ambiental, a RP-G(S)A, têm sido, desde abril de 2017, companheiros de uma jornada intelectual (ou político-intelectual, como gostamos de lembrar e salientar) que está ainda engatinhando, mas que já começou a dar frutos. Sua companhia tem sido um importante fator de estímulo para pensar e repensar os rumos, o papel e as possibilidades da Ecologia Política no Brasil. O grupo já está relativamente grande, e mesmo assim sei que, de mil maneiras, devo endereçar o meu "muito obrigado!" a todos os membros da RP-G(S)A — à qual desejo, repetindo os antigos: *vivat, crescat, floreat!* Com alguns colegas, porém, o intercâmbio tem sido, por diversas circunstâncias, mais intenso ou sistemático, e acho que é justo nomeá-los: Dirce Maria Antunes Suertegaray (UFRGS), entusiasta de primeira hora do esforço de criar uma tal rede; Luiz Fernando Scheibe (UFSC), geólogo que o destino tornou também geógrafo; Paulo Pereira de Gusmão, colega da UFRJ que tem sido um valoroso interlocutor e conselheiro no dia a dia; Rebeca Steiman, igualmente colega da UFRJ, cujo bom senso me tem sido de valor inestimável; Luciano Zanetti Pessôa Candiotto, que se tornou, além de um parceiro intelectual, um bom amigo; João Osvaldo Rodrigues Nunes, cúmplice no bom combate por uma ciência engajada; e, *last but not least*, Carlos Walter Porto-Gonçalves (UFF), a quem voltarei a fazer menção mais à frente.

Meus orientandos e estagiários do Núcleo de Pesquisas sobre Desenvolvimento Sócio-Espacial (NuPeD) tiveram, mais uma vez, uma participação decisiva. No momento em que estas linhas saem publicadas, alguns dos que, nos últimos anos, contribuíram com sua energia e seu empenho para a realização de seus próprios trabalhos e também de iniciativas coletivamente gestadas e executadas, como a nossa série de "Debates (Socio)Ambientais", nem sequer estarão mais no NuPeD. Mas todos, em maior ou menor grau, ajudaram a criar as condições e o ambiente de trabalho em que este livro surgiu. A eles, a minha sincera gratidão, talvez especialmente pela paciência quotidiana para com um orientador exigente, perfeccionista e um tanto temperamental. É na hora de agradecer aos colaboradores mais próximos, e que têm sido tantos, que o risco de cometer injustiças (ou de dar essa impressão) se torna maior. Pelo empenho em ser dedicados e constantes companheiros de trabalho, e não somente orientandos aplicados, cumpre individualizar os agradecimentos a três dos integrantes do núcleo de pesquisas que coordeno na UFRJ: Rafael (Rafael Luiz Leite Lessa Chaves), Roniere (Thiago Roniere Rebouças Tavares) e Wentzel (Thiago Wentzel de Melo Vieira), recebam o meu "muito obrigado!".

Também fora do Brasil tenho mantido um produtivo diálogo com diversos colegas. Penso ser justo destacar cinco, no que especificamente concerne aos assuntos abordados neste livro: Simon Springer (University of Newcastle, Austrália), Richard J. White (Sheffield Hallam University, Inglaterra), Gerd Kohlhepp (professor emérito da Eberhard-Karls-Universität Tübingen, Alemanha), Georgina Calderón Aragón (Universidad Nacional Autónoma de México) e Hugo Romero (Universidad de Chile). Com Simon, tive a oportunidade de conversar sobre as perspectivas de uma Ecologia Política libertária, por conta de um capítulo que preparei para uma das coletâneas por ele organizadas. Richard, dono de um coração imenso e generoso, tem sido um valioso interlocutor no que concerne a não negligenciar os direitos e as necessidades dos "*non-human animals*". O intercâmbio científico que tenho mantido com Gerd, desde a época em que ele era meu orientador de doutorado (entre 1989 e 1993, em Tübingen), também ajudou a nutrir ou consolidar algumas das ideias que fluíram para as páginas deste livro. *Danke schön, lieber Doktorvater!* A Georgina devo, para além do excelente livro *Construcción y reconstrucción del desastre*, com que me presenteou em 2008, várias *charlas* agradabilíssimas, naquele ano e novamente em 2012, que volta e meia incluíram, como não poderia deixar de ser em nosso caso, os vínculos entre sociedade e natureza. O curso que, a seu convite, ministrei na Universidad Nacional Autónoma de México (UNAM) em 2012, "Sociedad, Naturaleza y Espacio: La Perspectiva Libertaria", representou um ponto de inflexão em meu trabalho, pelo pretexto que me deu para aprofundar e sistematizar algumas reflexões. E a Hugo sou agradecido por expor para mim, em meio a gostosas conversações, a abordagem da Topoclimatologia Cultural, cujas implicações para a tarefa de qualificar geograficamente a noção de "mudança climática" precisam ser levadas muito a sério pela Ecologia Política.

Gostaria, por fim, de expressar a minha gratidão a um dos dois grandes mestres brasileiros em matéria de Ecologia Política de cujos ensinamentos e de cuja amizade tive ou tenho tido a fortuna e o privilégio de desfrutar: Carlos Walter Porto-Gonçalves (o outro sendo Orlando Valverde [1917--2006], referência intelectual e ética, aliás, tanto para mim quanto para Carlos Walter). Responsável como ninguém, desde os anos 1980, por encorajar os geógrafos deste país a se dedicarem à Ecologia Política, sou grato a Carlos Walter pelo incentivo com que tem me brindado desde 1987, ano em que nos conhecemos. No ano de 2017 completaram-se exatos três decênios de livros emprestados, conversas animadas e esclarecedoras (e, como não poderia deixar de ser com Carlos Walter, salpicadas com tiradas de delicioso e inspirado bom humor) e, acima de tudo, muita cumplicidade político-intelectual. O presente livro e, por trás dele, a modificação de prioridades em minha vida profissional que ele representa, vieram com um "atraso" de muitos anos. O fato de finalmente virem, porém, se deve muito ao exemplo de Carlos Walter, tanto quanto ao de Orlando Valverde.

Introdução: Por um olhar anticolonial e pluralista sobre a Ecologia Política

Ainda hoje, a Ecologia Política costuma ser entendida como o encontro histórico de dois saberes: a Economia Política e a Ecologia — com a primeira, efetivamente, tomando a iniciativa de buscar a segunda e "resgatá-la" para propósitos de análise social (na acepção forte de recuperá-la e dar-lhe um sentido mais positivo, libertando-a de seu ranço naturalista e livrando-a de um contexto socialmente pouco ou nada crítico). Daí teria resultado uma espécie de "politização crítica" da Ecologia (ou, falando mais rigorosamente, do conhecimento nela buscado), concomitante a um maior envolvimento da Economia Política com problemas "ecológicos". Esse modo de ver as coisas parece ser comum, acima de tudo, no ambiente acadêmico anglófono, se bem que não esteja ausente de outros espaços de reflexão e ativismo, como a América Latina. Tal interpretação encerra, porém, dois problemas: um *reducionismo* e uma *imprecisão histórica*.

O reducionismo tem a ver com o fato de que, patrocinada por autores de figurino marxista, essa visão padece do vício de se enxergar na Economia Política, ou na dimensão econômica da sociedade, *o* fator de politização (crítica) da Ecologia por excelência. Com isso, deixa-se de fazer referência destacada àquilo que, de fato, mereceria o verdadeiro realce: a saber, que não se trata apenas da dimensão econômica da sociedade (e, por conseguinte, não se trata somente da Economia Política, marxista ou qualquer outra), mas sim das *relações sociais*, em sua integralidade e na multiplicidade de suas dimensões. Por mais que os marxistas se esforcem para argumentar que a Economia Política não consiste na "Ciência Econômica pura" preconizada pelos neoclássicos e seus assemelhados, é difícil negar que, por trás da superênfase dada à Economia Política, reside o conhecido economicismo do pensamento marxista.[1]

Quanto à imprecisão histórica, ela tem a ver com a circunstância de que, ao contrário do que essa narrativa quer fazer crer, a Ecologia Política não teve uma única origem, e há, em seu "DNA epistêmico-político", muito mais do que, simplesmente, uma influência da Economia Política marxista e de vertentes teóricas neomarxistas, ainda que essa influência, principalmente no mundo universitário anglo-saxão, tenha sido nitidamente hegemônica até pelo menos os anos 1990 (hoje já não é bem assim). Por mais que o campo se tenha diversificado em matéria de fontes de inspiração teóricas, o "mito fundador" de acordo com o qual a Ecologia Política surgiu a partir da confluência do saber ecológico com a Economia Política marxista (ou, antes, da releitura daquele por esta) vem sendo afirmado e repetido insistentemente, mesmo quando se concede, por exemplo, que o tipo de figurino marxista adotado e de compreensão do conteúdo da "Economia Política" (maior ou menor heterodoxia, maior ou menor dose de "estruturalismo") nunca foi homogêneo (WATTS e PEET, 2004:9). Curiosamente, até mesmo aqueles que se sentem de algum modo incomodados pela persistência daquele "mito fundador" terminam, às vezes, por corroborá-lo (WALKER, 2006:387-389). Na verdade, também na América Latina o mais comum tem sido superenfatizar a contribuição do pensamento marxista no momento de apresentar as raízes da Ecologia Política (ver, p.ex., LEFF, 2015a e 2015b).

Conforme será lembrado com mais pormenor no **Cap. 2**, a Ecologia Política teve diversas fontes de inspiração imediatas, e não somente uma. Para ficarmos em apenas dois exemplos, basta citarmos, para começar, a *écologie politique* de André Gorz, intelectual austríaco radicado na França e com simpatias existencialistas que, algumas vezes, publicou sob o pseudônimo

1. Radiografado e dissecado com maestria, diga-se de passagem, por Cornelius Castoriadis (ver, p.ex., CASTORIADIS, 1975, 1978b, 1978c e 1983). Retornaremos brevemente a esse assunto mais tarde.

"Michel Bosquet" (na verdade, seu verdadeiro nome era Gerhart Hirsch, sendo "André Gorz" um pseudônimo que se tornou tão conhecido que foi por ele praticamente adotado como seu nome real). Gorz, que entre os anos 1940 e 1960, sob a influência de Jean-Paul Sartre (com quem ele colaborou e de quem esteve muito próximo), encampara um tipo de neomarxismo filtrado pelo existencialismo sartriano, foi se distanciando mais e mais do pensamento marxista, na esteira de uma crítica do economicismo e de uma interlocução com o nada convencional filósofo austríaco Ivan Illich.[2] Na época da publicação de seu livro *Écologie et politique* (BOSQUET, 1978), que inclui o inspirador ensaio "Écologie et liberté", somente um audacioso malabarismo mental poderia nos levar a classificá-lo como pertencendo à tradição do materialismo histórico.

Outro caso, a meu ver ainda mais eloquente, é o do neoanarquista Murray Bookchin. Ainda que Bookchin não tenha utilizado o rótulo "*political ecology*" para descrever o enfoque por ele adotado, aquilo que ele (tomando emprestada uma expressão cunhada pelo alemão Erwin Gutkind) chamou de *social ecology* é, evidentemente, nada mais que uma versão libertária da Ecologia Política. É revelador que os autores marxistas (e também outros) costumem situar a emergência da Ecologia Política na década de 1970, não sendo incomum, principalmente entre autores de língua inglesa, que os trabalhos considerados mais cristalinamente pioneiros sejam alguns textos da década de 1980. Isso chega a ser embaraçoso, se levarmos em conta que alguns dos mais relevantes e icônicos trabalhos de Bookchin, como o livro *Our Synthetic Environment* (publicado sob o pseudônimo "Lewis Herber": HERBER, 1962) e o ensaio "Ecology and revolutionary thought" (de 1964, incluído na coletânea *Post-Scarcity Anarchism* [BOOKCHIN, 2004c]), são da década de 1960! O mais impressionante, mas não necessariamente intrigante, reside em que Bookchin quase nunca é citado por aqueles que, marxistas ou não, se dedicam a garimpar as contribuições iniciais para o nosso campo

---

2. Ver, de Illich, para começar, o seu admirável *Tools for Conviviality* (ILLICH,1975), que influenciou toda uma geração de ativistas e pensadores de índole libertária e preocupações ecológicas. Aliás, para além de inspirar outros autores, o próprio Illich figura entre aqueles que marcaram decisivamente determinadas discussões muito caras à Ecologia Política, como a relação entre técnica/tecnologia (e ciência) e poder.

de conhecimento, muito embora não se trate de autor pouco conhecido.[3] Seria mesmo uma surpresa um autor neoanarquista, e que ainda por cima foi largamente autodidata e fugia aos marcos disciplinares da Geografia, da Antropologia e da Sociologia, ser solenemente ignorado pela esmagadora maioria dos que se puseram a historiar a Ecologia Política?

Seria possível citar outros exemplos que não se encaixam na forminha "Economia Política marxista", mas, por ora, basta ficarmos por aqui. O assunto será retomado, como foi dito, mais à frente.

Com isso, chegamos ao primeiro princípio que eu gostaria de enfatizar neste capítulo introdutório: o *pluralismo epistemológico, teórico e político-filosófico*. A Ecologia Política tem andado vinculada, praticamente sempre, a uma visão de mundo socialmente crítica e inconformista. Esse também, aliás, tem sido o caso do autor destas linhas. Isso não significa ser legítimo, porém, pretender fazer passá-la por um filtro intelectual e ideológico, para separar as influências legítimas das ilegítimas, e pior ainda: para estabelecer que apenas uma determinada corrente teórica (e política) equivaleria *à* Ecologia Política, como se somente ela fosse válida ou autêntica. É fundamental ter o desprendimento de não deixar que as nossas opções atuem como um coador, ou como um tribunal de pureza ou correção epistêmico-política. Agir de outro modo seria dogmatismo e sectarismo. Existem seguramente numerosas formas de se praticar a Ecologia Política — e, inclusive, por mais que muitos não aceitem, muitas formas de produzir conhecimento crítico.

Preconceitos de vários tipos, porém, não têm faltado ao longo da história da Ecologia Política, e não se restringem a discriminações de fundo ideológico (como certamente tem sido o caso da negligência em relação à obra de Bookchin). Ao que parece, aos olhos de muitos autores anglo-saxônicos, a produção francesa tem sido vista, tradicionalmente, como (demasiado) "ativista" ou "militante", além de muito ligada a um ambiente intelectual eclético em matéria de proveniência disciplinar ou institucional (ensaístas, sociólogos, ativistas ambientalistas etc.) e também no que concerne aos pressupostos político-filosóficos (extremamente variados), ao passo que a

3. Aquilo que poderia ter sido uma honrosa exceção, terminou por não sê-lo: Enrique Leff teve o mérito de mencionar Bookchin ao apresentar as origens e fundações da Ecologia Política, mas forçou uma interpretação ao inseri-lo no campo marxista, com o qual ele havia rompido já no final dos anos 1950 (cf. LEFF, 2015b:65).

political ecology de língua inglesa corresponderia a um conhecimento mais "científico" e fundamentalmente vinculado à Geografia e à Antropologia, sendo que, talvez sobretudo no caso da Geografia, a influência do pensamento marxista seja marcante. Os franceses se mostram, às vezes, ressentidos, mas muitas vezes reconhecem essas linhas de distinção entre a sua *écologie politique* e a *political ecology* (GAUTIER e HAUTDIDIER, 2015; CHARTIER e RODARY, 2015). No caso dos pesquisadores, como alguns geógrafos, eles também têm reagido com a preocupação de demonstrar que a "sua" Ecologia Política é importante e "globalizável" (CHARTIER e RODARY, 2015) — pondo a nu, involuntariamente, uma nítida disputa entre um imperialismo acadêmico-epistêmico declinante e um outro, agora dominante, que se vale do trunfo que é ter a língua inglesa como idioma materno.

Em meio a isso, a produção latino-americana tenta se firmar e mostrar sua pujança e sua originalidade: uma ilustração recente é a admirável obra coletiva *Ecología Política latinoamericana: Pensamiento crítico, diferencia latinoamericana y rearticulación epistémica*, em dois volumes (ALIMONDA *et al.*, 2017).[4] Ao mesmo tempo, com frequência, a contribuição de latino-americanos, africanos e asiáticos para esforços de natureza epistemológica e teórico-conceitual continua a ser, comumente, subestimada, permanecendo largamente invisível — com a notável exceção representada por aqueles intelectuais que, mesmo sendo originários da América Latina, da África ou da Ásia, estão baseados em universidades de países centrais, e sobretudo dos Estados Unidos, como Arturo Escobar (vide, p.ex., ESCOBAR, 2008)

---

4. Sobre isso, cabe um comentário específico a respeito da Ecologia Política no Brasil. Em que pese contarmos com alguns autores entre os pioneiros e os mais destacados desse campo na América Latina, a mim me parece que a Ecologia Política não encontrou ainda, em terras brasileiras, a ressonância e a acolhida que merece, a despeito dos ingentes e sistemáticos esforços de Carlos Walter Porto-Gonçalves (ver, por exemplo, PORTO-GONÇALVES, 1984, 2001a, 2001b, 2006, 2013, 2014 e 2017), entre outros poucos. Fora da Geografia, a presença, entre nós, de Héctor Alimonda, sociólogo argentino de nascimento e professor da Pós-Graduação de Ciências Sociais em Desenvolvimento, Agricultura e Sociedade/CPDA da Universidade Federal Rural do Rio de Janeiro durante muitos anos (até sua morte em 2017), seguramente foi uma felicidade, inclusive no que tange a ajudar a "latino-americanizar" a produção político-ecológica brasileira e construir pontes com o restante do continente. Não obstante isso, a Ecologia Política, se está longe de ser uma *terra incognita* aos olhos da universidade brasileira, tampouco é um saber que tenha encontrado uma difusão condizente com a magnitude dos problemas ambientais do Brasil.

e Arun Agrawal (ver especialmente AGRAWAL, 2005), ou que têm uma circulação internacional já estabelecida, como Enrique Leff (vide, p.ex., LEFF, 2015a e 2015b). Eles equivalem, contudo, por assim dizer, à exceção que confirma a regra.

Com isso, é chegado o momento de articular o segundo princípio que desejo aqui destacar: o do *anticolonialismo*, ou da *rejeição da colonialidade dos saberes e práticas.*[5] A colonialidade — que se apresenta sob a forma dominante de eurocentrismo —, ainda que fenomenicamente diga respeito a um plano epistêmico e ideológico da realidade social, está visceralmente imbricada não somente com a dimensão política, mas também econômica, historicamente, em uma escala global, conforme aponta Aníbal Quijano:

> A incorporação de histórias culturais tão heterogêneas e diversificadas em um único mundo dominado pela Europa significou, para esse mundo, uma configuração cultural, intelectual, em suma, intersubjetiva, equivalente à articulação de todas as formas de controle do trabalho em torno do capital, para estabelecer o capitalismo mundial. De fato, todas as experiências, todas as histórias, todos os recursos e todos os

---

5. Sob o estímulo de obras como o seminal *Histórias locais/projetos globais* (MIGNOLO, 2003), estudiosos latino-americanos e de outros continentes vêm tematizando com grande intensidade e novas lentes, desde o início do presente século, a bem estabelecida questão do colonialismo e da colonialidade, com suas facetas entrançadas de poder e conhecimento. Em que pesem os acordos, persistem, sem embargo, uns tantos desacordos. "Anticolonial", termo testado há muito tempo nos embates intelectuais e (socio)políticos da América Latina, África e Ásia, já passara a ter, na segunda metade do século XX, um competidor bastante propagado por estudiosos anglófonos: "pós-colonial" (*post-colonial*). Em décadas recentes foi a vez, por fim, de "decolonial" fazer a sua aparição, sendo favorecido por alguns círculos intelectuais latino-americanos, os quais vêm postulando, inclusive, um "giro decolonial" como marco de ruptura com a hegemônica colonialidade do saber. Por mais respeitáveis que possam ser, eventualmente, os argumentos dos que adotam estas duas expressões concorrentes, a mim me parece que o prefixo *anti* é insuperável como símbolo de uma confrontação práxica e epistêmica; ademais, me parece arbitrário postular, como às vezes se postula, que "anticolonial" seja um vocábulo do passado, que teria sido ultrapassado pelo contemporâneo "decolonial" (ou por "pós-colonial"). Para a socióloga boliviana Silvia Rivera Cusicanqui, uma das figuras de proa do hodierno pensamento anticolonial latino-americano, o vocábulo "decolonial" constitui um "neologismo da moda e antipático" ("[l]o poscolonial es un deseo, lo anti-colonial una lucha y lo decolonial un neologismo de moda antipático" [cf. RIVERA CUSICANQUI, 2015c:n.p.), e suas palavras atestam bem que, mesmo com muitas convergências, estamos ainda longe de um consenso terminológico-conceitual na própria América Latina.

produtos culturais acabaram sendo também articulados em uma única ordem cultural global em torno da hegemonia europeia ou ocidental. Em outras palavras, como parte do novo padrão de poder mundial, a Europa também concentrou sob sua hegemonia o controle de todas as formas de controle da subjetividade, da cultura e, especialmente, do conhecimento, da produção de conhecimento. (QUIJANO, 2000:209)[6]

Se bem que a denúncia da colonialidade comumente se dê enquanto objeção ao *etnocentrismo* (via de regra, mais especificamente, do eurocentrismo), é necessário articulá-la, igualmente, com a objeção ao *sociocentrismo*. Esclareça-se que a distinção entre etnocentrismo e sociocentrismo não é algo que seja consensual, sobretudo porque o conceito de sociocentrismo ainda não se encontra solidamente firmado na literatura das ciências da sociedade. Adotarei, assim, uma visão operacional que me parece a mais apropriada, por ser, a um só tempo, clara e relativamente simples, e, por conseguinte, assaz útil. Enquanto o *etnocentrismo* significa julgar outra cultura (entendida como uma matriz cultural qualitativamente específica em termos de linguagem, costumes etc.) unicamente pelos valores e padrões da nossa própria, o *sociocentrismo* é a tendência de olhar para o mundo principalmente a partir da perspectiva do nosso grupo social (nossa classe ou nossa condição de moradores de um dado tipo de espaço, por exemplo), dentro do quadro de uma determinada matriz cultural. Assim posta, a diferença entre etnocentrismo e sociocentrismo emerge, em grande parte, como uma *questão de escala*: em contraste com o sociocentrismo, que geralmente está relacionado às diferenças (e preconceitos) de classe e grupo dentro de um país ou "sociedade" concreta (embora alguns usem o

6. Em espanhol, no original: "La incorporación de tan diversas y heterogéneas historias culturales a un único mundo dominado por Europa, significó para ese mundo una configuración cultural, intelectual, en suma intersubjetiva, equivalente a la articulación de todas las formas de control del trabajo en torno del capital, para establecer el capitalismo mundial. En efecto, todas las experiencias, historias, recursos y productos culturales, terminaron también articulados en un sólo orden cultural global en torno de la hegemonía europea u occidental. En otros términos, como parte del nuevo patrón de poder mundial, Europa también concentró bajo su hegemonía el control de todas las formas de control de la subjetividad, de la cultura, y en especial del conocimiento, de la producción del conocimiento."

termo também para se referir a uma perspectiva tendenciosa em função de peculiaridades e ideologias "nacionais"), o etnocentrismo (especialmente na forma particular do *eurocentrismo*) costumeiramente se refere a preconceitos em um nível intercontinental/hemisférico. À luz disso, temos que o conceito de etnocentrismo é, de certo modo, mais abrangente que o de sociocentrismo, uma vez que a cultura (ou o imaginário) constitui um universo de referência especialmente vasto e complexo. Ao mesmo tempo, o conceito de sociocentrismo possui, em seu presente emprego, uma flexibilidade extraordinária, por permitir que se salientem aspectos variáveis, relativos a comportamentos de subgrupos específicos no interior de uma sociedade: os valores, hábitos, tradições e comportamentos de classes sociais, de subculturas ou "tribos" urbanas particulares, de moradores de espaços como as cidades grandes, médias ou pequenas, o campo, e assim sucessivamente. Os dois conceitos, pois, não se confundem, conquanto sejam bem próximos; eles se complementam reciprocamente, e seu uso combinado e sua articulação são valiosos para o tipo de reflexão que ora se enceta.

Comecemos, para ilustrar o desafio da colonialidade dos saberes e práticas, por um dos numerosos casos dentro da literatura especializada que, a meu ver, exatamente por seu caráter sutil, podendo a muitos passar despercebidos, poderiam ser tidos por emblemáticos: quando Paul Robbins, um dos mais reputados ecologistas políticos de língua inglesa, observa que a Ecologia Política não se acha "restrita aos acadêmicos do 'Primeiro Mundo' [*restricted to academics from the "first world"*]", para em seguida conceder que "as ideias e os argumentos críticos da Ecologia Política são frequentemente produzidos através da pesquisa e da escrita, do *blogging*, das filmagens e do trabalho de assessoria de incontáveis ONGS ou grupos de ativistas pelo mundo afora [*the critical ideas and arguments of political ecology are often produced through the research and writing, blogging, filming, and advocacy of countless NGOs or activist groups around the world*]" (ROBBINS, 2012:21), ele parece cometer um deslize semelhante a um ato falho: o mundo acadêmico é deixado de fora quando ele menciona as ONGs e grupos de ativistas "*around the world*"... Muitos colegas pesquisadores, inclusive entre aqueles (auto)declarados "progressistas", "de esquerda", "críticos" etc., baseados em universidades e centros de pesquisa de países capitalistas centrais, costumam agir pouco importando o grau de consciência que possam ter de seu enviesamento cognitivo — como se houvesse uma espécie de divisão intelectual do trabalho relativamente natural entre o "Norte Global" e o "Sul Global": aos cientistas e intelectuais do primeiro cumpriria o papel de *pensar o mundo*, e portanto o de desenvolver *teorias* (quadros explicativos gerais) sobre a realidade, nas suas mais diferentes escalas geográficas, ao passo que aos cientistas e intelectuais do "Sul Global" caberia o modesto papel de estudar e pensar as suas próprias realidades locais e regionais, ou no máximo "nacionais", mediante trabalhos empíricos. Teorizar e propor conceitos e métodos, vale dizer, proceder a exercícios de abstração e construção de narrativas e estratégias de investigação, descrição e explicação organizadoras da realidade — o que tem evidente relevância política e cultural — seria algo mais ou menos reservado àqueles inscritos nos espaços a partir dos quais se observaria o mundo privilegiadamente, dado que são os principais centros de gestão do território em escala internacional. Às vezes, como o trecho de Robbins citado deixa entrever, a própria produção acadêmica mais ou menos empírica (não necessariamente empirista!) oriunda do "Sul Global" permanece invisível ou é subestimada.

Parece ser contraintuitivo, mas estou convencido de que é muito comum existir algum nível de discrepância entre o "solo ideológico" e a "atmosfera biográfica" — e isso é pleno de consequências em matéria de coerência política e ética no quotidiano. O "solo ideológico" é aquele substrato sobre o qual "caminhamos" de maneira razoavelmente consciente, fazendo opções por determinados princípios éticos, visões de mundo, ideologias, filosofias políticas e teorias; a "atmosfera biográfica", de sua parte, é o "ar" concreto que respiramos no dia a dia, desde que nascemos e iniciamos o processo de socialização até o dia em que morremos. Da "atmosfera biográfica" recebemos todo tipo de influência, e essas influências nem sempre são consistentes com os valores éticos e políticos que racionalmente adotamos. O país ou a região em que vivemos, a época em que nossa mentalidade foi forjada, a família que tivemos e a educação que recebemos, a escola que frequentamos, o espaço no qual crescemos (o bairro, a aldeia, o loteamento irregular, a favela, o condomínio exclusivo, a pequena cidade, a metrópole, a área rural): tudo isso e muito mais nos condiciona lentamente, como propaganda subliminar, e não é incomum nem sequer nos apercebermos disso. Por essa razão é que, volta e meia, somos flagrados (ou nos flagramos) reproduzindo cacoetes conservadores ou fazendo piadinhas infames, mesmo quando nos acreditamos o suprassumo da "correção política" e do espírito tolerante e progressista. Quando temos consciência de que fazemos pose e encenamos uma postura ideológica determinada para sermos mais bem aceitos ou "vender uma imagem" conveniente, somos hipócritas; mas, o que dizer quando nem sequer percebemos (ou aceitamos) que, pelo menos em certas circunstâncias, corporificamos contradições? Por trás do (auto)engano desse tipo há uma *hipocrisia estrutural* que se assenta sobre o descompasso entre "solo ideológico" e "atmosfera biográfica".

No que diz respeito ao ambiente acadêmico, na Ecologia Política e além, faz-se mister tentar manter-se em estado de alerta quanto ao constante risco de escorregarmos e cairmos nas armadilhas preparadas pela discrepância entre "solo ideológico" e "atmosfera biográfica", o que nos leva a cometer incoerências e injustiças. A constante vigilância, porém, precisa ser acompanhada da aceitação de que a produção teórica, conceitual e metodológica não é um luxo a ser reservado para alguns: "teorizar de volta", ou seja, oferecer teorias e filosofias alternativas (e conceitos e métodos alternativos) como uma resposta do "Sul" ao conhecimento exportado pelo "Norte" é um ato de afirmação de autonomia e luta contra a heteronomia. É um ato de saber e de poder ao mesmo tempo, por intermédio do qual buscamos interpretar o mundo com base na nossa vivência e nas nossas necessidades — mas sem provincianismo: para isso combinamos e articulamos as várias escalas geográficas. Se ninguém pode *viver* por nós e *sentir* por nós, ninguém pode *pensar* por nós. As trocas intelectuais são essenciais, e a atividade científica (e filosófica) possui um espírito tendencialmente cosmopolita. O cosmopolitismo, sem embargo, é algo que buscamos a partir de "lugares de enunciação" ou "lugares de fala" específicos[7]; ignorar isso é cair em uma cilada armada

7. O "*locus* de construção discursiva" ou "lugar de enunciação", cada vez mais conhecido como "lugar de fala", é um conceito que, não raro, tem sido enfocado de forma rígida e essencialista, como se cada indivíduo possuísse um único "lugar de fala", que remeteria a uma escala ou quadro de vida particular e, com base nisso, a um ângulo de abordagem graças ao qual se construiria um discurso privilegiado (quase ao ponto do monopólio) sobre

por outros ou por nós mesmos. Como dizia Tolstoi: "se queres ser universal, começa por pintar a tua aldeia". O cosmopolitismo generoso é aquele que procura pensar *também o Outro* — não *pelo Outro*.

Chegamos, a esta altura, a um ponto crucial. O defeito ético-político de pretender "pensar pelo outro" não é algo que se limite a um plano acadêmico e a um nível escalar internacional, referente aos preconceitos de intelectuais e pesquisadores do "Norte Global" contra aqueles do "Sul Global". Restringir o problema a isso seria amesquinhar incrivelmente o tema e o desafio, e mais: carregaria, seguramente, uma forte dose de sociocentrismo. Será que a problemática da invisibilidade da produção de determinados tipos de saber é algo que prejudica somente pesquisadores e intelectuais de classe média, em geral baseados em grandes cidades e universidades da América latina, África e Ásia? E quanto ao saber (e às vidas, aos padecimentos, às experiências, às lutas) dos atores/sujeitos que vivem, trabalham e às vezes se mobilizam e resistem em espaços como periferias pobres e favelas, áreas camponesas, quilombos ou aldeias de caiçaras, e, obviamente, os espaços não ocidentais ou fracamente

determinadas questões. Como dizia Hipócrates, a diferença entre o remédio e o veneno está na dose: ao reagirem ao que veem como uma usurpação discursiva por parte das elites e suas interpretações da realidade, intelectuais vinculados a grupos sociais definidos com relação a uma dada identidade cultural vista como oprimida têm, às vezes, patrocinado uma leitura que se arrisca a simplificar demasiadamente as coisas, como se vários problemas não demandassem a confluência ou combinação de diversas perspectivas. Seja pelo fato de que o enfrentamento de tais problemas exige uma concertação de esforços (o machismo e o racismo, por exemplo, não serão superados sem a colaboração ativa dos homens e daqueles que não sofrem discriminação racial, mas se solidarizam com quem sofre), seja porque certas problemáticas (como a da exploração do trabalho) envolvem uma multiplicidade de situações de vida e escalas, dificilmente um "lugar de fala" poderia ser associado a qualquer monopólio absoluto de legitimidade. Além disso, a faceta geográfica da sociedade concreta costuma ser negligenciada. De um ponto de vista que leve a sério a dimensão espacial, o "lugar de enunciação" é sempre, direta ou indiretamente, um "*lugar*" concreto (o *place* dos geógrafos anglófonos), ou seja, um *espaço vivido e dotado de significado*. Mesmo quando se trata de uma "posição social' ou de um "*locus* social", como a condição de trabalhador(a) assalariado(a) (hiper)precarizado(a), de mulher, de migrante nordestino pobre etc., faz sentido articular as relações sociais com a espacialidade, revelando as conexões com um quotidiano real e suas atribulações e peculiaridades no chão de fábrica, na esfera doméstica, na (hiper)precariedade do comércio ambulante, e assim sucessivamente. O "lugar de enunciação", por fim, não precisa se restringir à escala local: há vários níveis de vivência do espaço e da construção de identidades, e o Nordeste brasileiro e a América Latina (para ficar em dois exemplos) são, para muita gente, espaços de referência identitária (e também de estigmatização por parte de *outsiders*) e enunciação discursiva dos mais significativos.

ocidentalizados de povos e populações cujas línguas maternas nem sequer são europeias (no caso da América Latina, da África e da Ásia), ou dos atores/sujeitos que vivem em guetos ou outros espaços "de minorias" ou imigrantes, ou em espaços de resistência política e contracultural como prédios ocupados (nos Estados Unidos e na Europa)? A organização sul-africana de *shack dwellers* (sem-teto, no sentido de ocupantes e posseiros urbanos) Abahlali baseMjondolo vem promovendo há muitos anos *slogans* que todos nós poderíamos adotar e repetir como um mantra: "falem com a gente, não sobre a gente" ("*talk to us, not about us*"), ou ainda "falem com a gente, não pela gente" ("*talk to us, not for us*"), além de "nada para nós, sem a gente" ("*nothing for us, without us*").[8] Em outras palavras: *solidariedade* e *diálogo*, sim; *tutela* (ainda que "bem-intencionada"), não.

Com efeito, a Ecologia Política não é apenas um saber acadêmico ou científico: ela é um saber surgido, formalmente, no interior de espaços de produção de saber animados por uma classe média progressista ou radicalizada urbano-metropolitana, em parte dentro e em parte fora das universidades (isso varia de acordo com o país). Ao mesmo tempo, ela sempre procurou estudar e, em princípio e por princípio, valorizar a produção de conhecimento realizada por atores/sujeitos situados fora do contexto urbano-metropolitano, universitário e de classe média: camponeses, ribeirinhos, indígenas etc. Isso significa que, ao mesmo tempo em que foi assomando como um campo de saber político-ativista e, especialmente em alguns países, também fortemente e cada vez mais um campo acadêmico interdisciplinar (apresentar e discutir com algum detalhe essa história é uma das finalidades do **Cap. 2**), a Ecologia Política igualmente se enraíza e se nutre dos conhecimentos, das experiências e das lutas gerados por atores/sujeitos cujos "lugares de fala" não são as universidades. Sem embargo, não basta valorizar os aportes do saber "tradicional", "popular" ou "local"[9] apenas *empiricamente*, com o

---

8. Ver, sobre o espírito que move os ativistas da Abahlali baseMjondolo, entre outros textos, PITHOUSE (2007) e NDABANKULU *et al.* (2009).

9. As expressões acima, às quais poderíamos acrescentar mais algumas (p.ex., "saberes vernaculares"), têm sido comumente empregadas como se intercambiáveis fossem. Isso merece um comentário, pois os adjetivos "tradicional", "popular" e "local" não são, evidentemente, sinônimos, e trazem implicações específicas em cada caso. Tomemos, para exemplificar, o termo "*local knowledge*", consagrado pelo antropólogo Clifford Geertz

intuito de informar a teorização acadêmica (do "Norte" ou do "Sul"), mas sim como *narrativas organizadoras do mundo dotadas de valor intrínseco*, por mais que sejam passíveis de discussão, ressalvas e discordância (como, aliás, qualquer conhecimento). Se os ecologistas políticos quiserem, de fato, servir a uma causa que mescla a produção de conhecimento e uma tentativa de ajudar a tornar o mundo ao menos um pouco melhor — produzir conhecimento, portanto, capaz de ajudar a transformar para melhor a realidade sócio-espacial —, em vez de meramente *se servir* dos conhecimentos gerados pelos atores/sujeitos com os quais interagem, a superação do sociocentrismo (e não apenas a denúncia do eurocentrismo) há de ser uma meta constante. Não há como produzir um saber que seja consistentemente anticolonial e verdadeiramente crítico quando não se acalenta essa preocupação.

(GEERTZ, 2000). Tornou-se frequente estabelecer uma linha divisória entre "ciência" e "saber local", ignorando-se que precisamente a sensibilidade de Geertz nos convida a compreender que a própria ciência ocidental, e inclusive as ciências naturais, com toda a sua pretensão de universalidade absoluta, não deixa de ser culturalmente situada e um produto histórico, e, portanto, dotada de algum colorido "localmente" variável. Em face disso, ao usarmos a expressão "saber local" para designar os saberes populares/vernaculares e não acadêmicos, por mais que o desenraizamento da ciência mais convencional (o seu "pensamento de sobrevoo", nas palavras do filósofo Maurice Merleau-Ponty [MERLEAU-PONTY, 2004:13-14]) nutra a conveniente ilusão de um alcance perfeitamente "supralocal", não devemos esquecer que essa qualidade necessita ser relativizada. Se isso se aplica até mesmo às ciências da natureza, é nas pesquisas sociais que essa situacionalidade do saber científico ocidental fica mais evidente.

1. *Ambiente e território*, dois conceitos cruciais

Parece óbvio que um conhecimento que lida com questões atinentes a problemas ecológicos e, por conseguinte, que remetem à superfície da Terra, não pode prescindir de conceitos espaciais. Dentre os muitos conceitos espaciais de que os praticantes da Ecologia Política necessitam se servir, dois merecem ser realçados: *ambiente* e *território*.

À primeira vista, ambos poderiam ser entendidos como maneiras de qualificar o conceito de *espaço geográfico*. Este compreenderia as "esferas" de que falam as ciências da natureza — litosfera, atmosfera, biosfera, hidrosfera e criosfera — e, como coroamento, aquilo que muitos chamam de "tecnosfera", e que eu prefiro chamar de *a Terra como morada humana*. Do ponto de vista tanto das geociências (em sentido estrito, isto é, atinente a disciplinas apenas das ciências naturais) quanto das ciências da sociedade, o *espaço geográfico* parece ser mais abrangente que qualquer um daqueles outros conceitos. Em princípio, de fato, ambiente e território aparentam ser derivações lógicas da ideia de espaço geográfico, ou, dizendo de outra forma, modalidades ou aspectos do espaço: o *território* seria o espaço qualificado através do prisma das relações de poder e o *ambiente* seria a dimensão do espaço geográfico que nos remete às "esferas" supramencionadas, e particularmente às cinco primeiras, da mesma maneira que o conceito de *lugar* qualifica o espaço sob o ângulo do simbolismo e da cultura, a *paisagem* enfatiza a face visível do espaço, e assim sucessivamente. Sem embargo, as coisas, quando olhadas com mais atenção e profundidade, estão longe de ser assim tão simples quanto essa interpretação preliminar faz crer.

Consideremos o conceito de ambiente. A partir do momento em que transcendemos a visão limitante que tende a reduzi-lo a um "meio ambiente", ou seja, via de regra, à natureza não humana (litosfera, atmosfera, biosfera, hidrosfera e criosfera, ainda que às vezes fazendo-se menção à "tecnosfera" como um mero apêndice e de modo superficial), o ambiente passa a revestir-se de uma considerável complexidade. Ao deixarmos de ignorar a sociedade ou tratá-la como um simples fator adicional despido de maior interesse (o famigerado "fator antrópico" dos biólogos e geocientistas *stricto sensu*), entendendo o ambiente terrestre enquanto a Terra como morada humana, ele deixa de ser apenas uma maneira de se qualificar o espaço geográfico para, com efeito, se tornar algo tão abrangente quanto ele — ou até mesmo mais... Senão, vejamos.

Se incluirmos no espaço geográfico também todos os seres vivos e as próprias pessoas, assim como os bens móveis socialmente produzidos, estaremos, provavelmente, estendendo em demasia a ideia de espaço, que, dessa forma, praticamente se confundiria com a própria realidade total e, por conseguinte, perderia qualquer especificidade teórico-conceitual. É bem verdade que, ao mesmo tempo, não podemos, cartesianamente, decretar uma espécie de fronteira absoluta entre o espaço, notadamente os componentes do substrato espacial material (solo, cobertura vegetal, corpos líquidos, infraestruturas materiais da sociedade etc.), de um lado, e os animais, indivíduos humanos e assim sucessivamente, do outro: basta retirarmos as pessoas da paisagem para, na maioria esmagadora dos casos — da praia de Copacabana ao centro comercial de uma metrópole —, aquela nos parecer artificial, estranha, "vazia". Seja lá como for, a despeito das evidentes superposições entre a ideia de espaço e os vários elementos que existem sobre, por meio e através do espaço (e que visualizamos na qualidade de elementos da paisagem), é provável que, instintivamente, a maioria de nós levante ressalvas diante de qualquer proposta de tornar o espaço geográfico, sem maiores sofisticações, como equivalendo a "tudo o que vemos" (ou poderíamos ver).

O ambiente, ao ser reduzido ao "meio ambiente", atua mais facilmente, sem dúvida, como um subconjunto do espaço geográfico (mas, mesmo assim, não sem arestas, como atestado pelos animais não humanos, que tampouco seriam, trivialmente ao menos, diretamente parte do espaço). Contudo, principalmente quando não aceitamos essa restrição e passamos a encarar o ambiente como algo que vai muito além da natureza não humana e seus "elementos e fatores bióticos e abióticos", é que vemos melhor como a relação entre os conceitos de ambiente e espaço geográfico é complexa. Ao parecer ter uma vocação maior para, sem dificuldade alguma, acomodar, dentro de seu universo lógico, toda a matéria e todos os tipos de fluxos, o conceito de ambiente, que inicialmente nos pareceu situado em um nível "inferior" ao de espaço geográfico, na realidade parece ser-lhe equivalente em extensão, ou, dependendo do ponto de vista, até mesmo mais amplo. Por conseguinte, o ambiente, uma vez compreendido em seu sentido mais lato, pode ser encarado, em uma *primeira aproximação conceitual*, como sinônimo de espaço geográfico; mas, em uma *segunda aproximação*, ele nos surge como um conceito complementar, que ora parece apenas qualificar o espaço (o ambiente como um conceito que, de imediato, nos sugere características e aspectos que têm a ver com as relações entre "sociedade" e "natureza", características e aspectos esses que não estão propriamente no cerne de outros conceitos espaciais, como território e lugar), ao passo que ora parece, no fundo, ser até mesmo mais extenso que o conteúdo recoberto pela ideia de espaço geográfico.

Alguns diriam que essa dificuldade em traçar fronteiras conceituais rígidas e lineares é expressão de uma realidade dialética; outros, inspirados em certos debates da Matemática e da Lógica das últimas décadas, provavelmente afirmariam que estamos perante situações características da chamada "lógica nebulosa" (*fuzzy logic*), proposta pelo matemático azerbaijano-estadunidense Lotfi A. Zadeh nos anos 1960 e 1970. Da minha parte, acompanhando o filósofo greco-francês Cornelius Castoriadis, sugiro que essa realidade complexa é melhor captável com recurso ao que ele denominou "*lógica dos magmas*", em que o dogma cartesiano (e positivista) do "claro e distinto", segundo o qual a elucidação da realidade repele indeterminações, zonas cinzentas e incompletudes, é frontalmente desafiado (CASTORIADIS, 1975, 1986c, 1986d, 1997c e 1999b).

Na verdade, o território, na qualidade de espaço definido por e partir de relações de poder (ou, mais exatamente, de uma projeção espacial das relações de poder), também é um exemplo de como as fronteiras conceituais são fluidas. Sendo um "campo de força", o território é, simultaneamente, espaço *e* relações sociais: a rigor, trata-se de relações sociais (e mais particularmente de poder) que se projetam sobre um substrato espacial material de referência. (O conceito de lugar opera da mesma forma, só que, aí, o que está em primeiro plano não são as relações de poder, mas sim as imagens espaciais, as topofilias e topofobias, as identidades sócio-espaciais.)[10]

O conceito de território, de toda sorte, é basicamente sócio-espacial: ou seja, ele nos remete, fundamentalmente, àquela dimensão do espaço geográfico que é o *espaço social*, que corresponde ao espaço geográfico material e imaterialmente produzido pela sociedade, e que deve ser desvendado por meio de estratégias metodológicas desenvolvidas pela pesquisa social ou, mais precisamente, sócio-espacial. Já o conceito de ambiente é, epistemológica e teoricamente, nitidamente um *híbrido*: ele possui facetas distintas e complementares que o tornam um conceito compartilhado pelas ciências da natureza e da sociedade, referente a uma realidade multifacetada cujo esclarecimento exige a solidariedade entre estratégias metodológicas bem diversas.

De um ângulo político-ecológico, como ficará evidente ao longo deste livro, os conceitos de ambiente e território se complementam mutuamente de modo visceral. O *ambiente* nos sugere (se bem que amiúde de uma forma reducionista e ardilosa, conforme já sugeri anteriormente) a conexão entre as ideias de *espaço* e *natureza*, ao passo que o *território* nos guia para o domínio das relações entre *espaço* e *poder*. Cada um deles possui, todavia, como já começamos a ver, as suas especificidades e a sua própria carga de controvérsias. Tudo isso merece ser examinado mais pormenorizadamente do que fizemos até agora. Vamos começar pelo conceito de ambiente, explorando os detalhes do que foi, nos parágrafos anteriores, apenas esboçado. A título de preparação, no entanto, pode ser bastante útil mergulharmos um pouco em um assunto fascinante: o verdadeiro caleidoscópio intelectual que é a ideia de *natureza*.

---

10. Para explanações detalhadas sobre o conceito de *território*, consulte-se SOUZA, 1995 e 2013 (esta última obra traz, também, uma discussão conceitual análoga sobre o *lugar*).

• • •

No princípio era o... Big Bang. Isso parece um gracejo, mas não é: começar a discussão pelo cosmos ou universo, ou mais especificamente por sua origem, tem uma utilidade geralmente insuspeitada para uma discussão de conceitos espaciais como espaço geográfico e ambiente. Interessa-nos, na Ecologia Política, a Terra como morada humana; não obstante, é válido e relevante, por uma questão de lógica (o que terá implicações teórico--conceituais menos ou mais sutis), recordarmos que a Terra não é apenas a morada do *homo sapiens*,[11] e que a nossa espécie fez sua aparição muito recentemente, se considerarmos uma escala de tempo cosmológica. O Big Bang, pelas medições mais atuais, teve lugar há mais de treze bilhões de anos, ao passo que os seres humanos anatomicamente modernos surgiram por volta de 200.000 anos atrás (o planeta Terra formou-se há cerca de 4,5 bilhões de anos).

Muito embora certas interpretações do conceito de espaço geográfico o amarrem, sem maiores cuidados, à presença da sociedade, isso não parece razoável. Ora, por acaso não havia espaço geográfico quando os dinossauros dominavam a Terra, entre os períodos geológicos Triássico e Cretáceo (ou seja, entre 230 e 65 milhões de anos atrás)? O mesmo se aplica, por óbvio, ao conceito de ambiente. Do ponto de vista lógico, não faz o menor sentido deixarmos de lado a informação de que houve *paleoambientes*, espaços que se formaram em priscas eras e que serviram de habitat para numerosíssimas espécies vegetais e animais (e de protistas, moneras e vírus), muito antes que a espécie humana ou mesmo os seus ancestrais mais imediatos tivessem aparecido.

Seja como for, em termos práticos, sem dúvida alguma, faz sentido nos atermos, quando falamos de ambiente (ou de espaço geográfico), a uma situação em que a presença e as marcas humanas são indissociáveis de tudo o que vemos e, cada vez mais, de tudo o que nos influencia. Em uma

11. Seria mais correto referir-me ao *homo sapiens sapiens*, pois nós consistimos em apenas uma das subespécies da espécie *homo sapiens*; o Homem de Neandertal, que se extinguiu cerca de 40.000 anos atrás, também era *sapiens* (*homo sapiens neanderthalensis*), e ainda se especula sobre outras possíveis subespécies. Como o *homo sapiens sapiens* foi a única a sobreviver, podemos escrever, simplificadamente, *homo sapiens*.

escala macroscópica, e notadamente em uma escala das paisagens que a vista pode alcançar, não existe mais, em última instância, algo como uma "natureza intocada": mesmo que nos posicionássemos na Groenlândia, nas imediações do Polo Norte, ou então na Antártida, ou mesmo no interior aparentemente mais recôndito da Floresta Amazônica, ou ainda em alto-mar, não seria fácil, hoje em dia, aceitar que estaríamos diante de uma paisagem prístina e absolutamente inalterada pela sociedade. Pensemos na mudança global e em seus efeitos sobre as geleiras; pensemos não apenas nas muitas camadas de ocupação humana até mesmo das florestas tropicais, ao longo dos milênios, mas também nos efeitos atuais da mudança climática global sobre os regimes de chuvas que afetam até mesmo as selvas mais fechadas; pensemos, também, no lixo nos oceanos, a começar pelo plástico que se acumula até no fundo dos mares e nas partículas de microplástico derivado da quebra do plástico de utensílios, que hoje em dia se conta pelos milhares de toneladas espalhadas pelos oceanos do globo; pensemos, ainda, nas sucatas e detritos (satélites desativados, destroços de engenhos diversos etc.) que orbitam em volta do nosso planeta (*space debris*): até mesmo em escala local, e ainda que não percebamos isso à primeira vista, as marcas da presença humana lá estão, em praticamente qualquer pedacinho da superfície terrestre.[12]

Notemos, ademais, que até mesmo em uma escala microscópica a capacidade de intervenção humana sobre a matéria já chegou, e de maneira cada vez mais impressionante. Alterações em escala microscópica não chegam a ser, no fundo, novidades absolutas: basta nos lembrarmos da criação de uma liga metálica como o bronze, mais de cinco mil anos atrás. Todavia, foi a partir da "Revolução Química" dos últimos séculos, que alcançou proporções industriais no século XIX, que a produção de novas substâncias

12. Cientistas estadunidenses publicaram, em 2014, uma informação impressionante: eles demonstraram, examinando amostras de gelo, que por volta de 1889 já havia, na Antártida, acúmulo de resíduos de poluição por chumbo emitidos por chaminés e atividade mineira. Portanto, cerca de vinte anos antes de os exploradores polares Robert F. Scott e Roald Amundsen liderarem suas expedições rumo ao Continente Gelado, em 1911, competindo para ver quem alcançaria primeiro o Polo Sul, a civilização industrial já havia deixado inconfundíveis traços naquele espaço, facilmente imaginável, na época, como absolutamente intocado pela humanidade (TRISCHLER, 2016:314-315).

(compostos sintéticos) passou a penetrar os mais diversos aspectos da vida social: os plásticos e outros polímeros sintéticos, em particular, parecem estar literalmente em todo lugar, das canetas aos automóveis, dos frascos e recipientes ao vestuário, das tintas às armações de óculos, do computador à mochila. Macroscopicamente, o mundo em que habitamos, ao menos nas cidades, está repleto de objetos e superfícies que, no plano microscópico, são artificiais. Isso sem contar toda uma série de substâncias artificiais que, menos ou mais voluntariamente, ingerimos, de alimentos processados a medicamentos, não esquecendo, por fim, do consumo claramente involuntário de agrotóxicos e congêneres. A isso tudo, ainda precisamos acrescentar o universo de intervenções relacionadas com a engenharia genética e a capacidade tecnológica crescente de manipular o genoma, utilizando a biotecnologia, assim como a fronteira da nanotecnologia.

Existe, porém, outro sentido, mais sutil e, por assim dizer, não diretamente material, em que podemos dizer que a influência humana está sempre e desde sempre presente (para nós, humanos) no ambiente como objeto percebido: o terreno da cognição e da percepção. Em outras palavras: por mais que haja um "algo" que existe fora do observador humano histórica e culturalmente situado, o objeto percebido jamais é trivialmente dissociável do sujeito cognoscente. No limite, porque as próprias palavras e ideias de que nos servimos para expressar o que vimos e vemos são socialmente construídas, não menos que as estradas, os campos de cultivo e os arranha-céus (em um certo sentido, até mais). As ideias (valores, noções, conceitos, mitos...) ou, como diria Castoriadis, "significações sociais imaginárias" (ver, p.ex., CASTORIADIS, 1975 e 1986c), são socialmente construídas, e assim a realidade social, natureza aí incluída (*enquanto "natureza-para-a-sociedade"*, ou seja, a natureza tal como percebida pelos seres humanos e com cujos elementos eles interagem) é, sempre, fruto de um processo mediado pela cultura e pela história.

Significaria isso, portanto, que a "natureza" é ou tornou-se uma *ilusão*? De forma alguma; como muitas outras coisas, isso também é uma *questão de escala* — espacial e temporal. Por mais que, na escala das macroestruturas visíveis e até mesmo invisíveis a olho nu, cada vez menos faça sentido pensar em algo como uma "natureza intocada", é evidente que há uma miríade de processos, dinâmicas e estruturas que não são antropogênicos, vale dizer, não foram gerados pela sociedade: as cordilheiras dos Andes ou do Himalaia, os maremotos e os terremotos, ou os próprios continentes, os mares e oceanos, os ciclos do hidrogênio, da água ou do carbono, e assim sucessivamente, até o nível dos organismos e microrganismos. Há, evidentemente, uma infinidade de macro e microestruturas e macro e microentidades naturogênicas, e os processos naturogênicos continuam a existir: desde aqueles muito além de nossa capacidade de controle ou impacto, como a força gravitacional (que podemos, contudo, "driblar" por meio da tecnologia que nos trouxe a aviação, os satélites artificiais e as viagens espaciais), até aqueles que cada vez mais acabamos por afetar, conforme ilustrado pelo recuo das geleiras e outros efeitos do aquecimento global, na medida em que isso contenha um componente antropogênico, e pela seleção artificial de espécies, que a humanidade pratica há milênios.

Deixando um terreno um pouquinho menos óbvio, há também aqueles processos, dinâmicas e estruturas que, embora muitas vezes desencadeados ou decisivamente influenciados ou agravados pela ação humana, não são propriamente manejáveis ou inteiramente controlados pela sociedade. Nessa categoria entram a chuva e a neblina ácidas, assim como os desmoronamentos e os deslizamentos.

Por fim, resta uma questão essencial, que é a concernente a um domínio do real que, definitivamente, não foi criado por mãos humanas (muito embora, de maneira bastante limitada, estejamos já fazendo experimentos nesse sentido): é o âmbito das estruturas invisíveis a olho nu e só captáveis mediante poderosos equipamentos, como os átomos e as partículas subatômicas, e as moléculas por eles naturalmente formadas (isto é, moléculas não sintéticas). Assim é que, até mesmo em macroestruturas visíveis produzidas pelo trabalho humano, como pontes e edificações, há ali substâncias e elementos químicos que criamos ou manipulamos, mas que retêm suas dinâmicas próprias, investigáveis com a ajuda dos métodos elaborados pelas ciências da natureza. Reconhecer essa peculiaridade não significa dizer que o conhecimento das ciências da natureza não seja, ele próprio, socialmente produzido, possuindo uma carga axiológica (valores) e existindo em um meio histórico-cultural do qual fazem parte a ideologia e as relações de poder. Significa, tão somente, que as estratégias metodológicas necessárias para deslindar a dinâmica de objetos de conhecimento atinentes aos domínios físico, químico ou biológico possuem as suas especificidades, da mesma forma que as estratégias referentes aos domínios sócio-histórico-geográfico e psíquico.

Além disso, as mediações sociais não impedem que a natureza não humana e suas dinâmicas e estruturas imponham limites (flexíveis e mutáveis!) ao que podemos ou não pensar sobre ela e à maneira como podemos ou não agir sobre ela, bem como no que diz respeito aos modos de elucidar essas dinâmicas e estruturas. Não se trata de um *anything goes*: com toda a situacionalidade cultural e histórica do conhecimento dos cientistas naturais (raramente reconhecida por eles, diga-se de passagem, e menos ainda incorporada seriamente em suas preocupações e em seu fazer quotidiano) e com toda a crítica que possamos realizar da ciência moderna, devido às suas perigosas ambivalências, parece inegável que a Medicina atual e o xamanismo não têm a mesma capacidade explicativa, preventiva e curativa, a propósito, digamos, da varíola, da febre amarela, da pneumonia, do enfarte do miocárdio ou do melanoma. A esfera cultural se impõe sobre a natural e, cada vez mais, parece ser capaz de alterá-la e transformá-la, para o bem e para o mal; mas isso ocorre dentro de limites, ainda que estes sejam historicamente maleáveis. Sem sombra de dúvida, esta maneira de ver as coisas, embebida em uma determinada crença no poder da *razão* (mas não em uma racionalidade instrumental estreita e muito menos em racionalismo), não deixa de ser tributária de uma mentalidade ocidental. Contudo, além de eu não acreditar que isso, em si e por si, seja algo inteiramente (e necessariamente) deplorável, resta o fato de que, queiramos ou não, eu e meus leitores certamente compartilhamos esse solo cultural ocidental(izado) — o qual, aliás, a esta altura da história humana, já deixou seus traços, bons e ruins, em todos os rincões do planeta, ainda que felizmente em graus bem variáveis.[13]

---

13. A busca por *compreender* e o *imperativo* de respeitar culturas não ocidentais não nos obriga a tentar emulá-las, por mais que, ainda por cima, percebamos o quanto podemos *aprender* com elas. Não é preciso ir muito longe: presumo que vários ou muitos de nós teremos alguma ou bastante dificuldade em genuinamente acreditar em um plano "sobrenatural" — espíritos, encantamentos etc. —, esbarrando, em consequência, em obstáculos

Nossas relações com a natureza não humana sempre foram, desde sempre, mediadas pelas relações sociais, no sentido de situadas cultural, geográfica e historicamente; a própria percepção individual de indivíduos socializados é sempre afetada por essa situacionalidade. À medida que a humanidade avança sobre o mundo, transformando-o materialmente de maneiras premeditadas ou impremeditadas, desejadas ou indesejáveis, intencionais ou não intencionais, as *mediações sociais* de nossa relação com a natureza se adensam, intensificam e complexificam. Não obstante isso, se levarmos em conta o cosmos, como é ínfima, como é desprezível a influência humana, vista tanto no espaço como no tempo!

A tese de que a natureza não humana seria uma espécie de quimera ou miragem cognitiva foi abraçada por intelectuais marxistas vinculados ao chamado "Marxismo Ocidental", que começa com o filósofo húngaro György Lukács e atinge seu apogeu com os filósofos da Escola de Frankfurt (Max Horkheimer, Theodor-Wiesengrund Adorno, Herbert Marcuse e alguns outros, até a primeira fase de Jürgen Habermas), abrangendo, também, outros tantos nomes (como o do filósofo francês Henri Lefebvre). Para eles, e divergindo da interpretação de Friedrich Engels exposta no livro *A dialética da natureza* (ENGELS, 1979), o conhecimento da sociedade (leia-se: segundo eles, o "método dialético") seria substancialmente distinto

---

para perceber, à maneira do imaginário de muitos povos e culturas tradicionais (como os afrocolombianos com os quais ESCOBAR [2008] dialogou), uma fluidez entre os domínios natural, humano e "sobrenatural". Não é de hoje que uma parcela dos ativistas e intelectuais identificados com o heterogêneo universo das preocupações ambientais encampa valores "espirituais" e expressa até mesmo simpatias ou filiações religiosas, do budismo e xamanismo à "Ecoteologia da Libertação" de Leonardo Boff (BOFF, 2015). Não me apraz julgar e condenar tais posições, de modo genérico, até mesmo porque o exemplo ético e a colaboração prática que muitos desses ativistas e intelectuais vêm oferecendo são dignos de elogio, por mais que, volta e meia, incorram em equívocos e ultrassimplificações bem-intencionadas (que abundam, diga-se de passagem, nos escritos de Boff). Ainda assim, muito menos me parece indispensável, para que se proceda a uma crítica radical dos aspectos problemáticos do Ocidente e da Modernidade, que se embarque em uma apologia do "reencantamento do mundo" (em sentido forte), assim como uma objeção ao racionalismo não precisa ter como corolário saudar o irracionalismo. Cornelius Castoriadis e Murray Bookchin, ambos ocidentais e ateus, permanecem, quanto a isso, dando um expressivo e persuasivo testemunho, admirável pela coerência e pela profundidade, mesmo que deles possamos nos afastar e discordar em alguns pontos (um deles sendo, aliás, a pouquíssima atenção dada à produção de conhecimento e às práticas emancipatórias fora do eixo Europa—América anglófona).

do conhecimento da natureza.[14] E mais: a "natureza" que percebemos ou julgamos perceber, ao ser sempre uma natureza mediada pela cultura e pela história, é parte da realidade social, nada tendo de natural. A natureza, como disse Lukács, é uma *categoria social*. O que os nossos sentidos captam seria uma "imediatez mediada" (*vermittelte Unmittelbarkeit*), e nunca "a natureza" *em si*, como se ela pudesse ser independente das valorações e interpretações socialmente construídas. A própria *ideia* de "natureza", aliás, seria historicamente produzida (e, podemos acrescentar, culturalmente variável, pois cada cultura humana lida com o mundo, aí incluído o que chamamos de "natureza", à sua maneira).

As respostas dos marxistas não foram uniformes. As diferenças foram bem sintetizadas por VOGEL (1996), que analisou, especificamente, Lukács e os frankfurtianos (e também o Jürgen Habermas da fase da "razão comunicativa"). Seja lá como for, uma consequência da "historicização" da natureza e de sua percepção foi a tese de que a natureza independente e anterior à humanidade seria como a "coisa em si" (*Ding an sich*) kantiana: um númeno (*noumenon*) escondido por trás do véu dos fenômenos e, em si mesmo, inatingível e inapreensível — e, por conseguinte, desimportante.

A historicização da natureza promovida pelos neomarxistas perfilados com o "Marxismo Ocidental" (que constitui, decerto, como já mencionei, um conjunto heterogêneo sob vários aspectos, apesar das convergências) merece ser vista como algo positivo, a partir de uma perspectiva que enfatize a importância de desmistificações e que recuse o reducionismo de "explicar" a sociedade e o comportamento humano com base na natureza não humana, tomando esta última como fonte de autoridade inclusive moral, e assumindo as ciências da natureza como modelos inquestionáveis para as ciências da sociedade (tudo isso sendo expressões de um vício cognitivo e filosófico, o "naturalismo"). As advertências e críticas dos filósofos neomarxistas tiveram a virtude de provocar debates fundamentais, de ordem metodológica, epistemológica e até mesmo

14. As posições epistemológicas e metodológicas da Escola de Frankfurt, contrapostas às do "positivismo" (em sentido lato), podem ser verificadas em ADORNO (1975), HORKHEIMER (1975a e 1975b) e HABERMAS (1975). Quanto a Lukács, seu *História e consciência de classe* (LUKÁCS, 1923) permanece sendo uma leitura indispensável à tarefa de saber como o pensamento marxista manejou e vem manejando a ideia de natureza.

ontológica, para não dizer prático-política e ética. O problema reside em que, muitas vezes, extrapolou-se abusivamente o domínio de validade da crítica, ou tiraram-se conclusões excessivas e problemáticas.

O fato de aceitarmos que *todo* conhecimento (ciências naturais aí incluídas) é cultural e historicamente mediado e situado não elimina um "lá fora" (fora do observador humano) e um "antes de nós" (antes de qualquer observador humano), ao menos do ponto de vista lógico; caso contrário, cairíamos no mais absurdo idealismo ou racionalismo, para não dizer: no mais ridículo solipsismo. Aquela aceitação apenas elimina, por assim dizer, o seu *interesse prático para nós*, em última análise. Mas "em última análise" não significa em caráter absoluto, ou todo o tempo... Caso concordemos em que o caráter mediado e situado do conhecimento sobre a natureza (e da própria ideia de uma "natureza" distinguível de algum modo da "sociedade") não necessariamente é incompatível com a admissão de que existem níveis ou, melhor ainda, domínios específicos de "modo de ser" (ou seja, ontológicos) irredutíveis completamente um ao outro — o físico/químico ou inanimado, o biológico ou do vivente, o social-histórico-geográfico e o psíquico —, isso impõe a seguinte pergunta: se há uma diversidade de "modos de ser", por que cargas d'água deveria então haver uma uniformidade epistemológica ou metodológica? Por mais que a formulação e proposição de "realidades" tais como "buracos negros" e supernovas, "força nuclear fraca" e eletromagnetismo, mitocôndrias e erosão em lençol não seja independente de interações linguístico-comunicativas (e relações de poder no interior da "comunidade científica") e de um contexto cultural, geográfico e histórico, parece-me impossível sustentar sem parecer racionalista ou idealista que ela dependa somente disso, e não de um "lá fora" cuja dinâmica não é apenas projetada ou concebida pelo sujeito cognoscente, mas que também guarda relação com características que preexistem a qualquer observação ou intelecção. Ao se negligenciar ou minimizar a importância dessa circunstância, incorre-se (como em VOGEL, 1996) em uma forma sofisticada de obscurantismo. Ora, não faria qualquer diferença, epistemológica e metodologicamente, o fato de as distâncias comunicacionais e os graus de empatia entre sujeito e objeto serem potencial e tendencialmente muitíssimo distintos, emocional e politicamente, se o objeto em questão for uma amostra de rocha ou um perfil de solo (ou qualquer entidade não senciente), um ser vivente e senciente não humano (digamos, uma espécie de pássaro ou mamífero) ou um grupo social humano?!...

Se tomarmos em consideração a história da humanidade como um todo e a pletora de culturas e civilizações que ali já se abrigaram, constataremos, com a ajuda de historiadores ambientais e antropólogos, que o uso dos termos "natureza" e "sociedade", a revestirem noções (ou conceitos) diferentes, é uma aquisição recente e localizável: a construção dessa entidade geográfico-cultural que é o Ocidente. É sabido, por exemplo, que aquela distinção, pelo menos nos moldes ocidentais, é estranha a culturas tribais e muitas sociedades tradicionais, para as quais todos os animais e todas as plantas (e, eventualmente, também o Sol, a Lua, as estrelas, uma montanha, um lago...) estão, de certa forma, vivos, possuindo uma alma ou um espírito.

Na Europa, o projeto da Modernidade e o Iluminismo irão sacramentar um entendimento dualista do mundo, dividido entre a sociedade humana e a natureza não humana. Nem sempre ou em todos os níveis se restringe o vocábulo "natureza" à designação de entidades não humanas: por exemplo, ao se falar de "natureza humana" se reconhece, de algum modo, que há algo de natural também no comportamento humano. Não raro, a isso se atribui, inclusive, um sentido moral: agir ou comportar-se de maneira supostamente "natural" é um ideal de virtude, e tudo aquilo que for "antinatural" será eticamente condenável... (Quantas vezes o argumento do "natural" *versus* "antinatural" não foi brandido para legitimar exclusões e intolerância, camuflando-se o caráter histórico-cultural dos critérios e escolhas em uma sociedade?) Não obstante isso, o dualismo sociedade/natureza, assim como mente/corpo, exerce uma notável influência, aplainando o terreno para a construção de conhecimentos acadêmicos marcados por uma forte dicotomia entre o saber sobre a sociedade e o saber sobre a natureza.

Porém, nem tudo começou com o Ocidente pós-medieval. Note-se que entre os gregos antigos a distinção entre a *physis* e o *nómos* era um dos traços mais distintivos da compreensão do mundo. Para alguns filósofos gregos (como o pré-socrático Heráclito de Éfeso), a *physis* (φύσις) era uma espécie de força misteriosa que consistia na fonte de tudo; mas filósofos posteriores, como Protágoras de Abdera, o maior dos sofistas, contribuíram para redefini-la de forma mais específica e a opuseram ao conceito de *nómos*: enquanto a *physis* deveria ser entendida como a realidade anterior e "exterior" ao mundo dos seres humanos, aquilo que não tem origem social e não obedece a uma dinâmica ditada ou controlada pelos seres humanos, o *nómos* (νόμος) era o termo grego para "lei" e, ao mesmo tempo, para "costume". *Physis*, por conseguinte, era o que normalmente chamamos de "natureza", ao passo que o *nómos* (plural: *nomói*) era o domínio típico da sociedade, caracterizado pela convenção e pela agência humana. O *nómos*, assim, consistia na esfera da criação humana, designando, acima de tudo, as convenções, as leis, as normas e os códigos de conduta que regem a vida em sociedade.

Os monoteísmos judaico e cristão, de sua parte, elevaram a humanidade à condição de pináculo da criação divina, inferior somente aos anjos e ao próprio Deus, e à qual todo o restante da criação deveria servir. A rigor, servir aos desígnios e propósitos dos seres humanos, os únicos seres feitos à imagem e semelhança de Deus, seria o próprio *télos*, a própria finalidade do mundo não humano. Essa visão, por assim dizer, instrumental do mundo terreno não humano revelou-se, ulteriormente, muito funcional para o moderno capitalismo: se o solo e as águas, se as plantas e os animais, a partir de um ângulo judaico-cristão tradicional, ainda tinham algo de sagrado, pelo fato de fazerem parte da obra e do plano de Deus, a sua condição de veículos da afirmação do primado dos seres humanos sobre a Terra os tornou vulneráveis perante um intento de rebaixá-los a "coisas" das quais o *homo sapiens* poderia dispor como bem entendesse. Aproveitando-se dessa fragilidade potencial, foi exatamente isso que o modelo social capitalista, ao se implantar e triunfar, patrocinou: doravante não haveria nada que não pudesse ser transformado em mercadoria e, como tal, vendido e comprado, consumido e descartado — ou eliminado em nome do "progresso" ou do "desenvolvimento".

Interessantemente, o universo acadêmico se verá fadado a conter uma tensão entre duas atitudes opostas: uma, que reproduz o dualismo natureza/sociedade; e outra, que se esforça por negá-lo nos planos especificamente epistemológico e metodológico, isto é, no interior da Filosofia da Ciência e da pesquisa científica, mas sem conseguir (ou mesmo desejar) eliminar a influência do dualismo no âmbito maior da cultura em geral.

Bacon, o primeiro sistematizador do método indutivo e expoente do empirismo, e Descartes, seu equivalente no que concerne ao método dedutivo e ao racionalismo, foram, a despeito de suas diferenças, dois símbolos da edificação do conhecimento científico moderno que convergiram notavelmente a propósito da ideia ou do projeto de uma "dominação da natureza" — uma espécie de destino manifesto da humanidade a ser alcançado com o auxílio da ciência e da técnica modernas (cf. BACON, 2000; DESCARTES, 1894).

Séculos após Bacon e Descartes, todavia, a preocupação com a fragmentação do conhecimento e a necessidade de unificá-lo deu margem a empreendimentos científico-filosóficos com o intuito de demonstrar que sociedade e natureza, em que pesem suas características próprias, seriam passíveis de elucidação por meio das mesmas ferramentas intelectuais, resumíveis como *o* (no singular) "método científico". O que o positivismo clássico iniciou, os positivistas lógicos e o "racionalismo crítico" popperiano (este sendo, para a Escola de Frankfurt, nada mais que uma variante do positivismo) levaram ao paroxismo. Aos poucos, foram também aparecendo propostas de "linguagens" unificadoras, como a Teoria Geral dos Sistemas de Ludwig von Bertalanffy (e, ora, a própria Matemática já era vista, desde Platão, como uma espécie de linguagem universal da ciência), assim como de conceitos e teorias pretendidamente de alcance muito geral, como é o caso, nas últimas décadas, da Teoria do Caos, da Geometria dos Fractais, da Teoria das Catástrofes, da Sinergética e congêneres, invariavelmente oriundos das ciências da natureza.

A **Fig. 1**, a seguir, ilustra os dois extremos entre os quais temos oscilado: em **A**, o aplainamento de terreno epistemológico e metodológico nos marcos de um pensamento que pretende eliminar qualquer diferença ontológica entre natureza (não humana) e sociedade, mas sem poder abrir mão do uso desse par de termos/conceitos; em **B**, o dualismo na sua mais exacerbada expressão, a presumir uma distinção radical entre os atributos e qualidades humanos e os atributos e qualidades não humanos.

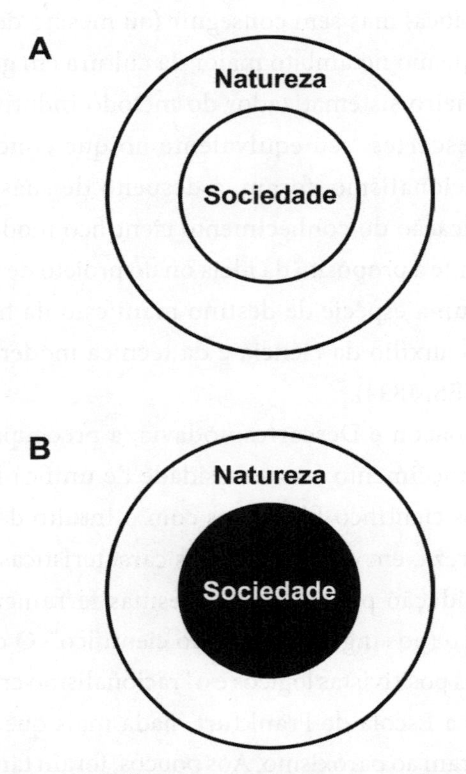

Fig. 1: Natureza e sociedade correspondendo essencialmente ao mesmo "tipo de ser" (A) e como dois "tipos de ser" mutuamente excludentes e diametralmente opostos (B).

Seria essa síndrome de dupla personalidade (acreditar no dualismo sociedade/natureza e, simultaneamente, rejeitar uma dicotomização epistemológica e metodológica entre ciência natural e ciência social) uma prisão da qual a pesquisa científica e o pensamento filosófico não conseguiriam jamais escapar? Estaríamos condenados a acreditar que sociedade e natureza, em um certo sentido, se opõem uma à outra de um modo (quase) absoluto, ao mesmo tempo em que, no que diz respeito ao conhecimento científico sobre ambas, elas deveriam ser estudadas e só poderiam ser adequadamente decifradas ao serem submetidas aos mesmos padrões epistemológicos e metodológicos? Creio que essa possibilidade interpretativa nada tem de inarredável.

Não poderíamos, alternativamente, conceber a sociedade como algo que *emerge a partir da natureza*, mas que, de certo modo, *estabelece uma ruptura qualitativa com a natureza não humana*? A consciência de uma responsabilidade ética, a racionalidade, a fala articulada e, com a invenção da escrita, a possibilidade de acumular memória para além dos genes parecem estabelecer uma significativa diferença entre o *homo sapiens* e mesmo os seus primos mais próximos, primatas como chimpanzés, bonobos e gorilas. A Teoria da Evolução e as experiências científicas atuais nos revelam, ao mesmo tempo, que muitas espécies animais não só possuem formas de comunicação, às vezes até relativamente sofisticadas (como baleias, golfinhos e primatas), mas que chegam, como no caso de alguns primatas, a produzir ferramentas rudimentares. Isso não invalida propriamente a tese de uma diferença qualitativa, e não somente de grau, entre o *homo sapiens* e outros animais, mas sugere a necessidade de uma certa relativização dessa distinção qualitativa, que seria mais da ordem de tons de cinza muito contrastantes que de uma comparação entre preto e branco. No fundo, convém relativizar a própria ideia de que uma distinção qualitativa dependa de um "tudo *versus* nada" absoluto, em vez de ser uma espécie de "fortíssima diferença de grau", que decerto não elimina o enorme contraste, mas tampouco o senso de pertencimento a uma escala evolutiva comum.

Vista dessa forma, a relação da sociedade com a natureza é a de uma "*ruptura integrada*", ou uma diferenciação extraordinária (no sentido forte de "extraordinário") em meio a um universo compartilhado e nos marcos de processos evolutivos cada vez mais articulados. Na verdade, podemos falar, para além da evolução em sua acepção darwiniana (seleção natural), de uma "coevolução" entre cultura humana e natureza, com a ação humana cada vez mais interferindo e ajudando a modelar esta última, de maneira deliberada e não deliberada.

Dentro do nosso horizonte histórico, a ação humana deliberada se dá mediante a manipulação propiciada pela ciência e a tecnologia, enquanto a não deliberada é decorrente dos "danos colaterais da civilização capitalista-industrial", como a poluição e a degradação ambiental em escala global. Mas atenção: essa coevolução, ao contrário do que poderíamos pensar, vem de muito, muito longe. Apesar da impressão causada pelos quase "ciborgues" (vocábulo que mescla "cibernético" e "organismo") que a Medicina, as engenharias e as várias ciências da natureza vão gradativamente fazendo surgir (alguns antropólogos até já propuseram uma *cyborg anthropology*!) por meio de intervenções cada vez mais complexas nos organismos humanos, as imbricações entre cultura e natureza, no âmbito mesmo do corpo humano, nada têm de novas. Elas são tão antigas quanto o próprio *homo sapiens*. Uma das mais fascinantes e polêmicas áreas de pesquisa com a ajuda da qual podemos constatar isso é aquela referente à *gene-culture coevolution*, perspectiva de acordo com a qual "preferências e crenças humanas são o produto de uma dinâmica em que os genes afetam a evolução cultural e a cultura afeta a evolução genética, com ambas estando estreitamente entrelaçadas na evolução da nossa espécie"[15] (BOWLES e GINTIS, 2011:14). Adicionalmente, o reconhecimento dessas imbricações reforça a convicção de que o ambiente não é algo simplesmente externo ao indivíduo (mesmo quando tomado em sua pura biologicidade, enquanto organismo), mas sim algo que interage intimamente com os indivíduos: se, nas palavras de Herbert Gintis (GINTIS, 2011:885), a "Biologia de Populações tradicionalmente toma o ambiente como exógeno", o enfoque da coevolução gene-cultura, em contraste, enfatiza que "as formas de vida afetam seu próprio ambiente, e que os ambientes que elas produzem alteram o padrão de evolução genética que sofrem".

O processo denominado "construção de nichos", no curso do qual uma espécie altera o seu próprio ambiente (ou o de outras espécies), torna "a própria mudança ambiental parte da dinâmica evolutiva". Ainda conforme Gintis, "[a] coevolução gene-cultura é a aplicação do raciocínio de construção de nichos à espécie humana, reconhecendo que tanto os genes quanto a cultura estão sujeitos a dinâmicas semelhantes e a sociedade humana é uma construção cultural que fornece o ambiente para mudanças genéticas que melhoram a aptidão física em indivíduos."[16] A exposição pode ficar ainda

---

15. Em inglês, no original: "human preferences and beliefs are the product of a dynamics whereby genes affect cultural evolution and culture affects genetic evolution, the two being tightly intertwined in the evolution of our species."

16. Em inglês, no original (reproduzo a passagem inteira): "Population biology traditionally takes the environment as exogenous. However, we know that life-forms affect their own environment and the environments they produce change the pattern of genetic evolution they undergo. Niche construction augments population biology by rendering environmental

mais densa ao acrescentarmos explicitamente um ingrediente essencial aos condicionamentos recíprocos entre organismos humanos e seus genes, de um lado, e a cultura, de outro: o *espaço geográfico*, seja na qualidade de dinâmicas e processos geoecológicos, "natureza primeira", seja na qualidade de espaço transformado pelas relações sociais. A disponibilidade de matérias-primas, as asperezas ou o caráter ameno do clima, a pobreza ou a riqueza do solo, bem como, em um salto que nos põe em meio a uma grande cidade contemporânea, os estímulos sensoriais e cognitivos decorrentes da experiência de viver em aglomerações de milhões de habitantes, expostos a numerosas interações sociais e psicológicas de todos os tipos, decerto produzem efeitos sobre a habilidade humana de se adaptar aos ambientes, simultaneamente à confirmação que trazem sobre a incrível capacidade humana de *criar* seus ambientes, dos acampamentos de caçadores e coletores aos arranha-céus e às metrópoles.[17]

---

change itself part of the evolutionary dynamic. Gene-culture coevolution is the application of niche-construction reasoning to the human species, recognizing that both genes and culture are subject to similar dynamics, and human society is a cultural construction that provides the environment for fitness-enhancing genetic changes in individuals.")

17. À semelhança do exagero de viés naturalizante que tem feito tantos pesquisadores superestimarem o papel dos mecanismos da seleção natural darwiniana na evolução da sociedade humana, também as feições terrestres naturogênicas e as restrições inicialmente postas por dinâmicas e condições geoecológicas específicas conduziram a uma aberração da qual os geógrafos, a partir do século XIX, participaram não como coadjuvantes, mas sim como coprotagonistas: o "determinismo ambiental" ou "geográfico". Isso chegou mesmo a imprimir uma marca tão negativa à imagem da Geografia clássica que, para muita gente, durante muito tempo, esse foi um dos principais "legados" associados à profissão (conforme exemplificado, no Brasil, pelo livro de Nelson Werneck Sodré, *Introdução à Geografia (Geografia e ideologia)* [SODRÉ, 1977]). Mas o fetichismo espacial não se circunscreveu ao "determinismo ambiental": mais recentemente, mormente a partir da segunda metade do século XX, igualmente as características do espaço material socialmente produzido tiveram seu poder de condicionar as relações sociais e os comportamentos humanos volta e meia exagerado, especialmente por arquitetos-urbanistas como Le Corbusier, que chegou a postular que a casa e a própria cidade saídas das pranchetas dos modernistas haveriam de ser como "máquinas de morar" perfeitamente racionais e indutoras de hábitos e padrões de conduta virtuosos. A despeito de tudo isso, coloque-se a questão: seria lícito presumir que interpretações caricaturais, no estilo que imputa ao clima a faculdade de moldar o caráter e o destino dos povos ou que vê na racionalidade urbanística a parteira de uma sociedade saudável, livre e justa, desmoralizam, de partida, qualquer intento de conceder que o espaço geográfico exerce *influências*, aliás sempre *cultural e historicamente mediadas*? Invoquemos um testemunho lustre, o de Élisée Reclus: apesar de ter, ele próprio, errado no tom aqui e ali, com algumas passagens podendo induzir o leitor a tomá-lo por determinista (coisa que

No meio do caminho há, aparentemente, uma pedra: Samuel Bowles e Herbert Gintis dizem professar a chamada "Sociobiologia" (*sociobiology*). Até que ponto isso lança uma sombra de desconfiança sobre as suas contribuições acerca da *gene-culture coevolution*? Autoproclamar-se "sociobiologista" é algo que promete desencadear ataques de urticária em círculos progressistas, no mínimo desde que, na década de 1970, o biólogo conservador Edward O. Wilson, adepto de uma interpretação reducionista e biologizante que termina por fazer a cultura aparecer como um fenômeno secundário, a reboque das dinâmicas da natureza, protagonizou uma grande controvérsia e colaborou para aumentar, e não diminuir as tensões e dificuldades de comunicação entre cientistas da natureza e da sociedade (voltaremos a nos ocupar de Wilson mais à frente).

Ocorre, em primeiro lugar, que, ao contrário do que alguns possivelmente imaginam, desenvolver raciocínios no estilo "fundamentos biológicos do comportamento humano" não tem sido um monopólio de cientistas politicamente conservadores: o geógrafo Piotr Kropotkin (1842-1921), a um só tempo anarquista e adepto de uma abordagem positivista e biologizante, pode ser apontado, com seu magistral estudo sobre a "ajuda mútua" (KROPOTKIN, 2002d), como o caso (ou talvez a exceção) mais célebre. Quanto a Kropotkin, se por um lado o seu positivismo e o seu "naturalismo" devem ser questionados, por outro não seria construtivo negar por completo a fecundidade de suas comparações do altruísmo entre animais não humanos com aquele observado entre seres humanos. Em segundo lugar, e o que é especialmente importante no momento, por trás do rótulo "Sociobiologia", que compreensivelmente pode causar desconforto naqueles cientistas sociais familiarizados com as teses de Edward Wilson, às vezes podemos encontrar, para nossa grata

---

ele, essencialmente, não foi, mesmo tendo sido um filho do século XIX), no geral Reclus nos deixou como herança uma imensa obra repleta de ilustrações que nos servem de lembrete de como seria artificial e absurdo separar a história da humanidade dos ambientes concretos em que ela vem se desenrolando (ver, principalmente, a *Nouvelle Géographie Universelle: La Terre et les Hommes* [RECLUS, 1876-1894] e, mais ainda, *L'Homme et la Terre* [RECLUS, 1905-1908]). Após séculos de descaminhos, é preciso ousar afirmar o óbvio. Ao mesmo tempo, exige-se redobrada cautela para evitar as arapucas ideológicas que tantas vezes atiraram ao descrédito ou puseram sob suspeição intuições e enfoques potencialmente fecundos, mas que facilmente se corrompem e se prestam a deformações.

surpresa, raciocínios muito mais sofisticados e arejados que aqueles do "pai da Sociobiologia".[18] Exatamente Bowles e Gintis, *radical economists* admiradores confessos do pioneirismo de Kropotkin, demonstram, com suas brilhantes e eruditas incursões no tema da coevolução gene-cultura, que o unilateralismo e o simplismo não necessitam ser o apanágio inevitável de esforços de pesquisa voltados para a exploração dos laços entre a cultura e o substrato biofísico, tanto corpóreo quanto geográfico, desses primatas--muito-mais-que-primatas que somos nós.

Pois então, retomemos o ponto: até onde seria razoável admitir algum nível de distinção epistemológica e metodológica (e mesmo ontológica) entre sociedade e natureza não humana, sem querer, com isso, apostar em um dualismo? Teriam tido os gregos antigos, afinal, razão ao diferençar entre *physis* e *nómos*, tornando-os irredutíveis um ao outro? Sim, sob a condição de não fazermos dessa distinção uma de tipo "cartesiano"; as fronteiras, por assim dizer, seriam "nebulosas", complexas, e não lineares. É o que a **Fig. 2**, em **A**, procura sugerir. Mas, justamente para não dar a impressão de que a distinção seria absoluta ou rígida, talvez devêssemos usar outro par terminológico, no lugar de *physis* e *nómos*. Na verdade, o par terminológico que tenho em mente tampouco é recente: com raízes que parecem nos remeter a Cícero, na Roma antiga,[19] o duo terminológico-conceitual *erste Natur* (primeira natureza) e *zweite Natur* (segunda natureza), utilizado por filósofos alemães como Schelling e Hegel no início do século XIX, e depois retomado pelo geógrafo anarquista Élisée Reclus (1830-1905) e pelo pensamento marxista, possui a vantagem de empregar a palavra "natureza" (*Natur*) como terreno comum.

---

18. Por falar nisso, é oportuno registrar que o caráter equilibrado das conclusões de Samuel Bowles e Herbert Gintis também lhes concede uma grande vantagem sobre outro reducionismo biologizante: aquele de tipo genético aninhado na tese do "gene egoísta" de Richard Dawkins (DAWKINS, 2006).

19. Refiro-me ao seu livro *De Natura Deorum* (= *A natureza dos deuses*) (CICERO, 1997), em que ele expõe a sua concepção de que os hábitos e costumes constituem uma "segunda natureza".

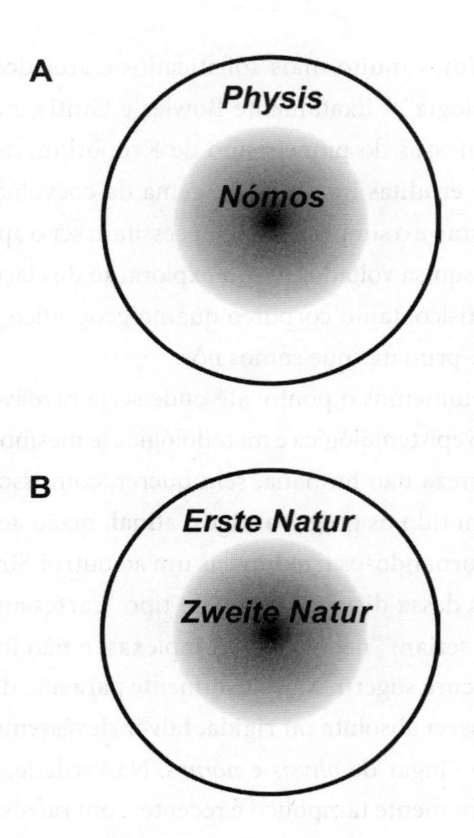

Fig. 2: *Physis* e *nómos* e, sobretudo, *erste Natur* e *zweite Natur*: raízes históricas de conceitos úteis rumo a uma estratégia de mitigação ou mesmo ruptura com o dualismo "sociedade *versus* natureza".

Na Modernidade contemporânea ou "reflexiva", impropriamente chamada por muitos de "pós-modenidade", podemos e devemos nos abrir a uma visão mais complexa, que rejeita o dualismo e a dicotomia nos seus moldes usuais. Em *Jamais fomos modernos* (LATOUR, 1994), o antropólogo e filósofo Bruno Latour trouxe, com a sua "Antropologia simétrica", uma interpretação sofisticada para a circunstância aparentemente paradoxal de uma "matriz civilizatória", a modernidade ocidental, que multiplica os objetos híbridos de social e natural,[20] ao mesmo tempo em que dificulta a sua

20. Eis alguns esclarecedores exemplos de "objetos híbridos" dados pelo próprio Latour, no início do terceiro capítulo de seu livro: "(...) embriões congelados, sistemas especialistas,

percepção enquanto tal ao nos induzir a uma dicotomização entre sociedade e natureza. Antes de Latour, um pensador ainda mais incontornável, Edgar Morin, fizera, com sua titânica obra em seis volumes, provocativamente intitulada *O método* (MORIN, s.d.), uma vigorosa e apaixonada defesa de uma ciência que, finalmente cônscia da complexidade do mundo, estaria disposta a desafiar o abismo entre o conhecimento na natureza e o da sociedade. Desde então, animadas por motivações e embasadas em visões de mundo variadas, não tem havido falta de incursões filosóficas à procura de um entendimento não simplista da realidade, como a "Epistemologia Ambiental" de Enrique Leff (LEFF, 2002) e a aguda reflexão de Kate Soper em torno da política e da semiótica da ideia de natureza (SOPER, 1995). Não raro diretamente inspirados por tais autores, os geógrafos têm, volta e meia, igualmente recusado enfoques dualistas (sejam aqui citados alguns poucos trabalhos, apenas para ilustrar o ponto: WHATMORE, 2002; DEMERITT, 2002; KAIKA, 2004; WATTS, 2005; CASTREE, 2005 e 2014; SWYNGEDOUW, 2006; KAIKA e SWYNGEDOUW, 2013; PORTO-GONÇALVES, 2013 e 2014; SOUZA, 2016a).

Apesar disso tudo, nós não deveríamos pretender rejeitar toda e qualquer diferenciação entre "sociedade" e "natureza", e tampouco imaginar poder catapultar o nosso entendimento do mundo de volta a um momento histórico-cultural pré-capitalista e tribal, anterior ao surgimento do Ocidente. É nesse momento que principalmente uma abordagem como a de Latour, por mais instigante que seja, se mostra de pouca valia, podendo até mesmo atrapalhar, ao insistir com demasiada ênfase na indissociabilidade dos objetos naturais e artificiais. O pensamento do filósofo Cornelius Castoriadis, ao gestar uma compreensão extraordinariamente profunda sobre a complexidade do mundo e, simultaneamente (e por isso mesmo), agasalhar uma defesa da irredutibilidade recíproca do saber sobre a sociedade (e do seu "modo de ser") e sobre a natureza (idem), nos dá uma chave para evitar o impasse. Mas antes de adentrarmos o assunto, cabe uma síntese de um parágrafo a propósito do que tem sido o senso comum durante séculos.

---

máquinas digitais, robôs munidos de sensores, milho híbrido, bancos de dados, psicotrópicos liberados de forma controlada, baleias equipadas com rádio-sondas, sintetizadores de genes, analisadores de audiência (...)." (LATOUR, 1994:53)

No contexto do pensamento ocidental, a "natureza" é ontologizada como uma realidade tangível; em termos da superfície da Terra (vide **Fig. 3**), ela corresponde paradigmaticamente ao que, em língua inglesa, é denominado *wilderness* (significando "em estado selvagem" ou, mais concretamente, uma área não ocupada ou transformada pelos seres humanos). A noção de *wilderness* como significando uma grande superfície que não foi consideravelmente afetada por atividades humanas, uma terra desabitada e não cultivada, é particularmente corrente nos Estados Unidos, país no qual se elaborou toda uma ideologia "preservacionista" em torno disso. Em contraste com essa natureza supostamente virgem e prístina, o senso comum concebe a sociedade como produtora de espaços "artificiais" (criados pelos seres humanos), sendo o exemplo mais perfeito disso uma grande cidade contemporânea ou metrópole. A controvérsia centenária entre "preservacionistas" (defensores da preservação da maior quantidade possível de reservas de natureza intocável e supostamente intocada) e "conservacionistas" (que admitem um uso "racional" dos recursos naturais[21]), iniciada nos Estados Unidos, está fortemente ligada à presença duradoura de uma visão reificadora da "natureza" entre muitos daqueles que se consideram "preocupados com o meio ambiente". O debate mais recente (das últimas quatro décadas), em que se opõem, de um lado, os pensadores e ativistas

---

21. O próprio conceito de "recursos naturais" vem suscitando uma interessante polêmica, nem sempre conduzida de maneira equilibrada. O costume — arraigado no *mainstream* conservacionista, ou conservacionismo socialmente acrítico — de se pensar a natureza como uma "cornucópia gratuita" à disposição da humanidade, sem maiores (ou quaisquer) considerações bioéticas, bem como a mentalidade privatista muito corrente no bojo da hegemonia do capitalismo neoliberal, tem dado margem a que, em certos círculos progressistas, se rejeite a expressão "recursos naturais" *tout court*, em favor, especialmente, de *bens comuns*. O **Cap. 3** deixará explícito que compartilho a recusa aos enfoques que advogam pela privatização dos recursos vitais (como a água); mais amplamente, abraço a crítica da propriedade privada dos meios de produção e a defesa dos bens comuns, ao mesmo tempo em que acompanho o pensamento libertário na busca de alternativas de coletivização que não se confundam com o controle estatal. A despeito disso, acredito que o conceito de "recursos naturais", além de ser mais abstrato e geral que o de bens comuns, não precisa ser limitado ou reduzido à razão instrumental ou a um antropocentrismo capitalistófilo, provinciano e hiperracionalista. Acima de tudo, não me parece fazer sentido lançar o anátema sobre aquela expressão em si mesma: recursos são meios que podemos empregar, conquanto não sem restrições morais — e por que haveríamos de abdicar, então, dessa ideia, tão maleável?...

ambientais seguidores de abordagens no estilo da "ecologia profunda" (*deep ecology*) e seus congêneres em matéria de proteção ambiental, que veem os seres humanos como uma espécie de "fator perturbador", "maculador" da natureza e "enfeador" da paisagem, e aqueles ecologistas políticos e ativistas mobilizados em prol da justiça ambiental que criticam o que classificam como o *mito* de uma "natureza intocada" (da qual a sociedade deveria ser permanentemente excluída), é um prolongamento da polêmica anterior, o qual atualiza e amiúde exacerba o antigo confronto entre "preservacionistas" e "conservacionistas".

Fig. 3: Espaço (ou "paisagem") natural e espaço (ou "paisagem") social/cultural: reificando, enquanto "tipos de espaço", processos e perspectivas inseparáveis, ainda que distinguíveis.

Podemos retornar, agora, ainda que brevemente, à questão da "lógica dos magmas" de Cornelius Castoriadis, mencionada algumas páginas atrás. Ora, por que seria essa lógica de nome tão estranho (inspirado na complexa matéria incandescente expelida durante as erupções vulcânicas) algo relevante? Porque ela é, salvo melhor juízo, a tentativa mais profunda até agora de romper de maneira radical não só com o pensamento linear e certos aspectos da lógica formal (algo já feito, por exemplo, pela dialética hegeliana/marxista), mas com o pensamento "cartesiano" e o que Castoriadis chamou de "paradigma de determinidade" (CASTORIADIS, 1975, 1986c, 1986d). Costumamos pensar em "natureza" e "sociedade" como duas entidades perfeitamente distinguíveis, o que é uma ilusão de ótica. Por outro lado, também seria um equívoco imaginar que não haveria distinção alguma, ou alguma distinção significativa, em termos práticos.

Consideremos as seguintes observações feitas pelo geógrafo Noel Castree:

> Ao insistir que as referências à natureza e seus termos colaterais são importantes em nossas vidas, estou dizendo algo um pouco fora de moda. Muitos pesquisadores cujas publicações eu tenho lido ultimamente argumentam que precisamos de um novo vocabulário para dar sentido ao mundo. Eles argumentam que a realidade não compreende dois grandes domínios que interagem (o social e o natural). Em vez disso, ela é fabricada a partir de todos os tipos de inter-relações entre entidades humanas e não humanas. Essas conexões, sugerem eles, são tão íntimas que nossas dicotomias (ou nossos dualismos) atuais não conseguem fazer justiça a elas. Minha própria resposta é dupla. Em primeiro lugar, muitas pessoas continuam a falar como se a "natureza" fosse real. Em segundo lugar, de fato *isso torna a natureza real*, principalmente devido aos efeitos sobre as pessoas e os não-humanos dos discursos sobre a natureza. (CASTREE, 2014:xxiii)[22]

A resposta de Castree é consistente, mas também está incompleta. Em uma ótica não positivista, deve ser considerado essencial ver que, se simplesmente "diluímos" tudo — epistemológica e ontologicamente — para evitar o dualismo "natureza"/"sociedade", desistimos simultaneamente de todas as possibilidades de atribuição de algumas peculiaridades cruciais à sociedade. Se não entendemos a importância de

22. Em inglês, no original: "By insisting that references to nature and its collateral terms matter greatly in our lives, I'm being a little unfashionable. Many researchers whose publications I read these days argue that we need a new vocabulary to make sense of the world. They argue that reality does not comprise two great domains that interact (the social and the natural). Instead, it's fabricated out of all sorts of interrelations between human and non-human entities. These connections, they suggest, are so intimate that our current dichotomies (or dualisms) fail to do them justice. My own response is two-fold. Fist, a great many people continue to talk *as if* 'nature' is real. Second, in effect *this makes nature real*, not least because of the effects on people and non-humans of nature-talk."

reconhecer as peculiaridades ontológicas e epistemológicas da sociedade, potencialmente nos tornamos prisioneiros do positivismo (entendido em um sentido muito geral, *à la* Escola de Frankfurt), o que é exemplificado pelo excessivo entusiasmo de Noel Castree com as discussões sobre "caos" e "complexidade" feitas pelos físicos contemporâneos, segundo ele capazes de proporcionar uma "ontologia unificada para a Geografia como um todo" ("*unifying ontology for geography as a whole*") (CASTREE, 2005:229).

Estaremos fazendo face a uma tarefa comparável à quadratura do círculo? Como podemos desafiar esse dualismo "natureza"/"sociedade", ao mesmo tempo que mantemos algum tipo de dissimilaridade ontológica não trivial entre *physis* e *nómos*, entre "primeira natureza" e "segunda natureza"? Acredito que o trabalho de Castoriadis pode nos ajudar melhor por meio da oferta de uma chave privilegiada para uma lógica e uma ontologia que desafiem radicalmente a ideia de "determinação" absoluta (*Bestimmtheit*) e, especialmente, a pressuposição que faz "ser" equivaler a "determinidade". Muito mais do que a chamada "lógica nebulosa", a "lógica dos magmas" de Castoriadis é radicalmente aberta à "nebulosidade" e à (relativa) indeterminação que caracterizam todo ser e, particularmente, a sociedade enquanto um "modo de ser" característico e particular.

Utilizando-me de uma notação já empregada em livro anterior (SOUZA, 2017), pode-se dizer que a forma **"sociedade"⇆"natureza"** não é suficiente, a pressupor um "claro e distinto" típico do pensamento cartesiano e daquela que Castoriadis denominou "lógica identitário-conjuntista" ou "conídica". Precisamos, então, ir além: necessitamos abrir-nos para aquilo que está por trás da forma **"sociedade"↔"natureza"**, a qual expressa a ruptura com qualquer formulação que não questione a ideia de uma simples "interação" entre duas entidades perfeitamente distinguíveis uma da outra. Ao mesmo tempo, contudo, as coisas não se passam como uma questão de "tudo ou nada". Diversos autores, como o anarquista Élisée Reclus e o neoanarquista Murray Bookchin (1921-2006), podem ser vistos, juntamente com diversos pensadores clássicos (como o próprio Karl Marx, em certo sentido) e contemporâneos, como representando posições "intermediárias" em matéria de complexidade e ruptura com o "cartesianismo".[23] No entanto, embora Reclus e Bookchin (e Marx) percebessem a relação entre "sociedade" e "natureza" dialeticamente, eles eram prisioneiros de sua própria realidade histórica. A verdadeira complexidade implicada na "lógica dos magmas", enquanto aplicada à relação entre e "sociedade" e "natureza", exige, a fim de ser plenamente compreendida, a vivência daquela relação em um patamar de complexidade que gradualmente foi se evidenciando apenas nas últimas décadas: da biotecnologia à decodificação do genoma humano, das cada vez mais numerosas próteses que substituem partes do corpo humano à onipresença dos efeitos antropogênicos na Terra através da mudança climática e do aquecimento global, do lixo nos oceanos ao aumento da chuva ácida e similares. Essa realidade se situa, nem é preciso dizer, totalmente fora do horizonte histórico de Reclus, mas até mesmo para Bookchin ela se tornou patente um pouco tarde demais, considerando que a sua mentalidade e a sua abordagem foram formadas essencialmente entre os anos 1950 e 1980.

Não obstante, seria vão pretendermos banir, por decreto, menções aos termos "sociedade" e "natureza" representando níveis de realidade *de algum modo* distintos e distinguíveis. Rejeitar a dicotomia e o dualismo é uma coisa; superá-los consistentemente no plano operacional, outra bem diversa. A questão, no entanto, é que talvez não devamos ir com tanta sofreguidão em busca do Santo Graal: tudo indica que *não podemos* abrir mão da capacidade de estabelecer algum nível (complexo e, aliás, cambiante

---

23. Sem querer ser exaustivo, cabe aqui mencionar, de Reclus, seu pequeno artigo "L'Homme et la Nature: De l'action humaine sur la géographie physique" (RECLUS, 1864); sua obra em dois volumes *La Terre* (RECLUS, 1868-1869), em que ele, aliás, se utiliza das expressões *première nature* e *seconde nature* (cf. Tomo I, pág. 541); seu artigo "La grande famille" (RECLUS, 1898), verdadeiro libelo contra um antropocentrismo utilitarista desprovido de sensibilidade bioética; e, acima de tudo, seu *magnum opus*, a obra em seis volumes *L'Homme et la Terre* (RECLUS, 1905-1908), publicada postumamente. Tomados em conjunto, esses trabalhos dão testemunho da evolução do pensamento do autor, pioneiro da reflexão ambiental entre os geógrafos e a partir de uma perspectiva libertária. Quanto a Bookchin, e igualmente sem pretender ser exaustivo, podem ser citados, como representativos de seu enfoque da *social ecology*, especialmente alguns seus trabalhos publicados dos anos 1960 e 1970, em boa parte reunidos na excepcional coletânea *Post-Scarcity Anarchism* (vide, p.ex., BOOKCHIN, 2004a, 2004b, 2004c, 2004d), bem como alguns de seus escritos dos anos 1980 em diante, como o fundamental *The Ecology of Freedom* (BOOKCHIN, 2005) e a didática coletânea *Social Ecology and Communalism*, em especial o seu texto "What is Social Ecology?" (BOOKCHIN, 2007).

e constantemente sendo redefinido) de diferenciação entre "sociedade" e "natureza". Daí a forma **"sociedade"↔"natureza"** manter as duas palavras, concomitantemente ao uso de uma seta que busca fazer justiça ao fato de que os fluxos (e as fronteiras!) não podem mais ser identificados de maneira tão "cartesiana", tão "clara e distinta" quanto pensávamos, em épocas pretéritas, que podíamos fazê-lo.

Interessantemente, enquanto Noel Castree tem descrito de forma acurada como os "geógrafos humanos", depois de mostrarem um evidente desinteresse pela "natureza" durante o apogeu da "virada radical" dos anos 1970 e 1980, têm em alguma medida tentado trazer de volta a "natureza" à sua esfera de interesses e preocupações desde os anos 1990 — mas quase exclusivamente na qualidade de "segunda natureza" no contexto de enfoques (neo)marxistas e "social-construcionistas" —, autores como Erik Swyngedouw e Maria Kaika têm insistido, também a partir de uma perspectiva neomarxista, sobre a necessidade de consideração de processos físicos por parte dos geógrafos críticos (coisa que a maioria daqueles dedicados à Ecologia Política sabe por experiência própria). De acordo com eles, até mesmo a cidade contém "natureza" em si mesma, ou, como eles colocam, a cidade é "[a] maior das obras socionaturais coletivamente produzidas" ("[t]he greatest of collectively produced socio-natural oeuvres (...)" [KAIKA e SWYNGEDOUW, 2013:99]). Conforme eles argumentam,

> [a]bordagens mais recentes consideraram a urbanização da natureza como um processo de contínuas desterritorialização e reterritorialização de fluxos circulatórios metabólicos, organizados através de canais ou redes sociais e físicas de "veículos metabólicos" (...). Esses processos são impregnados por relações de poder e sustentados por imaginários particulares sobre o que a Natureza é ou deve ser. (...)
>
> Através desta lente conceitual, a urbanização é vista como um processo de metabolismos socioambientais geograficamente organizados que fundem o social com o físico, produzindo uma cidade "cyborg" (...) com formas físicas distintivas e consequências socioecológicas incongruentes. (...)

Os estudiosos acima citados [Swyngedouw, Gandy e Haraway] têm resolutamente desmontado o mito de que a cidade é onde a natureza para, e têm argumentado de forma convincente que o processo urbano deve ser teorizado, compreendido e gerido como um processo socionatural. Ao fazê-lo, eles contribuíram para deslegitimar as perspectivas dominantes no século XX sobre cidade que ignoraram a natureza (visão principalmente praticada na Sociologia Urbana), sem cair na armadilha do fetichismo da natureza ou do determinismo ecológico. Além disso, ao transcender a divisão binária entre natureza e sociedade, a perspectiva do metabolismo urbano mostrou que os processos socioecológicos são intensamente políticos, e confirmou que a teoria urbana sem a natureza não pode ser outra coisa que não incompleta. (KAIKA e SWYNGEDOUW, 2013:97-98)[24]

Tudo isso é indiscutivelmente relevante — e talvez em parte até mesmo um tanto óbvio, por mais que seja conveniente, hoje em dia, afirmar e repisar algumas coisas óbvias. Mas não basta. Nem de longe.

A abordagem "social-construcionista" (sobre a qual discorrerei um pouco mais no **Cap. 3**), que é orientada para uma análise de discurso em torno da noção (ou melhor, das noções) de "natureza", fez um bom trabalho por meio da "desnaturalização" da sociedade, ao mesmo tempo

---

24. Em inglês, no original: "More recent approaches viewed the urbanization of nature as a process of continuous deterritorialization and reterritorialization of metabolic circulatory flows, organized through social and physical conduits or networks of 'metabolic vehicles' (Virilio 1986). These processes are infused by relations of power and sustained by particular imaginaries of what Nature is or should be. (...) § Through this conceptual lens, urbanization is viewed as a process of geographically arranged socio-environmental metabolisms that fuse the social with the physical, producing a 'cyborg' city (Swyngedouw 2006; Gandy 2005; Haraway 1991) with distinct physical forms and incongruous socio-ecological consequences. (...) § The scholars cited above have resolutely debunked the myth that the city is where nature stops and convincingly argued that the urban process has to be theorized, understood, and managed as a socio-natural process. By doing so, they contributed to delegitimizing dominant twentieth-century perspectives on the city that ignored nature (mainly practiced in urban sociology), without falling into the trap of nature fetishism or ecological determinism. Moreover, by transcending the binary division between nature and society the urban metabolism perspective has shown that socio-ecological processes are intensely political, and confirmed that urban theory without nature cannot be but incomplete."

em que é problemática devido à típica falta de interesse por processos geoecológicos concretos na esteira de uma quase negação extremamente relativística da realidade "objetiva". (Para evitar um mal-entendido: a ideia de um acesso a uma realidade totalmente "objetiva", em sentido positivista, certamente merece ser desafiada, mas a fórmula "não há nada fora do discurso", tão popular em certos círculos, pode levar a um reducionismo intersubjetivista.) Claro, a "natureza primeira" não é "primeira" porque aparece diante de nossos olhos como "pura", livre de qualquer coisa que seja social; afinal, se ela é nos é acessível apenas através dos nossos sentidos, e se a maneira como usamos os nossos sentidos (e conferimos um sentido ao mundo) só existe e é concebível dentro de um contexto cultural-histórico--geográfico, então até mesmo a "natureza primeira" só pode ser percebida pelos seres humanos por meio de uma consciência situada cultural, histórica e geograficamente. No entanto, isso não significa, obviamente, que não exista uma "natureza primeira" como tal, fora da sociedade e da consciência humanas e anteriormente à sociedade (e, portanto, ao *nómos*). Além disso, mesmo uma "natureza primeira" "percebida" pode ser analisada com a ajuda de outros métodos que não os utilizados para analisar as relações sociais e os discursos socialmente produzidos — a saber, os métodos das ciências naturais. A despeito do "social-construcionismo", os processos naturogênicos e os processos sociais implicam considerações ontológicas e requisitos epistemológicos e metodológicos diferentes, por mais que seja necessário "despositivizar" e historicizar o processo de produção do conhecimento pelas ciências da natureza.

Por outro lado, a visão das cidades como "obras socionaturais" tenta fazer justiça à interação entre os processos sociais e naturogênicos, mesmo em espaços artificiais como as cidades. O avanço por ela trazido é inegável. Mas ficamos com a sensação de que sua sensibilidade quanto à questão da *escala* deveria ser maior. Daí, igualmente, ponderarmos que ela não vai até as últimas consequências no que tange a uma conceituação mais matizada ou sutil da própria "natureza".

É crucial reconhecer que a *erste Natur* e a *zweite Natur* não são outra coisa que *processos e relações espacializados*, e mais uma questão de *tornar-se* do que uma questão de *ser*. Tudo isso está intimamente relacionado com um problema de escala. Uma dada feição geomorfológica, como tal, é naturogênica (e, portanto, *nessa medida*, e somente nela, *erste Natur*), mas o território da unidade de conservação que foi criada para proteger um "monumento natural" específico e os poucos pequenos edifícios na entrada do parque são produtos sociais (portanto, *zweite Natur*); não só uma torre de escritórios ou uma torre residencial, mas também uma única janela e uma única porta são produtos sociais (portanto, *zweite Natur*), mas as moléculas dos materiais de construção utilizados são naturogênicas (portanto, *erste Natur*) — a menos que, como hoje em dia acontece com quase tudo, sejam sintéticas, isto é, concebidos e produzidos socialmente (porém, mesmo neste caso, embora os seres humanos produzam as substâncias e "reinventem/reproduzam a natureza", eles não produziram os átomos que formam as moléculas que formam as substâncias).

A partir desse ponto de vista, mesmo um ambiente tão "artificial" como uma grande cidade contemporânea é, evidentemente, "cheio de natureza", pois é repleto de processos e relações naturogênicos, o tempo todo, em vários níveis: da fauna e flora urbanas aos processos de intemperização, dos testemunhos do ciclo do hidrogênio aos elementos naturogênicos e compostos que formam parte essencial da materialidade, e assim sucessivamente. Agora, vamos percorrer o caminho inverso: mesmo que a chuva seja, em princípio, um processo naturogênico, e as substâncias contidas nas gotas de chuva sejam, em princípio, também naturogênicas, a chuva ácida é um produto da sociedade (e mais exatamente de processos e relações sociais específicos no contexto da sociedade industrial); embora a fauna e a flora urbanas sejam, *enquanto tal*, não produzidas pelo homem (descontadas todas as situações representadas pela seleção artificial que está por trás de nossos animais domésticos...), processos humano-sociais, como a poluição ambiental, afetam todos os animais e plantas que existem em nossas cidades, acarretando fenômenos como o mimetismo e a busca de novos nichos ecológicos e influenciando a evolução dos organismos, às vezes de maneira bem mais rápida do que estaríamos inclinados a supor (SCHILTHUIZEN, 2018).

Talvez os exemplos mais complexos e interessantes (e preocupantes) da complexidade da interação entre "sociedade" e "natureza" nas diferentes escalas sejam representados, em um extremo de máxima amplitude, por aquilo que se convencionou chamar de mudança climática global, e no outro extremo, pelo próprio corpo humano tanto ao nível de visibilidade ou tangibilidade de certos resultados (próteses mecânicas, implantes diversos etc.) quanto no nível microscópico da engenharia genética que, no frigir dos ovos, também gera efeitos visíveis, fenotípicos. Como podemos constatar, devemos nos despedir da lógica "conídica" e abraçar a "lógica dos magmas" em sua diversidade de entrecruzamentos escalares se quisermos chegar a uma visão mais flexível e realista que faça justiça à complexidade das relações entre "sociedade" e "natureza" hoje em dia.

As figuras 4 e 5 tentam "capturar" ou sugerir, mediante esquemas gráficos, a essência da diferença entre uma visão "dialética" que se afastou do senso comum (conforme expresso na **Fig. 3**), mas, no entanto, ainda se encontra de algum modo prisioneira da lógica "conídica" (**Fig. 4**), e o enfoque mais sofisticado representado pela "lógica dos magmas" (**Fig. 5**).

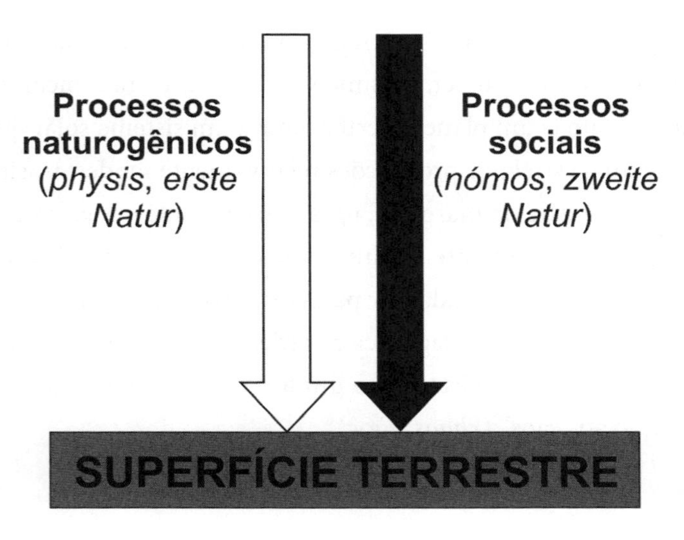

Fig. 4: Natureza e sociedade percebidos processualmente (e não como "tipos de espaço" ou "tipos de paisagem"), mas ainda enfocados cartesianamente, como dois tipos de processo claramente distinguíveis.

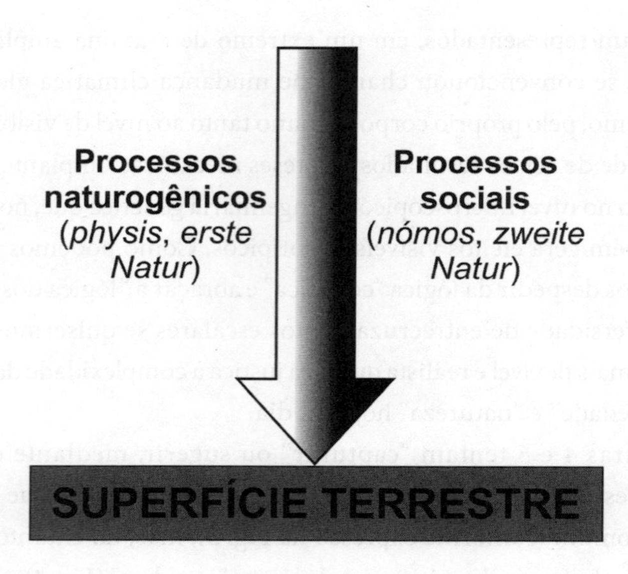

Fig. 5: Natureza e sociedade percebidos processualmente e, mais do que isso, assumidos como possuindo fronteiras "nebulosas" (complexas e cambiantes).

Por fim, a **Fig. 6** coloca a "natureza (não humana)" e a "sociedade" em um contexto, por assim dizer, "cósmico", em que a Terra é encarada como aquilo que de fato é: um planeta pertencente a um sistema solar que orbita ao redor de uma estrela de proporções relativamente modestas, situada na periferia de uma galáxia marginal, uma entre incontáveis galáxias em um universo que provavelmente incluiu e inclui culturas e civilizações não humanas altamente avançadas. A palavra portuguesa "cosmos" vem do grego *kósmos* (κόσμος) que significa a "ordem do universo" ou, mais simplesmente, o "universo", visto como um todo complexo e organizado, em contraposição ao "caos" (*khaos*, χάος).

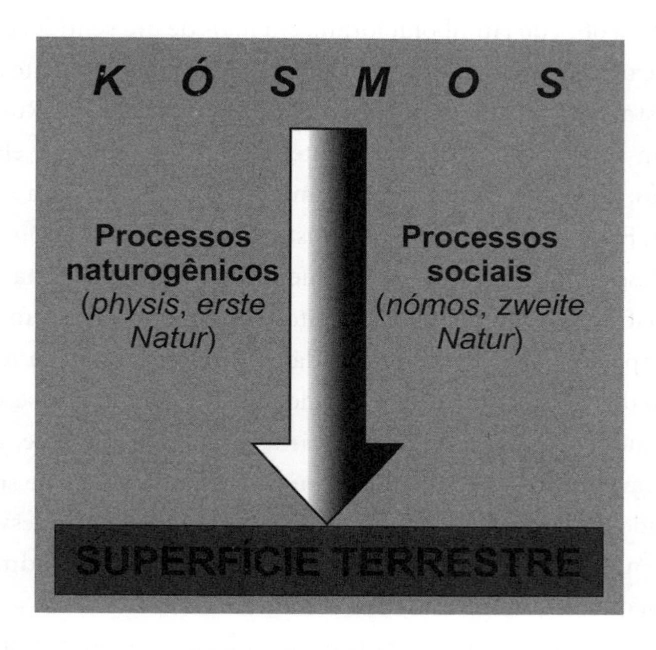

Fig. 6: Natureza e sociedade não são, aqui, apenas percebidos processualmente e assumidos como possuindo fronteiras "nebulosas": a percepção humana é contextualizada à luz do *kósmos*, em face do qual nos provincianizamos ao insistir demasiado nas qualidades "únicas" da "cultura" e da "sociedade" humanas.

O destaque dado ao termo *kósmos* na **Fig. 6** — do qual eu retiro não apenas o adjetivo "cósmico", de uso corrente, como igualmente o qualificativo "cosmofílico", que empregarei mais à frente neste livro — se deve a mais de uma razão. Em primeiro lugar, registre-se que, se as palavras "cosmos" (ou "cosmo") e "cósmico" nos são familiares, isso se deve muito a Alexander von Humboldt (1769-1859), o grande geógrafo e naturalista que, com sua obra-prima *Kosmos*, introduziu o antigo vocábulo grego na linguagem moderna. A redação do *magnum opus* de Humboldt, com seus vários volumes, consumiu as duas décadas e meia finais de sua longa e produtiva existência; o último volume foi publicado postumamente em 1862 (Von HUMBOLDT, 2004).

A vida e a obra de Humboldt foram, em mais de um sentido, extraordinárias. De origem aristocrática, ele dedicou-se incansavelmente à ciência, tendo gasto sua fortuna com expedições às Américas e à Rússia, bem como com a aquisição de livros e materiais indispensáveis à elaboração de *Kosmos*, ao ponto de assim consumir tudo o que herdara e ainda se endividar. Essencialmente um naturalista (o subtítulo de *Kosmos*, *Entwurf einer physischen Naturbeschreibung*, quer dizer "Esboço de uma descrição física da natureza"), Humboldt não hesitou em escrever sobre temas sociais, tendo-se oposto firmemente à escravidão que testemunhou na América.[25] Prussiano de nascimento, ele era um cidadão do mundo que se sentia em casa em muitos lugares e dominava várias línguas. Tornou-se, ainda em vida, provavelmente a personalidade europeia mais célebre de sua época, só perdendo em fama para Napoleão Bonaparte (mas sem a desvantagem de, como no caso deste último, possuir tanto numerosos admiradores quanto incontáveis detratores). Ao escolher o termo *kósmos* — escusado dizer após isso tudo —, presto, portanto, acima de tudo, uma homenagem ao grande geógrafo.

Mas há outra homenagem: ao astrônomo Carl Sagan (1934-1996) e seu livro *Cosmos*, publicado originalmente em 1980. Humboldt está, por óbvio, como geógrafo, muito mais próximo de mim e de grande parte dos leitores destas páginas; mas descobri Sagan primeiro, ainda na adolescência. A palavra "cosmos" sempre evocará, em mim, a lembrança da maravilhosa dupla de série de televisão e livro de divulgação científica (este último tendo recebido uma nova edição recentemente: cf. SAGAN, 2017) assinados pelo formidável astrônomo. Tenho, apenas, um reparo a fazer: Sagan quase que ignora por completo Humboldt e seu *Kosmos*, e isso depois de citar, apresentar e elogiar numerosos físicos, astrônomos, químicos e biólogos (e até geógrafos da Antiguidade, como Eratóstenes e Estrabão), sem contar escritores e filósofos. A despeito das aparências, ele tinha conhecimento da obra-prima de Humboldt, a qual menciona, de passagem, em uma modesta nota sobre a relação entre meteoros e meteoritos com os cometas — nota na qual, por outro lado, ele admite que "[f]oi a leitura da obra primordial de

25. Ver, sobre a vida e o legado de Humboldt: RICHTER, 2009; WULF, 2016.

Humboldt que fez o jovem Charles Darwin embarcar numa carreira na qual combinou exploração geográfica e história natural" (SAGAN, 2017:438, nota 1). Humboldt com toda a certeza merecia bem mais que esse comentário à margem, justamente em um livro intitulado *Cosmos*...

Ao mesmo tempo em que as homenagens a Humboldt e Sagan desempenharam um papel, eu estava à procura de um termo que pudesse sugerir uma maior densidade filosófica, em vez de uma palavra que "meramente" indicasse uma conexão astronômica, o que talvez inevitavelmente acontecesse com a palavra portuguesa "cosmo(s)". O *kósmos*, aqui, é um todo abrangente que vai além da perspectiva antropocêntrica da "natureza primeira" e da "natureza segunda", pois à luz de uma "perspectiva cósmica", até mesmo a "natureza segunda" (e a superioridade implícita da realidade antropogênica, ou seja, produzida socialmente, em comparação com a da "natureza primeira") é (potencialmente) muito fortemente relativizada. Com efeito, de um ponto de vista "cósmico", a Terra não passa, como dito parágrafos atrás, de um pequeno planeta orbitando uma estrela sem maior importância, localizada em uma de bilhões de galáxias do universo observável (as estimativas mais recentes dão conta de algo entre duzentos bilhões e dois trilhões de galáxias). Nas palavras de Carl Sagan, "[o] cosmos é tudo o que existiu, existe ou existirá", "no qual flutuamos como um grão de poeira no céu matinal" (SAGAN, 2017:30).

Para mais além da Cosmologia e da Astronomia, devemos suspeitar que a consciência do *kósmos* não apenas esboroa a veleidade de ser o *homo sapiens* algo absolutamente singular no universo, mas, ainda por cima, nos convida a enxergar de um jeito menos provinciano noções como "cultura", "sociedade" e "natureza". Tudo o que faz da cultura e da sociedade humanas invenções tão notáveis, com todos esses trunfos como a escrita e as ferramentas para fabricar outras ferramentas, prometem apequenar-se em face da perspectiva de existirem e terem existido culturas e civilizações muitíssimo mais avançadas materialmente; por tabela, a própria acepção de "natureza (não humana)" como aquilo que é evolutivamente anterior ao humano e menos sofisticado que ele sofreria um colossal abalo. A comprovação final e empírica ainda não veio, mas não se trata de delírio de cérebros tresloucados ou mentes demasiado imaginativas, mas sim de uma probabilidade examinada muito a sério por cientistas como astrônomos e astrobiólogos. Diante disso, não há como resistir à modéstia de nos aceitarmos como uma espécie bem menos importante do que nosso brio e nossa arrogância nos fizeram acreditar por tanto tempo, por mais que nosso planeta Terra nos pareça especial (e, de algum modo, talvez seja mesmo, pois nada indica que as condições para o surgimento de formas de vida complexas e inteligentes sejam estatisticamente assim tão frequentes ou banais). Qualquer "centralidade" do *homo sapiens* que possa ser reivindicada em nome de considerações de ordem prática e também ética — as necessidades humanas e a solidariedade intraespécie como merecendo um lugar de honra — há de ser, assim, avaliada como relativizável não apenas em função de argumentos de cunho moral, como a solidariedade e a capacidade de compaixão entre espécies, mas também por uma questão de humildade, imposta pela consciência da circunstância de nossa insignificância.

O debate ético e político entre "ecocêntricos" ou "biocêntricos" (a sutil diferença entre ambos, postulada por alguns, será tratada no **Cap. 5**), de um lado, e "antropocêntricos", de outro, faz muito sentido a partir de uma perspectiva humana. Entretanto, esta não é a única perspectiva a ser levada em conta, pelo menos de um ponto de vista teórico. Com isso, não estou fazendo uma referência implícita apenas ao problema ético usual das formas de vida não humanas, muitas vezes ditas "inferiores", e seus "direitos"; eu gostaria de enfatizar aqui um problema muito menos usual e urgente, que talvez até pareça extravagante ou quiçá bizarro, anunciado no parágrafo precedente. Devemos considerar, de um ponto de vista científico e também de um ponto de vista filosoficamente não controlado pela visão excepcionalista de determinadas religiões, a plena possibilidade, para não dizer fortíssima probabilidade, de existência de formas de vida inteligente em planetas outros que não a Terra pelo universo afora ou mesmo na Via Láctea. E ao considerarmos a probabilidade de que alguns (talvez até muitos) desses planetas abriguem ou tenham abrigado formas de vida inteligente materialmente avançada, em vários (talvez até em muitos) casos incrivelmente mais sofisticada que a humanidade em seu estágio atual, devemos levar em conta a possibilidade de que um parâmetro como "racionalidade", que é crucial na hora de diferençar (muitas vezes de forma imprecisa) seres humanos de não humanos na Terra, inclusive sob o ângulo das implicações éticas, não seja, em última instância, senão uma lente ou chave interpretativa muito limitada e paroquial. Da perspectiva de alienígenas extraterrestres altamente inteligentes, o *homo sapiens* pode parecer tão avançado quanto as formigas (ou os macacos antropoides em um cenário mais otimista) aparecem diante de nossos olhos. Em outras palavras, à luz de uma enorme diferença em termos de cultura material, tecnologia, ciência etc., o *homo sapiens* seria parte da "natureza primeira" desses hipotéticos alienígenas.

Sem dúvida, a suposição de que esses extraterrestres hipotéticos usariam uma diferenciação conceitual semelhante entre "nós" ("cultura", "civilização", "racionalidade"... *zweite Natur*) e "eles" ("puro instinto", "falta de racionalidade"... *erste Natur*) é apenas um exercício intelectual e pouco mais do que uma brincadeira, ainda que uma brincadeira séria. Alienígenas incrivelmente inteligentes certamente usariam ferramentas intelectuais muito mais requintadas para descrever, classificar e interpretar a realidade cósmica. Mas o ponto essencial é o seguinte: uma certa perspectiva "antropocêntrica", conquanto em parte justificável (em termos do privilégio quase inevitável de nossa espécie do seu próprio ponto de vista, bem como no que concerne às particularidades dos conceitos científicos, das teorias e dos métodos necessários para investigar a sociedade e a história humanas em comparação com a dinâmica física, química e biológica), não deixa de ser, ao mesmo tempo, inarredavelmente parcial e provinciana. Nesse sentido, é necessária uma espécie de "revolução copernicana": há muito tempo os cientistas sociais vêm tentando se familiarizar com os debates de cientistas naturais como físicos e os biólogos (com frequência ignorando, infelizmente, que isso não deveria ter por motivação uma busca de *imitação* epistemológica e metodológica, imitação essa não raro diretamente estimulada pelos próprios cientistas naturais que, como Edward O. Wilson, com a sua "Sociobiologia" e, mais recentemente, a sua versão da "unificação dos conhecimentos", ou "consiliência", tantas vezes cometem simplismos naturalizantes, positivistas e reducionistas[26]);

26. Tive oportunidade de argumentar contra essa esparrela da imitação epistemológica em outras ocasiões. Se, em SOUZA (1997), polemizei contra o modismo de encarar o "Paradigma da Complexidade" oriundo da Física e da Biologia como um oráculo para os pesquisadores sociais, em SOUZA (2016) destaquei o papel de Edward Wilson quanto a

não lhes ocorreu, porém, que faz falta se deixarem inspirar um pouco por esse tipo de "senso de modéstia cósmica" típico dos astrônomos, que nunca esquecem o quão diminutos e irrisórios são, em face do universo, a Terra e seus problemas.

• • •

Após toda essa explanação sobre o conceito de *natureza* e a sua relação com o de *sociedade*, é possível focalizar mais facilmente, de modo direto, o de *ambiente*. Voltemos, pois, a ele, para complementar o que foi dito no início deste capítulo. Para isso, comecemos com uma discussão que é, simultaneamente, teórico-conceitual, ética e política, e à qual retornaremos no **Cap. 5**: a distinção entre posturas e entendimentos "ecocêntricos" e "biocêntricos" do ambiente, de um lado, e "antropocêntricos", de outro.

---

certas controvérsias. O realce conferido a esse personagem se justifica pela influência do autor, que prossegue nos dias atuais, em que pese debates outrora tão acalorados, como aquele em torno da "Sociobiologia", mediante a qual WILSON (2000) propunha que a explicação para comportamentos humanos e até fenômenos sociais deveria ser encontrada na natureza, sendo a cultura reduzida a uma espécie de epifenômeno, tenham saído bastante de moda. (Não que Wilson não tenha se empenhado, nos decênios posteriores à publicação de *Sociobiology: The New Synthesis*, para continuar fornecendo farta munição aos seus opositores e detratores: no prefácio à edição comemorativa dos 25 anos de aparecimento do livro, ao lado de comentários um tanto desairosos sobre adversários como Stephen Jay Gould e Rchard Lewontin, ele tenta se qualificar mais como "interacionista" que como "reducionista" [p. vi], ressalva essa que não combina nem um pouco com a caracterização da cultura como um "sistema auxiliar" dos genes ou da biologia [p. 560], com o vaticínio de que a Ética deveria ser removida das mãos dos filósofos e biologizada [*biologized*: p. 562] ou para *o grand finale* segundo o qual uma das missões da Sociobiologia consiste em "monitorar a base genética do comportamento social" [p. 575].) Igualmente perdeu a aura de "revolução irrefreável" outra hiperssimplificação biologizante, a tese do "gene egoísta" de Richard Dawkins (DAWKINS, 2006), que virou uma coqueluche nos anos 1970 e 1980 e é tão problemática quanto as análises e suposições de Wilson. O fato é que o tempo passa, mudam os personagens e a própria peça, mas a essência dramática permanece a mesma. Recentemente, o reducionismo epistemológico e metodológico por trás do programa da "consiliência" (WILSON, 1998), posição que Wilson continua a defender com sua habitual verve em livros mais recentes (p.ex., WILSON, 2014), vem sendo popularizado especialmente por alguns neurocientistas, ao decretarem que o livre-arbítrio não passa de uma ilusão e que, de certa forma, a vida psíquica e a própria cultura nada mais são que manifestações de fenômenos fisiológicos. Afortunadamente, como também ocorreu com a *sociobiology* wilsoniana e o "gene egoísta" de Dawkins, ainda não há consenso sobre isso entre os próprios cientistas naturais.

Para muitos ecologistas ou ambientalistas, essa é a grande fronteira ético-política: o antropocentrismo é visto, não raro muito simplificadamente, como uma posição comprometida com a "dominação da natureza" às expensas dos organismos vivos não humanos e de ecossistemas inteiros, tudo em nome de um "progresso" ou "desenvolvimento econômico" que, em muitos casos, nada mais é que uma desculpa para a realização de interesses capitalistas (muito embora o pensamento marxista venha sendo, com frequência, igualmente denunciado como antropocêntrico). Essa visão não é inteiramente errada, mas contém uma falácia: induz a pressupor que só haja um tipo básico de antropocentrismo, insensível ou pouco sensível aos direitos de outras espécies animais e às necessidades de proteção ambiental. Isso é um equívoco. Assim como intelectuais e ativistas "ecocêntricos" podem possuir um grau muito variável de sensibilidade social, em meio a um espectro de possibilidades que vai da misantropia e do reacionarismo a um ecocentrismo que não deixa de estar imbuído de valores humanistas, também o antropocentrismo não precisa ser sempre insensível ou pouco sensível aos direitos de outras espécies animais e às necessidades de proteção ambiental. Um grau de empatia significativo e assumidamente maior pela própria espécie *homo sapiens*[27] não é necessariamente incompatível com uma marcada "humildade" e uma forte abertura para com os valores da prudência ecológica e da atenção às implicações éticas da senciência de outras espécies animais. Se, para exemplificar, examinarmos a história do pensamento libertário, toparemos tanto com posturas representativas de um ecocentrismo humanista (como a do anarquista Élisée Reclus) quanto de um antropocentrismo que poderíamos chamar de "cosmofílico", no sentido de distanciar-se da

27. A rigor, consoante o que já foi explicado em uma nota anterior, devemos conceber o *homo sapiens sapiens* como uma *subespécie*. Alguns pesquisadores preferem ver no *homo sapiens sapiens* uma *espécie*, logo assumindo que o Homem de Neandertal seria uma espécie distinta. Ocorre que há evidências de intercruzamento entre o homem anatomicamento moderno e os neandertais, tendo estes contribuído para o nosso genoma; e, como insistem os biólogos, se há a possibilidade de intercruzamento, então estamos diante da mesma espécie. Ao longo deste livro, quando eu me refiro à "espécie humana" e à "nossa espécie", é lógico que estou querendo me reportar, pragmaticamente, à subespécie *homo sapiens sapiens*, cuja designação venho grafando, por conveniência, simplificadamente, como *homo sapiens*.

ideologia da "dominação da natureza" (como o neoanarquista Murray Bookchin e o autonomista libertário Cornelius Castoriadis).[28]

A discussão acima delineada tem consequências para a própria compreensão do que seja o "ambiente". Para o ecocentrismo anti-humanista, os seres humanos são, acima de tudo, "perturbadores" do ambiente, com este sendo visto como constantemente ameaçado pelo *homo sapiens*. O ambiente é algo, portanto, menos ou mais externo às pessoas, que seriam como que "intrusas" e, de alguma forma, geralmente também pouco gratas pelo prazer estético proporcionado pela "natureza" e ignorantes ou desinteressadas de uma relação "espiritual" com esta última. A partir de uma tal perspectiva (representada em **A** na **Fig.** 7), a "natureza" é apenas a "*natureza primeira*", e o ambiente funciona como sinônimo de "ambiente natural". O grande espantalho genérico dos ecocêntricos, o antropocentrismo — melhor dizendo, uma dada modalidade de antropocentrismo —, em suas versões embebidas na mentalidade da "dominação da natureza" (que poderíamos chamar de "antropocentrismo provinciano", por não compreender adequadamente o contexto cósmico em que se inscreve a humanidade e a extensão da responsabilidade ética e prática dos seres humanos), também termina por conceber o ambiente como algo puramente exterior aos seres humanos (vide **B** na **Fig.** 7), ainda que procedendo a uma inversão: aos humanos se credita um privilégio (quase) absoluto e uma prerrogativa de dispor do "ambiente" e das outras espécies como lhes aprouver, como se seu destino não estivesse inextricavelmente ligado aos dos (geo)ecossistemas[29] dos quais

---

28. Já comentei brevemente, em nota anterior, as contribuições de Reclus e Bookchin, remetendo o leitor a alguns de seus trabalhos. Quanto a Castoriadis, no tocante ao assunto em questão, podem ser lembradas as seguintes publicações: CASTORIADIS, 2005a e 2005b (que são pequenas intervenções, mas nem por isso menos preciosas); CASTORIADIS e COHN-BENDIT, 1981 (que é a transcrição de um debate ocorrido em 1980, em Bruxelas); CASTORIADIS, 1978b e 1986a (ensaios de grande densidade, nos quais o autor rebate o racionalismo e o produtivismo abrigados no imaginário capitalista e, como ele demonstra, presente no marxismo típico e até mesmo no pensamento marxiano, isto é, do próprio Marx).

29. O conceito de *ecossistema* dos biólogos (introduzido por TANSLEY [1935]) e o de *geossistema* dos geógrafos (vide, p.ex., BEROUTCHACHVILI e BERTRAND [1978] e, no Brasil, MONTEIRO [2001]) são, à primeira vista, convergentes em matéria de ambição integradora, mas terminam por ser, na prática, um tanto enviesados e parciais: o primeiro por privilegiar os fatores bióticos (flora e fauna), e o segundo por fazer o mesmo com os fatores abióticos (relevo, solos e clima). Daí a conveniência de apostarmos em uma fusão conceitual, em cuja operacionalização empírica, porém, reside uma séria dificuldade. Os dois conceitos não são, com efeito, de articulação trivial. Não basta pressupor que o "geossistema" seria um ecossistema visto em seu contexto

fazem parte.[30] Em contraste com isso temos, na **Fig.** 7, também duas posições alternativas: no esquema **C**, uma representação do *ecocentrismo humanista*,

---

geográfico — pois esse atributo, ao menos em tese, já estaria embutido no próprio conceito de ecossistema. O que ocorre é que, apesar das pretensões holísticas de ambas as partes, os biólogos se concentraram muito mais nos fatores bióticos, incorporando de modo superficial os abióticos, ao passo que os geógrafos adeptos da perspectiva "geossistêmica" tenderam a privilegiar um eixo explicativo geomorfológico-pedológico (e ancilarmente climatológico) para tentar caracterizar os geossistemas. Casar as duas perspectivas tem se mostrado uma empreitada bem menos fácil do que se poderia supor, dado que as coisas se passam como se, de fato, se tratasse de pontos de vista concorrentes propostos por "corporações disciplinares" distintas e até certo ponto rivais (biólogos *versus* geógrafos). Note-se, de passagem, o zelo com que o grande mestre soviético dos geossistemas, Viktor B. Sotchava, buscava caracterizar o conceito de geossistema como inconfundível com o de ecossistema (cf. SOTCHAVA *apud* MONTEIRO [2001:47-48]), posição aliás endossada por muitos geógrafos, sem que para isso sejam fornecidos argumentos convincentes e decisivos. Quando, doravante neste livro, aparecer o termo "(geo)ecossistema", a grafia reflete cautela e espelha o fato de que a integração conceitual ainda é antes uma intenção ou possibilidade que uma realidade.

30. "Dos quais fazem parte", sim — mas em que termos? Diversamente dos biólogos com relação ao conceito de ecossistema, que costumeiramente "esquecem" a presença humana a não ser na qualidade de fator de "perturbação", os geógrafos que têm cultivado o conceito de geossistema têm tentado integrar os seres humanos aos seus estudos. O fazem, todavia, de maneira muito superficial, reduzindo uma grande variedade de agentes, interagindo entre si e com o espaço geográfico de forma complexa, a um "fator antrópico". Os conflitos sociais, quando são mencionados, são tratados de modo epidérmico; tipicamente, é como se não houvesse contradições sociais, classes, racismo e outras formas de opressão e assimetria estrutural. Quando C. A. de Figueiredo Monteiro admitiu "dificuldades em antropizar o geossistema" (MONTEIRO, 1996:79 *et seq.*), ele, na verdade, nada mais fez que arranhar a superfície do problema, porque a razão profunda exige uma constatação radical: *a ideia de "sistema", em si mesma, é intrinsecamente limitada para os propósitos da pesquisa sócio-espacial.* Um sistema, para ser bem caracterizado, deve ter suas partes componentes claramente identificadas, e o mesmo se aplica aos fluxos de diversos tipos no seu interior; ademais, cada sistema terá de ser bem delimitado em relação ao que lhe é exterior. Como se isso não bastasse, o ideal é que seja possível quantificar as grandezas envolvidas, como os fluxos de matéria e energia. Ora, tudo isso pressupõe um nível de "cartesianismo" que mesmo na pesquisa natural vem sendo há décadas abalado, desafiado e relativizado, mas que na pesquisa sócio-espacial é simplesmente insustentável. Nesta, diferenças de magnitude podem ser apreendidas com base em escalas ordinais (= maior/menor), mas mensurar e definir quantidades exatas (ou mesmo aproximadas) para os fenômenos, especialmente aqueles de ordem cultural ou política, é algo em geral quimérico. Quanto às fronteiras entre sistemas e subsistemas, ou entre cada sistema e o seu entorno, elas são comumente fluidas, inclusive porque cada "sistema" é, ele próprio, extremamente complexo e mutável. Por fim, a ideia de sistema convive muito mal com a ideia de *contradições internas* — uma deficiência que, se nos estritos planos físico, químico e biológico é irrelevante, no domínio social revela-se fatal. Como conclusão, por mais que o conceito de geossistema possa ter utilidade para a caracterização das dinâmicas geoecológicas, sua capacidade de incorporar a sociedade é limitadíssima, para além de uma aproximação inicial e bastante esquemática.

e, em D, do *antropocentrismo cosmofílico* sendo ambas as posições sensíveis ao fato de que os seres humanos são parte integral dos ambientes, sendo estes de forma alguma redutíveis a uma mítica ou quimérica "natureza intocada", mas tampouco assimiláveis a meros repositórios de recursos conversíveis em mercadorias.

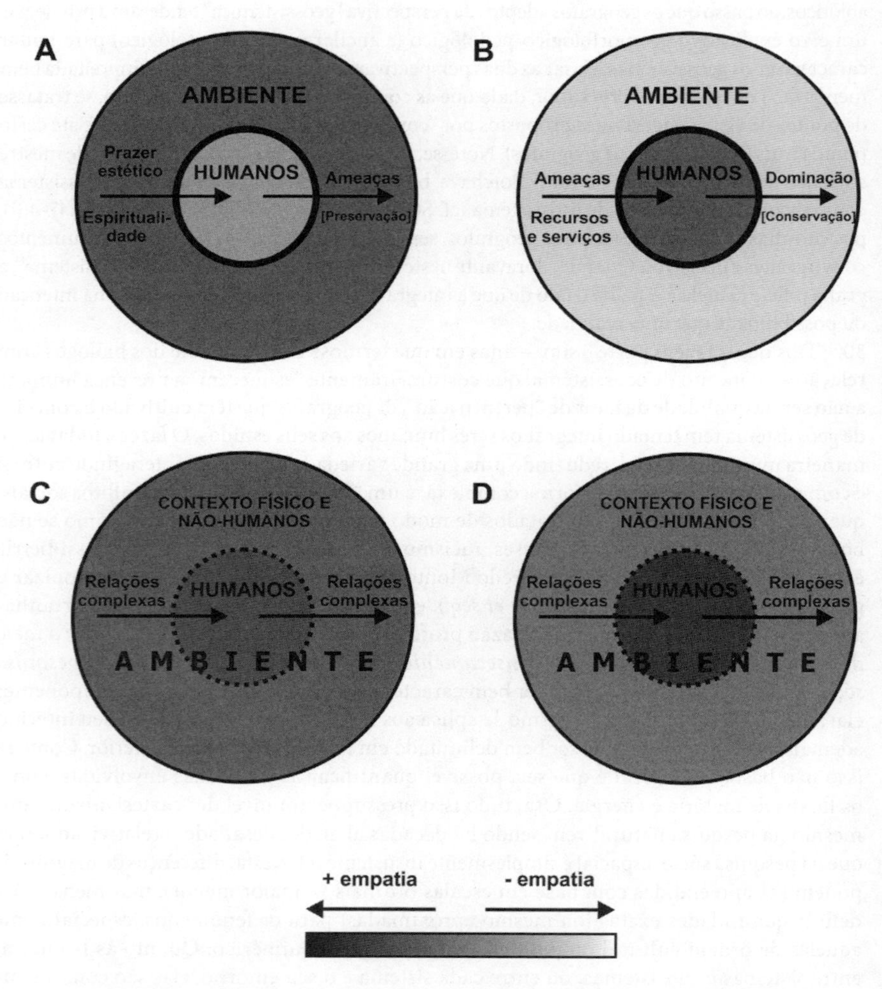

Fig. 7: O grau de empatia do *Homo sapiens* por outras espécies vivas é variável (assim como a própria empatia interindividual dentro da nossa própria espécie), o que dá margem a vários modos de conceber e lidar com o conceito de ambiente.

Neste livro, o conceito de ambiente é compreendido como uma *totalidade*, a qual *abarca todas as espécies animais (e, na verdade, o conjunto dos organismos vivos) e o seu contexto físico (abiótico)*. O ambiente, em termos pragmáticos, é, para a humanidade, tudo aquilo com o que ela interage, ao perceber, significar/ressignificar e transformar — sem prejuízo para a ideia, interessante apenas de um ponto de vista paleogeográfico, geológico/paleontológico ou astrobiológico, de ambientes terrestres pré-humanos (como os paleoambientes nos quais viveram os dinossauros) ou ambientes extraterrestres. Para nós, aqui e agora, o ambiente é fruto da (re)transformação, (re[s])significação e reapropriação incessantes da primeira natureza mediante as relações sociais, e inclui, necessariamente, os seres humanos, conquanto nem tudo no ambiente seja antropogênico (e malgrado tudo aquilo que existe ser mediado, para nós, pela consciência humana modelada pela história e pela cultura). O ambiente, assim, não é algo que "nos envolve", um envoltório: o ambiente *somos também nós*, histórica e culturalmente situados.

• • •

Ambientes são transformados pelas relações sociais e "hominizados", tornados parte integral do mundo humano, sem que jamais seja possível, contudo, eliminar ou subordinar inteiramente as forças, estruturas e dinâmicas naturogênicas, em qualquer que seja a escala, microscópica ou mesmo macroscópica. Os (geo)ecossistemas não são só alterados materialmente: eles são, em primeiro lugar, *apropriados*. Onde há sociedade, há relações de poder (que podem ser heterônomas, autoritárias e vinculadas à dominação, ou autônomas, nos bem minoritários casos em que são horizontais e radicalmente democráticas); e onde há relações de poder, estas se projetam sobre o espaço, formando *territórios*.

Os (geo)ecossistemas se organizam espacialmente de tal modo que apresentam fronteiras um tanto nebulosas (vide **A** na **Fig. 8**). Isso quer dizer que um (geo)ecossistema, mormente em seus aspectos biogeográficos, perde definição à medida que nos aproximamos de suas bordas. O contato entre dois ou mais (geo)ecossistemas é expresso pelo conceito de *ecótono*, denotando uma área de transição. Em relação menos ou mais clara com eles, mas sempre mediada pela história, pelo imaginário e pela técnica — como fontes de recursos, como sítio etc. —, a sociedade se organiza e se plasma ela própria espacialmente, e as relações de poder levam a que se estabeleçam territórios, com fronteiras geralmente mais ou menos claramente demarcadas, a separar ou distinguir as áreas de influência e controle dos diversos grupos sociais ou, mais amplamente, das diversas fontes de poder. Essas fronteiras são decalcadas sobre as áreas dos (geo)ecossistemas (vide **B** na **Fig. 8**). Outra maneira de nos referirmos aos (geo)ecossistemas, mais direta e enganadoramente mais simples (porquanto é, na verdade, mais complexa, a reboque da plasticidade e da riqueza inerentes ao conceito de ambiente), é vê-los como *ambientes*, resultantes da transformação e apropriação da natureza ("natureza primeira") pela sociedade. A interpenetração de ambientes e territórios, na esteira dos conflitos e das lutas que, a todo momento, emergem em torno da permanência de modos de vida, sentimentos de lugar e estratégias de sobrevivência, não tem passado despercebida a muitos geógrafos, quer sejam oriundos eminentemente dos estudos sociogeográficos (ver, p.ex., PORTO-GONÇALVES, 2006 e 2012) ou dos ecogeográficos (ver, p.ex., SUERTEGARAY, 2017) — o que atesta, inclusive, mais do que a possibilidade, a própria *necessidade* do cruzamento de olhares distintos em matéria de ênfase em tal ou qual polo epistemológico (sociedade ou natureza), mas apesar disso essencialmente complementares.

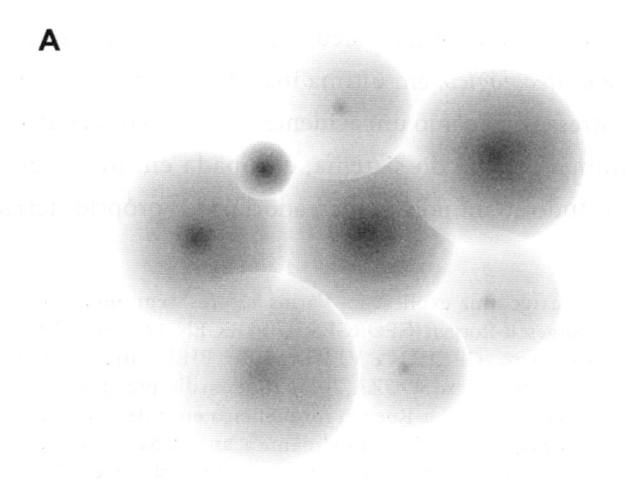

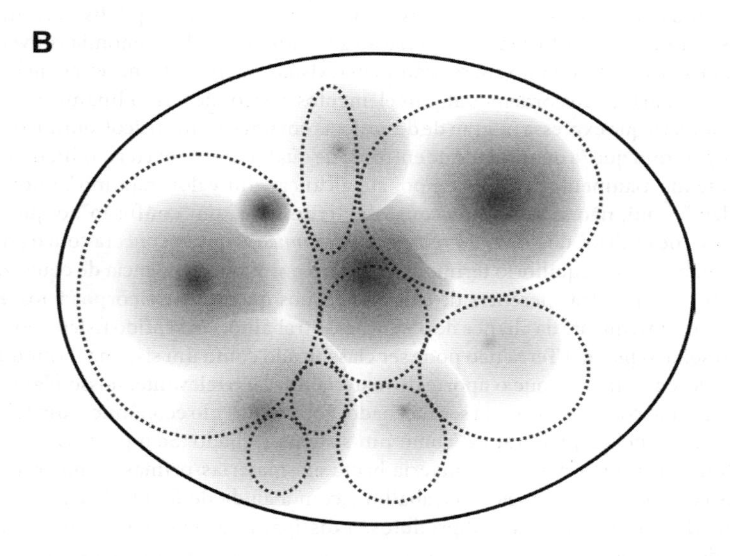

Fig. 8: Ambientes e territórios: visão esquemática das superposições e fricções.

Assim como as relações sociais podem ser heterônomas ou autônomas, os modos de produção também diferem muito entre si no que tange às relações "metabólicas" entre sociedade e natureza: diversamente dos demais regimes econômicos, o modo de produção capitalista se pauta por um imperativo de reprodução ampliada (acumulação) do capital que, em si, é profundamente *antiecológico*, em última instância, por ocasionar níveis enormes de ecoestresse não como um acidente, mas sim como decorrência da lógica econômica mesma do sistema, estribada em um imaginário tendente a sujeitar tudo ao mundo da mercadoria.[31] Os próprios territórios

---

31. O termo *ecoestresse* exige uma explicação. Vários autores, seguindo as pegadas do economista Nicholas Georgescu-Roegen (GEORGESCU-ROEGEN, 1971 e 1975), utilizariam aqui o termo "entropia" (p.ex., CECHIN e VEIGA, 2010; BIEL, 2012), e eu mesmo o empreguei durante muito tempo (p.ex., SOUZA, 2013). Hoje em dia, porém, prefiro evitá-lo, e cumpre expor as razões. Georgescu-Roegen foi pioneiro em interpretar o processo econômico com a ajuda da Segunda Lei da Termodinâmica, apelidada de "Lei da Entropia", com isso ancorando a reflexão econômica, que até então fazia abstração da realidade concreta do planeta Terra, em um solo de considerações e preocupações biofísicas. Apesar de não ter tirado todas as conclusões necessárias no que toca ao papel do capitalismo, a análise de Georgescu-Roegen — crítica tanto em relação ao mainstream da Economia convencional, sobretudo neoclássica, quanto em relação ao marxismo — é incontornável, ao menos como um ponto de partida. Recordemos alguns elementos básicos de termodinâmica: a entropia é uma grandeza que expressa o "grau de desordem" em um sistema físico(-químico), e a "Lei da Entropia" reza que "a quantidade de entropia de qualquer sistema termodinamicamente fechado tende a aumentar com o tempo, até alcançar um valor máximo". (Note-se que "desordem", aqui, não se confunde com "desarrumação" ou "confusão"; o que está em questão é a "desordem" do ponto de vista *termodinâmico*, o que se conecta com o postulado de que, em busca do "equilíbrio térmico", existe no universo a tendência de equalização de temperatura, com a transferência de calor de corpos quentes para corpos frios, e com a diminuição subsequente da chance de obtenção de trabalho, em sentido físico.) Por receber radiação solar, o planeta Terra não pode ser classificado como um sistema termodinâmico fechado; porém, uma vez que o aporte de matéria nova é irrelevante, nosso planeta pode, sim, ser tomado como um sistema semifechado. Sob um ângulo econômico, um tal sistema semifechado funciona, na prática, como um sistema fechado. Se o processo econômico corresponde à transformação de matéria bruta em matérias-primas, e matérias-primas em bens econômicos, por meio do trabalho e com a ajuda de fontes de energia, sempre ocasionando, na qualidade de subprodutos, a dissipação de energia (gerando calor) e a geração de resíduos e rejeitos, o processo econômico se mostraria, assim, inarredavelmente entrópico, conforme Georgescu-Roegen. A única maneira de compensar essa tendência seria se servindo de novas fontes de baixa entropia — em outras palavras, recorrendo a novas fontes de energia e matérias-primas, ou também por meio da externalização do custo ambiental representado pelos resíduos, pelo lixo. (Veremos, no **Cap. 3**, como a "exportação de ecoestresse", ou "exportação de entropia" se quisermos nos manter fiéis ao vocabulário de Georgescu-Roegen, é um expediente com o qual se tenta, justamente, driblar essa dificuldade, em meio a uma sociedade heterônoma.) Infelizmente, entre as diversas controvérsias que cercam a relevante contribuição de Georgescu-Roegen está um questionamento até mesmo da propriedade de seu uso do termo "entropia". Muito embora o conceito de entropia apresente dificuldades inclusive para os físicos, o fato é que estes apontaram ser um erro de Georgescu-Roegen o de aplicar a "Lei da Entropia" igualmente à energia e aos recursos materiais, quando ela, na realidade, em sentido estrito, só se aplicaria

e as territorialidades mesmas são expressões dessas diferenças na maneira como as culturas e os grupos humanos se relacionam com a natureza não humana (quadro físico e outros seres vivos). Isso pode ser perfeitamente percebido no mundo contemporâneo, em que as fronteiras e o conjunto dos limites e das territorialidades estatais são como que garantidores de processos de exploração do trabalho e "dominação da natureza" (não raro com implicações de verdadeira rapina e devastação ambiental), ao passo que populações tradicionais ou "pré-modernas" corriqueiramente estabelecem relações de muito maior cuidado com os recursos dos quais elas — como bem sabem — estreitamente dependem, não só materialmente (sobrevivência física, abrigo, alimentação), mas também culturalmente (modo de vida).[32]

Repisando o que já foi referido páginas atrás e sobre o que eu havia insistido também em trabalhos anteriores (vide, p.ex., SOUZA, 1995, 2006a e 2013), o território é um espaço definido por e a partir de relações de poder ou, para dizê-lo com mais precisão, uma *projeção espacial das relações de poder*. Independentemente de quais sejam as razões que

---

aos recursos energéticos. Admitindo esse equívoco, o economista respondeu, então, com a proposta de criação de uma "quarta lei da termodinâmica", além da introdução do conceito de "entropia material" — contribuições cuja aceitação não tem sido consensual. Em última análise, à luz da Física, a "entropia" de que fala Georgescu-Roegen seria um tanto metafórica, operando quase como um sinônimo de degradação ecológica. Para evitar confusões desnecessárias é que tenho recorrido, assim, ao termo "ecoestresse", mais direto e muito menos sobrecarregado com polêmicas prévias. Ecoestresse designa uma situação de degradação ou destruição de (geo)ecossistemas, em que têm lugar fenômenos como perda de biodiversidade, diminuição da fertilidade do solo etc. Piers Blaikie e Harold Brookfield estão certos ao recordar que a noção de *land degradation* possui um componente subjetivo, dado que, como eles exemplificam, para um caçador ou pastor, a substituição de uma floresta por uma savana, na esteira do que viria uma capacidade aumentada de suportar ruminantes, não seria percebida como degradação (BLAIKIE e BROOKFIELD, 1987a:4). Não obstante esse caráter socialmente um pouco relativo da noção de degradação, ela possui um grande valor operacional para a caracterização do ecoestresse (que pode também implicar, em situações extremas, um quadro de devastação ambiental profunda, não apenas com a deterioração, mas sim com a verdadeira destruição de todo um [geo]ecossistema).

32. A literatura sobre essa questão, nem sempre muito equilibrada no que tange a evitar a idealização romântica do Outro "pré-moderno", deve andar pela casa das muitas centenas de artigos e livros, isso quando não assomar à casa dos milhares. Entre os trabalhos que mais me marcaram e agradam estão os ensaios e livros do geógrafo alemão ("dublê" de antropólogo) Burkhard Schwarz, que resultaram de sua experiência de vários anos na Bolívia, pesquisando e cooperando com atores locais (ver, p.ex., SCHWARZ, 1996).

levam uma fonte de poder a desejar manter ou conquistar um território (razões imediatamente econômicas, estratégicas ou até mesmo culturais), importa, de toda sorte, não perder de vista que o território corresponde, enquanto tal, em primeiro lugar, a uma noção política. Ao se constituírem, as sociedades e culturas se constituem não apenas *sobre o* espaço, mas também *por meio do* espaço (material e simbolicamente), o que inclui, com destaque, os processos de territorialização. No decorrer desses processos de autoinstituição da sociedade, de criação de imaginários e culturas, de cosmologias, de modos de vida, (geo)ecossistemas são muito mais que "palcos" para a vida e as relações sociais: fornecem recursos, oferecem inspiração, impregnam experiências quotidianas, condicionam limites e propiciam acessos e possibilidades de locomoção (rios e demais corpos d'água, passos e desfiladeiros) e, às vezes, oportunidades de descanso e recuperação (como os oásis).

Territorialidades (e, mais amplamente, espacialidades) se desenvolvem em íntima conexão com os ambientes em suas dimensões paisagística (aparência, espaço visível) e diretamente material ou tangível, quer sejam as dinâmicas e os processos naturogênicos dos (geo)ecossistemas, quer sejam as formas e as dinâmicas já nitidamente produzidas socialmente, de campos de cultivo e pastos artificiais a cidades. Territórios os mais variados, emanações das muitas fontes de poder (complementares/subsidiárias ou concorrentes) que coexistem simultaneamente em um determinado lugar e são atinentes, em parte, a escalas de ação muito diversas, da nanoterritorial à global, como que se decalcam sobre a materialidade espacial, em uma interação no curso da qual "campos de força" (os territórios propriamente ditos) e substrato espacial material se influenciam reciprocamente.

No entanto, os limites das feições naturogênicas e os dos territórios, além de raramente e cada vez menos coincidirem perfeitamente (o que, contudo, também é parcialmente uma questão de escala e percepção), corporificam atritos derivados da circunstância de que os limites territoriais, muitas vezes, se modificam sem cessar. Os territórios "cíclicos", bem exemplificados nas grandes cidades pelos "pontos" de vendedores ambulantes ou profissionais do sexo que se recriam, enquanto nanoterritórios do quotidiano, nos mesmos trechos de certos espaços públicos todos os dias ou todas as noites, por algumas horas (SOUZA, 1995), constituem um caso extremo por sua intermitência, mas o fato é que poucos territórios são tão estáveis, em uma escala temporal de longa duração, como, digamos, a fronteira entre Portugal e Espanha. Comumente, territórios alteram-se em uma escala temporal de anos ou mesmo meses, não sendo infrequente que territorializações apresentem uma duração de dias. A escala das relações de poder, definitivamente, não guarda semelhança alguma com a escala de tempo geológico (muitos milhões de anos), e nem mesmo com uma escala de tempo tipicamente biogeográfica (milhares de anos): ela se mede, quando muito, em centenas ou dezenas de anos, e mais geralmente em períodos bem mais curtos, especialmente nas condições da "grande aceleração" da modernidade urbano-industrial e, mais especialmente ainda, da globalização capitalista. As relações entre territorialidades e territórios, de um lado, e as dinâmicas naturogênicas dos (geo)ecossistemas, de outro, não costumam se dar sem atritos. Sob o capitalismo contemporâneo, ainda muito menos que em outras épocas.

Observamos, assim, que, da mesma maneira que há um atrito entre o "eco" da *eco*logia e o "eco" da *eco*nomia (prefixo comum a ambas as palavras e derivado do substantivo grego *óikos*, que significa *casa*), cujos ritmos são bem diferentes — muito especialmente em uma economia capitalista —, também há, muitas e muitas vezes, fricções entre as territorializações encetadas pelos grupos sociais e as realidades (geo)ecossistêmicas abarcadas pelos territórios estabelecidos. Em uma sociedade heterônoma, ou seja, em que existe a exploração do trabalho e uma assimetria estrutural entre dirigentes e dirigidos, territórios costumam ser fortemente excludentes e designar espaços onde prevalece um controle vertical e centralizado; mas, além disso, não raramente eles também representam a expressão espacial de processos de "dominação da natureza" em que a prudência ecológica é desabridamente transgredida e desdenhada. Territórios que são expressão de um poder heterônomo, ao encarnarem a dominação de alguns indivíduos e grupos sociais sobre outros, a qual muitas vezes é operacionalizada mediante a tentativa de "dominação da natureza", amiúde são estabelecidos sem muitas preocupações com a sensibilidade dos (geo) ecossistemas. Grupos sociais específicos, especialmente em um contexto em que ainda são fortes as relações sociais tradicionais e as formas de economia pré-capitalistas, frequentemente (mas nem sempre!) estabelecem territorializações que corporificam modos de vida menos agressivos em face dos ciclos e dinâmicas geoecológicos — na **Fig. 8**, se acham representados pelos perímetros tracejados no esquema **B**. O território estatal, sobretudo o território do Estado capitalista (representado no esquema **B** da **Fig. 8** pelo perímetro maior, de traço contínuo), entretanto, se em última análise consagra, simboliza e sustenta relações heterônomas, que asfixiam ou impedem a plena liberdade, tampouco é usualmente compatível com uma gestão ecologicamente prudente.

Além do mais, usualmente existem grandes fricções entre os territórios estatais e os *lugares* que resultam de identidades sócio-espaciais e culturas que evoluíram ao longo de muitas gerações. Essa "organicidade", que parece conferir uma determinada legitimidade a partir de uma perspectiva popular ou *grassroots*, não é, certamente, algo aprioristicamente sacrossanto, nem tampouco imutável ou inquestionável: ela é sempre "negociada" historicamente, e é da história que ela surge, e na história se estabelece, em meio a atritos e tensões no interior de cada sociedade. Os territórios tradicionais de uma cultura, de um povo, de uma etnia, de um grupo social são, por mais "orgânicos que se nos afigurem com os olhos de hoje, comumente decorrentes — não nos esqueçamos — de conflitos, disputas, guerras, invasões e anexações. Não se trata, por conseguinte, de entronizar ou canonizar *a priori* qualquer diferença identitária. Tem razão Carlos Walter Porto-Gonçalves ao ressalvar e, implicitamente, advertir: "[u]ma perspectiva emancipatória não pode ver a sua fonte, a diferença, como essência já dada desde sempre e para sempre, mas sim como estratégia cognitiva e política de afirmação e construção." (PORTO-GONÇALVES, 2008:45)

O que importa, portanto, é, nas condições atualmente postas e observadas, verificar *o que mais contribui para a justiça social*. Decerto que sem romantismo excessivo com relação ao passado: afinal de contas, na luta contra a heteronomia capitalista, há muita coisa no passado pré-capitalista ou em culturas não ocidentais que poderia servir de fonte de inspiração para a construção de um futuro com justiça, mas igualmente há muita coisa que deveria nos inspirar um sentimento ético-político de recusa, quando não de repulsa — sacrifícios humanos, incessante estado de guerra, frequente *status* inferior das mulheres, trabalhos extenuantes e árduos, condições de salubridade muitas vezes bastante precárias nas cidades, escravidão e servidão, superstições justificadoras de desatinos e crueldades, e assim sucessivamente —, por mais que, antropológica e historicamente, compreendamos causas e contextos com a devida densidade, e por mais que, diferenças de forma à parte, muitos dos problemas do passado continuem a nos atormentar, ou pelo menos a uma grande parcela da humanidade (violência e carnificinas sem fim, condições de trabalho perigosas ou penosas, condições de moradia insalubres...). Apesar de tais ponderações, territórios não estatais fortemente correspondentes a lugares com grande densidade histórico-cultural, notadamente em escala local e regional, necessitam ser contemplados sem indiferença, e muito menos sem desconfiança ou hostilidade antecipada, como é frequente ocorrer de um ponto de vista liberal ou mesmo marxista, notadamente quando marxista-*leninista*.[33]

---

33. A propósito do marxismo-leninismo, vale a pena reproduzir o que disse, sobre a Revolução Sandinista na Nicarágua, Carlos Walter Porto-Gonçalves: "A experiência da Revolução Sandinista e o conflito envolvendo os [índios] miskitos são marcos para entendermos o novo padrão de conflitividade que, desde então, passará cada vez mais a ganhar contornos mais claros. Ali, na Revolução Sandinista (1979), todas as contradições do que significa construir a nação mantendo a colonialidade do saber com a perspectiva eurocêntrica se fará sentir também num regime político de esquerda. A mesma negação do outro já havia sido também experimentada pelos povos originários da Bolívia, na revolução de 1952, revolução que não convalidou as formas comunitárias de apropriação da terra e dos recursos naturais, apesar do papel protagônico desempenhado pelos sindicatos e partidos políticos de esquerda. Ao contrário, estimulou a propriedade privada com a distribuição de terras. Acreditava-se à época, à direita e à esquerda, que a diferença era uma condição passageira a ser diluída no todo nacional. Na Revolução Sandinista o componente geopolítico do imperialismo operou abertamente estimulando os 'contras', assim como qualquer contradição que desgastasse a revolução, como se tentou fazer com os miskitos. Todavia, a história dos miskitos se inscrevia em demandas próprias e, talvez, a melhor herança do sandinismo e dos miskitos seja exatamente a legislação que reconhece a autonomia indígena, como afirma Héctor Díaz Polanco, intelectual mexicano que soube compreender o caráter imperialista do apoio dos Estados Unidos, recusando-o." (PORTO-GONÇALVES, 2008:43-44)

É necessário levar em conta, porém, um complicador: *território* e *territorialidade* não são a mesma coisa. Se o território é o próprio "campo de força" que expressa uma relação de poder (heterônoma ou autônoma), o termo "territorialidade", se bem compreendido, consiste em um substantivo que se refere a um determinado modo de projetar poder no espaço. Em cada grupo social encontramos indivíduos que desempenham papéis sociais diversos e simultâneos, com graus de coerência variáveis entre si (operário, sindicalista, fiel de uma igreja evangélica...; professora universitária, ativista política, arrimo de família, mãe de dois filhos...; comerciante, presidente de associação de moradores de favela, cabo eleitoral e assessor de vereador, torcedor fanático de um clube de futebol...; e assim sucessivamente), o que significa que cada indivíduo pode assumir e reivindicar mais de um "lugar de enunciação" ou "lugar de fala" em suas aparições no espaço público: ora como trabalhador(a) explorado(a), ora como militante LGBT, feminista ou de alguma organização do movimento negro, ora como ativista dos direitos do consumidor, ora como eleitor indignado, ora como consumidor que se sente lesado... Porém, não são apenas os "lugares de enunciação" que podem coexistir na vida de um indivíduo, mas também as várias territorialidades que remetem a processos dos quais ele faz parte. Assim como territórios se superpõem (com os territórios da gestão estatal "encapsulando" e, via de regra, buscando submeter os territórios comunais ou quotidianos e não estatais, e os próprios diferentes tipos de territórios estatais, segundo a diferenciação entre níveis de governo estatal ou organismos institucionais), as territorialidades podem se complementar ou atritar e concorrer menos ou mais entre si, conjunturalmente ou estruturalmente. Mas, como isso pode se dar em meio a uma sociedade, um grupo social ou uma comunidade (com ou sem aspas) em que os diferentes "lugares de enunciação" ou "lugares de fala" guardam nítidas relações hierárquicas entre si, inclusive na imagem que os *outsiders* têm dos habitantes daquele espaço?

É preciso ter em mente a possibilidade de situações de maior ou menor invisibilidade de certos "lugares de enunciação" e, em consequência, de territorialidades asfixiadas, bloqueadas e restritas a territórios claramente subordinados no contexto de uma hierarquia, de uma heteronomia: por exemplo, o lugar e o território doméstico das mulheres em um contexto patriarcal, às quais é vedado um acesso igualitário à esfera e aos espaços públicos. O quanto isso merecerá ser problematizado e até mesmo denunciado pelo analista/observador externo (pesquisador ou ativista), colocando em xeque o princípio da não interferência em culturas alheias, é algo que dependerá de vários fatores, inclusive do grau de problematização já realizado por atores que sejam *insiders*, bem como de eventuais pedidos de auxílio e solidariedade de *insiders* em relação a *outsiders*. O que importa é reter que, mesmo em "comunidades tradicionais" e em meio a "populações tradicionais", podem ser constatadas territorialidades que revelam situações de opressão interna.[34] Não se está a falar, portanto, de idílios, de quadros de vida necessariamente menos heterônomos, em todos os sentidos, que os tipicamente ocidentais ou fortemente ocidentalizados. Até mesmo um território de resistência ou dissidente, independentemente do grau de exposição a ideologias e ideários emancipatórios, pode ser opressivo, ao não haver o reconhecimento da legitimidade (e da sinergia) de distintos e concomitantes "lugares de enunciação" e, a partir daí, de distintas e concomitantes territorialidades anti-heterônomas: do machismo em espaços coletivizados por anarquistas durante a Revolução Espanhola, nos anos 1930, até os fenômenos de dominação masculina renitente no quotidiano de organizações de movimentos sociais contemporâneas, a história está repleta de exemplos de contradições desse tipo, tão corriqueiras quanto abjetas.

Também do ponto de vista do "metabolismo sociedade-natureza"[35] não desejo, de jeito nenhum, sugerir que modos de produção pré-capitalistas

34. O caso das mulheres indígenas no contexto andino, ressaltado por Begoña Dorronsoro Villanueva, é deveras ilustrativo desse ponto: "Hay que matizar sin embargo, que las violencias y subordinaciones ejercidas sobre las mujeres indígenas, no solo vienen de fuera, también se generan dentro de sus comunidades"; e, citando Curiel Pichardo, complementa: "el feminismo indígena ha cuestionado las relaciones patriarcales, racistas y sexistas de las sociedades latinoamericanas, al mismo tiempo que cuestiona los usos y costumbres de sus propias comunidades y pueblos que mantienen subordinadas a las mujeres" (DORRONSORO VILLANUEVA, 2014:2).

35. No tocante às relações sociedade-natureza, o termo "metabolismo" (em alemão, *Stoffwechsel*) foi introduzido por Karl Marx, sob inspiração da obra do químico Justus von Liebig, pioneiro das pesquisas em Química Agrícola. Muito embora as expressões "metabolismo entre o homem e a natureza" (*Stoffwechsel zwischen Mensch und Natur*) e "metabolismo social" (*gesellschaftlicher Stoffwechsel*) venham sendo utilizadas basicamente por marxistas desde que foram empregadas por Marx em *O capital* (MARX, 1962), a analogia com a ideia de metabolismo — ou o conjunto de transformações que as substâncias químicas sofrem no interior dos organismos e que respondem pelas funções básicas destes, como o crescimento, a reprodução e a locomoção — se me afigura válida e produtiva para muito além do pensamento marxista.

e culturas não ocidentais tenham sido ou sejam, sempre, "ecologicamente prudentes", protagonizando uma espécie de "paraíso da perfeita harmonia entre seres humanos e meio natural". Quando afirmei, parágrafos atrás, que populações tradicionais ou "pré-modernas" corriqueiramente estabelecem relações de muito maior cuidado com os recursos dos quais elas estreitamente dependem, é preciso frisar bem, à guisa de ressalva, o "*corriqueiramente*". O argumento em torno da maior proximidade entre as sociedades pré-industriais e os ciclos e dinâmicas da "natureza primeira", ou de sua maior consciência ambiental, foi encantadora e convincentemente exposto, entre outros autores, por TOLEDO e BARRERA-BASSOLS (2015), mas sua análise nos induz a crer que a prudência ecológica foi uma constante na história da humanidade até o advento do capitalismo, o que é inexato. Da salinização e esterilização dos solos na antiga Mesopotâmia até a extrapolação da capacidade de suporte nas condições técnico-demográficas dadas em certas circunstâncias, com o subsequente colapso da civilização maia ou o declínio populacional e cultural da Ilha de Páscoa (para ficar em apenas dois casos), muitas têm sido as ilustrações fornecidas pela História Ambiental para demonstrar que a imagem de um *homo ecologicus* tradicional e pré-capitalista não passará de uma tolice romântica, se porventura pretendermos tomar isso como uma regra geral. Nem mesmo sociedades de caçadores e coletores, que para uns tantos antropólogos seriam como que símbolos de harmonia habitando um Jardim do Éden, podem ser completamente eximidas de qualquer culpa: comprovam-no episódios de extinção em massa de espécies, como a dizimação de significativa parcela da megafauna da Austrália e das Américas após a chegada do *homo sapiens* (HARIRI, 2018:75 *et seq.*).

Não há dúvida de que as sociedades agrícolas pré-urbanas, e mais ainda os grupos de caçadores e coletores, o mais das vezes causaram ao longo da história níveis de ecoestresse ínfimos ou muito localizados, em comparação com as sociedades que surgiram com a "revolução urbana" da Antiguidade (para empregar a famosa expressão cunhada nos anos 1930 pelo arqueólogo Vere Gordon Childe) e, principalmente, com o tipo de sociedade que emergiu com a Revolução Industrial. Como disse o limnologista Harald Sioli referindo-se às sociedades tribais da Amazônia, essas populações como que imporiam nada mais que "alfinetadas" à floresta, cujos resultados "sarariam" em uma questão de poucas décadas (SIOLI, 1985:62). A imagem escolhida por Sioli foi feliz, mas isso se dá assim por ser pequena a pressão demográfica local, ainda mais nos marcos de um modo de produção voltado para a subsistência, e não para a produção de mercadorias. Técnicas como a queimada, típica da agricultura itinerante ainda muito praticada pelo mundo afora (popularmente conhecida por *coivara* no Brasil, nome que designa mais especificamente os galhos e a ramagem a que se ateia fogo), nada têm de intrinsecamente "ecológicas" — pelo contrário —, o que nos obriga a adotar uma visão um pouco mais matizada e menos idealizada da relação estabelecida entre povos e culturas pré-capitalistas e os (geo)ecossistemas com os quais interagiam e dos quais faziam parte.[36]

Nada disso suprime, entretanto, uma questão decisiva: se a sensibilidade ou fragilidade de ecossistemas nem sempre foi respeitada ou percebida a tempo pelos grupos humanos ao longo da história, o capitalismo representa uma *mudança qualitativa*. Outros modos de produção acarretaram altos níveis de ecoestresse em escala local ou, no máximo, regional, ao passo que o capitalismo, costurando o mundo por meio da internacionalização do capital, vem ameaçando deteriorar mais e mais e mesmo solapar os fundamentos ecológicos da vida em sociedade em uma escala planetária. Essa magnitude é algo inteiramente inédito na história humana. Somente com o advento do moderno capitalismo surgiu um imperativo imanente à "lógica" do próprio modo de produção (com flanqueamentos e consequências culturais cada vez mais evidentes) que, na base do "crescer ou perecer", coloca em xeque, em escalas mais e mais abrangentes — até chegarmos, nas últimas

36. Historiadores ambientais como PONTING (2007), RADKAU (2008) e HUGHES (2009) apontam e comentam, cada um ao seu modo, exemplos que demonstram sobejamente a impropriedade de se subestimar a capacidade que culturas pré-industriais e pré-capitalistas tiveram, no curso dos últimos milhares de anos, de entrar em colapso ao abalarem as suas próprias condições ecológicas de existência. Fenômenos de degradação ambiental em meio a culturas tradicionais e pré-industriais e sociedades pré-capitalistas, em especial os concernentes à erosão decorrente de um manejo inadequado do solo, têm também sido investigados por geógrafos e outros pesquisadores dedicados à Ecologia Política (vide, p.ex., BLAIKIE e BROOKFIELD, 1987b; BLAIKIE *et al.*, 1987).

décadas do século XX e início do século XXI, ao nível planetário em matéria de sentido de urgência —, não somente a existência de muitas espécies e vários ecossistemas, mas também, de maneira clara, uma qualidade de vida digna para a maior parte da humanidade. Podemos ir ainda mais longe: mesmo que sejam prenúncio de desgraças que não se concretizem senão no longuíssimo prazo, nuvens de tempestade começam a pairar sobre a própria *sobrevivência*, quando não da espécie humana em si, ao menos daquilo que o Ocidente, através do francês *civilisation*, por sua vez inspirado na ideia romana de uma comunidade urbana organizada e florescente (*civitas*), denominou *civilização*. Se a "civilização ocidental" sempre comportou, na esteira do colonialismo, do imperialismo, do racismo e de seus genocídios e etnocídios, uma porção de hipocrisia e até mesmo de cinismo, os ecocídios contemporâneos e seu agravamento não são nada alvissareiros: é preciso admitir que a generalização de situações socialmente fabricadas de escassez de recursos e conflitos ambientais crescentemente pavimentará o caminho para o hiperautoritarismo de elites cada vez mais entrincheiradas na defesa de seus privilégios.

O capitalismo, seja diretamente por meio das empresas privadas (com o beneplácito e a proteção do Estado), seja através das instituições e dos órgãos do Estado capitalista, agride modos de vida e identidades sócio-espaciais, ao restringir ou inviabilizar usos da terra e formas de economia; mas também agride, com violência impressionante (pela rapidez, pela magnitude e pela falta de pruridos ou disfarces), (geo)ecossistemas e paisagens. Agride, em suma, ambientes, correspondentes a graus variáveis de transformação material pela sociedade. Essa agressão, que desestrutura e, muitas vezes, literalmente, arrasa, preda e soterra ecossistemas inteiros (florestas, manguezais, restingas, lagoas...) para proveito de minorias privilegiadas — ainda que em nome supostamente do "bem comum" e do "interesse público" —, tem uma premissa: a despossessão ou, em linguagem espacial concreta, a desterritorialização de grupos humanos. Essa desterritorialização afeta de classes e estratos específicos a povos inteiros, com o aparecimento de novos territórios condizentes com as relações de poder dominantes e ajustados à "lógica" do capital, capaz de subordinar tudo (corpos, valores, solo e subsolo) às necessidades de mercantilização e às operações de precificação. Os territórios gestados pelo binômio mercado capitalista + Estado se impõem e superpõem a territórios mais ou menos ancestrais, os quais emolduram toda uma densidade de relações sociais no quotidiano. Estas relações servem de argamassa para as vidas de homens e mulheres concretos há gerações. Projetando-se sobre os espaços da vida familiar, aldeã ou comunal (sem esquecer os bairros e espaços populares das grandes cidades da [semi]periferia capitalista), invadindo-os, enquadrando-os ou agenciando-os, os poderes do capital e do Estado, simbioticamente entrelaçados e não raro amalgamados, afrontam lugares que são como que os depositários de modos de vida, de produção e de cuidado ambiental estabelecidos há muitíssimo tempo (a começar pelos bens comuns, os *commons* da língua inglesa: os mananciais de água, as terras aráveis, os recursos florestais etc.). Os territórios e as territorialidades da heteronomia capitalista são, no longo prazo, tanto os retratos quanto os fiadores dos processos de pasteurização cultural que, se não eliminam as resistências dos oprimidos e perdedores, no mínimo reduzem a etnodiversidade e, sem dúvida, também a biodiversidade: ao substituírem numerosíssimas variedades de cultivares por um número limitado e padronizado, como os transgênicos controlados pelas multinacionais do agro, que subordinam agricultores e regiões; ao extinguirem espécies com uma rapidez sem precedentes na história humana; enfim, ao prejudicarem em larga escala e de maneira às vezes irreversível a possibilidade de manutenção e sobrevivência de biomas e ecossistemas.

Em suas magistrais reflexões sociológico-semióticas que interpelam as representações imagéticas coloniais na Bolívia, a pesquisadora Silvia Rivera Cusicanqui dá a impressão de privilegiar o eixo histórico ou temporal em suas análises, mas sua envolvente prosa é também prenhe de espacialidade. Para começo de conversa, *pacha*, uma noção filosófica central dos aimarás e por extensão também em seu estudo, possui o significado de "*cosmos, espacio-tiempo*" (RIVERA CUSICANQUI, 2015a:207). "Espaço-tempo", aliás, é uma expressão que ela, não por acaso, utiliza repetidas vezes no decorrer dos ensaios que compõem o belo livro que é *Sociología de la imagen*. Ainda mais notável é que, servindo-se de uma metáfora têxtil-espacial, a do *tari* ou tecido ritual aimará, que funciona como um microcosmo e uma alegoria, Rivera Cusicanqui descortina as discrepâncias e a dissintonia entre um espaço-tempo estatal e um espaço-tempo indígena, vernacular. A ideologia capitalista da modernização se vale de um tempo "linear e vazio", "*lineal y vacío*" (RIVERA CUSICANQUI, 2015a:206), ao qual correspondem, devemos por nossa conta acrescentar, um espaço econômico pasteurizado e os territórios do controle estatal. Contrapondo-se a isso, a autora enxerga um "espaço situado fora do tempo linear e monológico da modernidade capitalista" (RIVERA CUSICANQUI, 2015a:119),[37] o qual, a despeito de todas as violências, segue existindo. Uma "lógica vertical" de articulação espacial se impõe há séculos, com agressividade inaudita, às territorialidades vernaculares, as quais, de sua parte, prosseguem desafiadoras. "[U]m trabalho de milênios", escreve a autora, teceu territórios sagrados,

> que desde o século XVI têm sido violentados, fragmentados e drasticamente reorganizados. A lógica vertical de articulação entre altiplano, vales, yungas e a costa do Pacífico foi aprisionada em sucessivas fronteiras coloniais: entre corregimentos, províncias, departamentos e repúblicas. As rotas de contrabando atuais, entre o território andino da Bolívia e seus vizinhos Peru, Chile e Argentina, evocam esse tecido muitas vezes constituído e reconstituído. Uma camada vital do palimpsesto continua ordenando a territorialidade e a subjetividade da gente andina desde o século XVI: o mercado potosino e seu substrato de significados simbólicos e materiais. (RIVERA CUSICANQUI, 2015a:224).[38]

---

37. Em espanhol, no original: "(...) espacio afuera del tiempo lineal y monológico de la modernidad capitalista".

38. Em espanhol, no original: "Un trabajo de milenios ha construido estos territorios sagrados, que desde el siglo XVI se han visto violentados, fragmentados y drásticamente reorganizados. La lógica vertical de articulación entre altiplano, valles, yungas y la costa del Pacífico ha sido encarcelada en sucesivas fronteras coloniales: entre corregimientos, provincias, departamentos y repúblicas. Las rutas de contrabando actuales, entre el territorio andino de Bolivia y sus vecinos Perú, Chile y Argentina, evocan ese tejido muchas veces constituido y reconstituido. Una capa vital del palimpsesto continúa ordenando la territorialidad y la subjetividad de la gente andina desde el siglo XVI: el mercado interno potosino y su sustrato de significados simbólicos y materiales."

As territorialidades vernaculares correspondem, em profundidade, a lugares e identidades, e tudo isso espelha uma cosmologia em que "(...) a íntima relação entre a vida humana e a pluralidade de seres (vivos ou não vivos) que existem no imensurável cosmos", vale dizer, "animais e plantas, substâncias, lugares e paisagens, rochas e metais, o céu e suas miríades de mundos, as cavidades profundas e os rios subterrâneos do interior desconhecido do planeta" (RIVERA CUSICANQUI, 2015a:209-210),[39] guarda uma abissal distância para com a mentalidade capitalista-ocidental-modernizadora. Em contraste com aquela, esta sanciona e incentiva uma rapina ambiental quase sem freios, cuja racionalidade de curto prazo e escala restrita, assim vista através de lentes utilitaristas e egoístas, não consegue ocultar uma irracionalidade socioecológica de longa duração e planetária.

Outros autores têm igualmente endereçado objeções similares ou aparentadas ao "desenvolvimento" econômico capitalista, ao colonialismo e à modernização-ocidentalização, mas Silvia Rivera Cusicanqui se destaca por fazê-lo sem endossar concessões a interpretações que, volta e meia, investem na produção de uma imagem da alteridade andina purgada de suas contradições internas e de seus impasses. Imbuída de uma sensibilidade feminista e libertária (pela via de um diálogo com a tradição ocidental do anarquismo) e autoidentificada como uma *mestiza*-aimará, Silvia Rivera Cusicanqui recusa as simplificações simpáticas, de cunho nostálgico, que cultivam identidades "de museu" e silenciam sobre as incômodas arestas do real, como o patriarcalismo das sociedades tradicionais. Sua crítica do colonialismo não é passadista e nem ingênua, o que não a impede de constatar a sobrevivência, contra toda a violência do universo colonial, de resistências que assumem a forma de hidridismos, de realidade *ch'ixi* — isto é, de uma realidade em que ser "impuro" não é ser ruim, em que a consciência se produz nas "bordas" ou "margens", em que os espaços-tempos são "fronteiriços" e mesclados.

39. Em espanhol, no original: "(...) la íntima relación entre la vida humana y la pluralidad de seres (vivos o no vivos) que existen en el inconmensurable cosmos: animales y plantas, sustancias, sitios y paisajes, rocas y metales, el cielo y sus miríadas de mundos, las profundas oquedades y ríos subterráneos del desconocido interior del planeta."

Tudo aquilo que Rivera Cusicanqui relata e comenta sobre o mundo andino pode ser observado, no que tange à sua quintessência epistêmico-política, em várias outras partes da América Latina, bem como na África e na Ásia. Essa quintessência diz respeito, por certo, ao vivo contraste entre cosmologias, espaços-tempos ainda não totalmente submetidos ao mundo da mercadoria, de um lado, e a mentalidade capitalista, de outro, mas abrange mais uma coisa: o rechaço de uma compreensão idealizada e folclorizante das primeiras. Assim como a problemática da dominação masculina, entre várias relações hierárquicas que não deixam de ser reprováveis ou antipáticas só por serem tradicionais, não deve ser encarada com hipócrita condescendência (o que, diga-se de passagem, não caracteriza uma relação verdadeiramente horizontal), igualmente há todo um rol de histórias ambientais que não se deixam encaixar bem no mito de uma completa e idílica "harmonia" entre os humanos e os não humanos, ou entre os humanos e os (geo)ecossistemas de que fazem parte. Por mais que tradições agrícolas ancestrais como a queimada possam ser justificáveis em condições de baixa pressão demográfica e fora da esfera da agricultura comercial, e por mais que técnicas como a irrigação nada tenham, em si mesmas, de censuráveis, o aumento da escala e da intensidade das demandas e dos impactos humanos sobre o meio ecogeográfico (como ocorreu no antigo mundo maia ou na Mesopotâmia, mencionados parágrafos atrás) ou a minguada margem de manobra espacial (conforme ilustrado pela Ilha de Páscoa, idem) levou com frequência a um quadro de declínio social e guerra, evidenciando o caráter não generalizável e os limites de certas práticas. Valorizar o "pensamento liminar", o "pensar pelas bordas", é algo que tem a vantagem nada desprezível de nos ajudar a compreender que, se a ciência moderna não é neutra ou infalível e se a ocidentalização está muito longe de entregar a redenção que promete, tampouco faz sentido procurar (em vão) reviver um passado mitificado. Ao beneficiar-se de saberes tão variados como os conhecimentos das ciências naturais, as tradições das ciências sociais, a própria Filosofia e os muitos saberes vernaculares ou populares, a Ecologia Política só potencializa sua contribuição emancipatória, facultando-nos ver, conjugadamente, ambientes e territórios, sem sonegar informações sobre atritos e contradições. Refletir sobre a gênese, o escopo e os rumos da Ecologia Política é, precisamente, a finalidade do próximo capítulo.

2. Ecologia Política: De onde vem, para que serve, para onde vai?

São muitos, atualmente, os artigos, livros e capítulos de livros dedicados à história e epistemologia da Ecologia Política, mormente em língua inglesa. Por extensão e em decorrência disso, não são poucos os exemplos disponíveis de trabalhos que se empenham em formular o escopo e o *status* desse campo de conhecimento.

Comecemos pelo *objeto de conhecimento*. Como lembra Dianne Rocheleau, "[o]s teóricos marxistas descrevem a Ecologia Política como o estudo da distribuição e do controle desigual dos 'recursos naturais' em meio a hierarquias estruturais de poder político e econômico, muitas vezes garantidas e flanqueadas por meio de ideologias de direitos individuais e propriedade, do controle de tecnologias e instituições ligadas ao desenvolvimento e pelo uso da força armada." (ROCHELEAU, 2015:70)[40] No entanto, mesmo dando-se um desconto para o economicismo embutido nas análises tipicamente marxistas, nada parece justificar que nos restrinjamos à questão da distribuição dos (e do controle sobre os) "recursos naturais". Numerosos problemas e questões, referentes a processos que produzem e

40. Em inglês, no original: "Marxist theorists describe political ecology as the study of uneven distribution and control over 'natural resources' in structural hierarchies of political and economic power, often enforced through ideologies of individual rights and property, control of development technologies and institutions, as well as armed force."

reproduzem assimetrias na distribuição de custos e sacrifícios ambientais (assunto do **Cap. 3**) ficariam, com isso, marginalizados, não sendo vistos como integrando o cerne das preocupações político-ecológicas. Fica evidente que necessitamos de uma conceituação menos limitante.

A Ecologia Política, atrevo-me a sugerir, lida potencialmente com *todos os processos de transformação material da natureza e produção de discursos sobre ela e seus usos, procurando realçar as relações de poder subjacentes a esses processos (agentes, interesses, classes e grupos sociais, conflitos etc.), em marcos histórico-geográfico-culturais concretos e específicos*. Isso inclui, aliás, a espinhosa, escorregadia e sumamente difícil discussão — cheia de implicações políticas, direta e indiretamente — sobre o que é a "natureza", ou sobre quais seriam as fronteiras (e que tipo de fronteiras) entre o "natural" e o "social", em cada momento e em cada circunstância, tarefa essa da qual busquei me desincumbir no capítulo precedente, ainda que de maneira simples e longe de pretender ser exaustivo. De toda sorte, essa forma de apresentar o escopo da Ecologia Política é um útil ponto de partida.

Quanto ao *status epistemológico*, fica ainda menos fácil resumir a problemática. Tenho chamado a Ecologia Política de um campo de conhecimento, e, por isso, utilizado iniciais maiúsculas ao fazer alusão a ela. Porém, que tipo de conhecimento seria esse?

Há fortes razões para pensar que, da maneira como esse saber vem sendo construído nas últimas décadas, ele não é uma "nova disciplina científica", a competir por espaço epistemológico com disciplinas já existentes como Sociologia, Geografia e Biologia. Aliás, interessantemente, ele nem sequer parece ser um conhecimento puramente acadêmico, e muito menos puramente científico (no sentido de gerado somente por profissionais reconhecidos e autorreconhecidos como cientistas). Filósofos e ensaístas como Michel Bosquet (André Gorz) e Hans Magnus Enzensberger deram contribuições e impulsos tão válidos e importantes quanto os geógrafos, antropólogos e outros tipos de pesquisadores acadêmicos. Além do mais, ao revelar um lado ativista (ou um compromisso com a *práxis*) bastante pronunciado, aqueles que cultivam explicitamente a Ecologia Política têm, geralmente, saudado e valorizado as contribuições oriundas da produção discursiva e intelectual de ativistas *enquanto ativistas*, envolvidos em lutas concretas (independentemente de terem ou não um *background* de formação acadêmica: basta lembrarmos de Chico Mendes, alfabetizado aos 19 anos de idade), bem como os conhecimentos "nativos" ou "vernáculos" de um modo geral. Isso parece indicar que a Ecologia Política, mesmo quando inscrita no âmbito acadêmico enquanto campo de pesquisa e ensino universitários, é um saber que, em si mesmo, carrega a vocação e a ambição de promover um diálogo (um "encontro", *encounter*) entre o saber acadêmico (científico, certamente, mas também filosófico e ensaístico) e o "saber popular", extraído do quotidiano ou "mundo da vida" (o *Lebenswelt* da fenomenologia, bem como da sociologia habermasiana) e derivado de experiências de resistência e conflito.[41]

Podemos dizer que, sem prejuízo do saber político-ecológico gerado na e através da luta social, a Ecologia Política, a partir da perspectiva da pesquisa acadêmica (ou enquanto praticada por pesquisadores), pode ser denominada um *campo de conhecimento interdisciplinar*, muito embora ela seja mais do que isso e aí se revela, aliás em dois sentidos, a sua vocação para a "indisciplina": em primeiro lugar, porque o saber especificamente ativista não poderia ser confinado e nem aceitaria ser subordinado a instâncias acadêmicas e matrizes "disciplinares"; em segundo lugar, e em parte até mesmo por isso, porque os praticantes da Ecologia Política (assim como de vários outros saberes), ao menos em tese, acabam por reconhecer com maior ou menor nitidez que a própria interdisciplinaridade (a cooperação sistemática entre praticantes de disciplinas) não é suficiente, fazendo-se necessária uma ousadia maior: uma ousadia *transdisciplinar* (como propôs o psicólogo Jean Piaget) ou *adisciplinar* (conforme sugeriu o geógrafo Massimo Quaini).[42]

---

41. Por falar em encontro, a Ecologia Política tem sido um terreno particularmente fértil para se experimentar o diálogo e a fecundação recíproca entre as ciências e a Filosofia, reconhecendo, com CASTORIADIS (1978a), o quão perniciosa e artificial se revela a prática moderna de mantê-las mais ou menos distantes umas das outras.

42. A obra de Piaget é muito conhecida, assim como o termo *transdisciplinar*, ao passo que a sugestão de Quaini (cf. QUAINI, 1979) é, hoje em dia, muito pouco conhecida até mesmo entre os geógrafos de formação. Quanto à *interdisciplinaridade*, uma útil reflexão é aquela contida em JAPIASSU (1976).

O diálogo de saberes implícita ou explicitamente prometido pela Ecologia Política necessariamente deveria envolver a cooperação e o intercâmbio entre as ciências da sociedade e as da natureza, por mais que ele aí não se esgote.[43] Ocorre, porém, que a Ecologia Política — diferentemente, digamos, da Geografia —, não nasceu propriamente sob a égide de uma tentativa de construir uma "ponte" entre o conhecimento sobre a natureza e o conhecimento sobre a sociedade (traço que é talvez o mais distintivo e marcante da tradição geográfica[44]), mas sim como uma tentativa de *politizar a nossa leitura das relações entre natureza e sociedade*. As pretensões da Geografia fizeram-na enredar-se em dilacerantes debates epistemológicos, teóricos e metodológicos internos que vêm se arrastando há mais de um século, e que têm a ver com o grau de (as) simetria e reciprocidade no que tange às relações dos geógrafos de carne e osso com os dois polos epistemológicos fundamentais, o do conhecimento sobre a sociedade e o do conhecimento sobre a natureza. No caso da Ecologia Política, há, de alguma forma, tensões semelhantes, e tanto parece inconcebível ou reprovável que os ecologistas políticos desprezem ou deem as costas ao conhecimento "ecológico" (no sentido usualmente associado às contribuições de ciências naturais como a Biologia ou a pesquisa em Climatologia, Pedologia, Geomorfologia etc.) que isso chegou a suscitar uma polêmica, pois, aos olhos de alguns, seria exatamente isso que estaria ocorrendo (para uma síntese desse debate, vide, para começar, WALKER, 2005).

---

43. A bem da verdade, transcender (sem jamais negar ou rejeitar simplisticamente) o conhecimento científico, propugnando uma abertura radical deste para com os saberes vernaculares e uma superação do "logocentrismo" exacerbado, é precisamente aquilo por que tem apaixonadamente se batido o intelectual mexicano Enrique Leff, quiçá o principal popularizador desta bela expressão que é "diálogo de saberes" (ver, p.ex., LEFF, 2002: 161 e segs.).

44. E, simultaneamente, uma característica quase singular da Geografia. A Antropologia, com sua divisão interna em Antropologia Cultural (ou Social) e Antropologia Física ou Biológica, assim como por seu tradicional interesse no exame dos vínculos entre natureza e cultura, apresenta, à primeira vista, uma feição epistemológica similar, mas a preeminência da Antropologia Cultural ou Social, que aos olhos de muitos se confunde hoje em dia com o próprio campo disciplinar, evidencia uma diferença importante em relação à constituição da Geografia, na qual a crescente distância e o decrescente diálogo entre geógrafos "humanos" e "físicos" não chegou ainda a gerar o mesmo grau de assimetria interna (e aos olhos do público externo) verificado entre os antropólogos. Pelo menos os geógrafos físicos permanecem abrigados, nas universidades, em departamentos de Geografia, enquanto muitos antropólogos físicos acabaram por buscar refúgio e encontrar um lar em departamentos outros que não os de Antropologia, como os de Biologia (RILEY, 2006:76).

Não obstante esse tipo de controvérsia, uma distinção permanece: a Ecologia Política sempre foi situada, desde o começo, no interior de uma esfera de preocupações eminentemente controlada pelo polo epistemológico do conhecimento sobre a sociedade. Em outras palavras, a Ecologia Política sempre foi remetida ao universo das humanidades (*humanities*), não sendo da sua alçada, pelo menos não como prioridade, a realização de pesquisas utilizando-se das ferramentas técnico-metodológicas típicas das ciências da natureza. Os ecologistas políticos, mesmo quando são geógrafos de formação, quase sempre pareceram mais à vontade e interessados em usar conhecimentos pedológicos, geomorfológicos, biogeográficos, climatológicos etc. gerados *por outros pesquisadores*, recontextualizando-os para as suas próprias finalidades. A **Fig. 9** nos mostra qual seria a posição mais consensual da Ecologia Política em meio à nebulosa terminológico--conceitual concernente aos diversos campos de conhecimento acadêmico que, de algum modo, lhe são real ou potencialmente próximos (com variações, claro, de acordo com o autor): enquanto a chamada "Geografia Humana" seria um saber nitidamente controlado pelo polo do conhecimento sobre a sociedade, cabendo à "Geografia Física", em conformidade com os cânones clássicos, fazer-lhe o devido contraponto no que diz respeito ao polo do conhecimento sobre a natureza,[45] a Ecologia Política seria um saber basicamente identificado com as humanidades, mas cujo intercâmbio com as ciências da natureza deveria ser significativo (em contraste, por exemplo, com muitos ou a maioria dos tipos de estudo nos marcos da Sociologia, da Ciência Política, da Economia e da História, ou até mesmo da própria "Geografia Humana").

---

45. A bipolarização epistemológica da Geografia, suas armadilhas e potencialidades foram esquadrinhadas em SOUZA (2016). Esse assunto não possui, registre-se, uma relevância apenas "doméstica", isto é, para os geógrafos de formação: seu interesse para a reflexão em torno da Ecologia Política, ou, mais amplamente ainda, ao redor das potencialidades de interlocução entre ciências da natureza e da sociedade (exploradas pelo ambicioso projeto intelectual de Edgar Morin [MORIN, s.d.] e também pela iniciativa do físico brasileiro Luiz Pinguelli Rosa [ROSA, 2005-2006]), deveria ser óbvio.

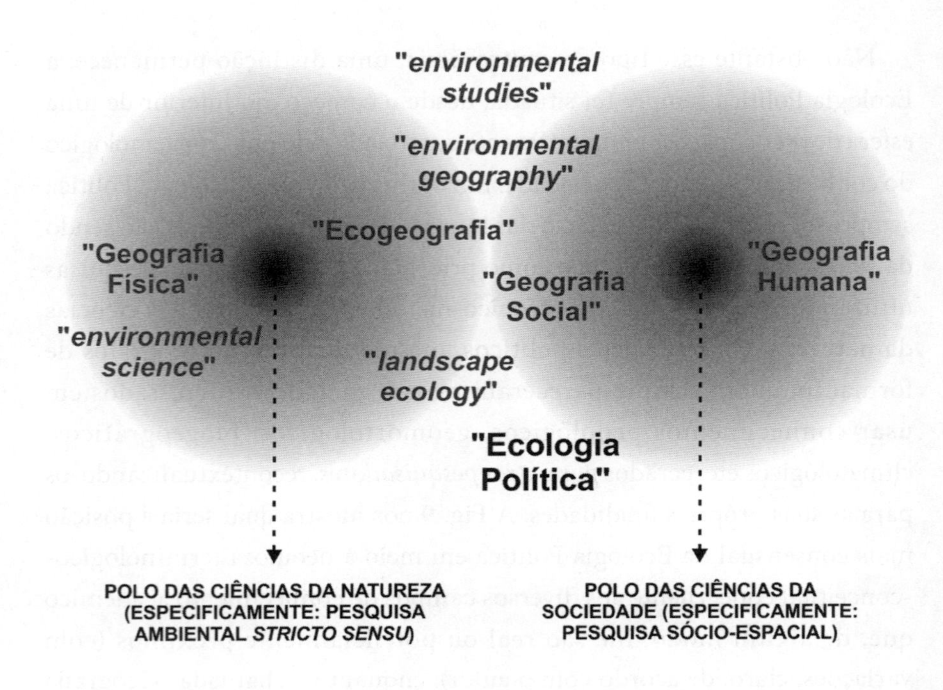

Fig. 9: A "nebulosa terminológico-conceitual" em que se acha inscrita a Ecologia Política.

Para os geógrafos, em especial, a percepção do esgarçamento do tecido disciplinar interno ou, simplesmente, questões de índole e convicção, têm levado, há gerações, ao surgimento de tentativas de relativizar e contra-arrestar a escassez ou falta de (ou assimetria no) diálogo entre "geógrafos humanos" e "geógrafos físicos". Assim foram propostas, com efeito, uma *Geoecologia* (a *Geoökologie* de Troll)[46] e uma *Ecogeografia* (a *Écogéographie*

---

46. Quando o geógrafo (fundamentalmente um biogeógrafo) alemão Carl Troll propôs, nos anos 1960 e 1970, o termo *Geoökologie*, ele já introduzira um outro, em 1939, que deveria ser entendido como sinônimo: *Landschaftsökologie*. Isso, lamentavelmente, iria dar margem a um mal-entendido. Tudo começou muito antes e independentemente da recepção da obra de Troll, com o erro de se traduzir *Landschaft*, nos países de língua inglesa, como *landscape*. Enquanto este último vocábulo, de maneira análoga ao português "paisagem", se refere basicamente à aparência, à face visível do espaço geográfico, Troll e outros geógrafos alemães entendiam o termo bem mais abrangente de *Landschaft* da seguinte forma: "[p]or *Landschaft* geográfica (*Landschaft* individual, *Landschaft* natural) entendemos uma parte da superfície da Terra, a qual, de acordo com a sua aparência externa e com a interação de seus fenômenos, bem como em função de suas características locacionais internas

de Tricart),[47] inspiradas na Ecologia biológica, para "religar" as peças do mosaico da "Geografia Física" sobre fundamentos teórico-epistemológicos mais robustos e, especialmente com Tricart, apontando para uma necessidade de compreender a natureza enquanto natureza-para-a-sociedade, e não de um ponto de vista "laboratorial", ensimesmadamente "natural". Assim fora também proposta, já no começo do século XX, uma *Geografia Social* (a *Géographie sociale* de Reclus), em que o paradigma liberal-conservador da "Geografia Humana" de figurino lablacheano ou assemelhado, com seu foco no indivíduo e nos pequenos grupos humanos (o *genre de vie*, o *pays*, o *terroir* etc.) e sua aversão à discussão das classes e contradições de classe e dos processos sociais e históricos em macroescala, cedia lugar a uma Geografia entrelaçada com a Etnologia, a Economia Política e, sobretudo, a História, dentro de um projeto de compreensão crítica e emancipatória do espaço geográfico (o *milieu* reclusiano) como morada humana.[48] Mais

---

e externas, forma uma unidade espacial de caráter definido, e que a partir de limites geográficos naturais sofre uma transição para *Landschaften* com outro caráter" (TROLL *apud* LAUTENSACH, 1959:251). A partir de uma tradição de traduzir *Landschaft* (que, como se vê, é um conceito espacial alemão que vai além do que se costuma compreender por "paisagem") por *landscape* (o que já havia sido reprovado por Richard Hartshorne em 1939 [cf. HARTSHORNE, 1977), estudiosos anglo-saxônicos deram o passo aparentemente lógico de traduzir *Landschaftsökologie* como *landscape ecology*. Como se não bastasse a imprecisão conceitual daí resultante, houve, ainda por cima, uma deturpação do projeto original de Troll: enquanto este pretendia, com a sua *Geoökologie* (ou *Landschaftsökologie*), revitalizar a Geografia Física, cada vez mais fraturada internamente, a *landscape ecology* veio a se firmar como um campo compartilhado entre diversas disciplinas, da Biologia às engenharias, da Geografia à Arquitetura. Uma imagem do que seja a *landscape ecology* pode ser encontrada, por exemplo, em FORMAN e GODRON (1986).

47. O leitor brasileiro terá facilidade para consultar, de Tricart, sua obra *Ecodinâmica* (TRICART, 1977); mais interessantes e representativos são, todavia, os livros *L'écogéographie et l'aménagement du milieu naturel* (TRICART e KILLIAN, 1979) e *Écogéographie des espaces ruraux* (TRICART, 1994), em que a exposição da abordagem ecogeográfica é feita de maneira especialmente densa e atraente.

48. Com efeito, a "Geografia Social" de Élisée Reclus se mostrou, sob vários aspectos, um contraponto à "Geografia Humana" (*gégraphie humaine*) de um Paul Vidal de la Blache ou de um Jean Brunhes. A designação *géographie sociale* foi explicitamente utilizada por Reclus em sua obra-prima *L'Homme et la Terre* (RECLUS, 1905-1908:vol. 1, pág. IV), conquanto o seu enfoque já viesse evoluindo nessa direção desde fins do século XIX. Completava-se, com isso, uma mudança de ênfase que se estendeu por um arco temporal que foi dos anos 1860 até o falecimento do autor, em 1905. Cabe lembrar que Reclus havia sido, inicialmente, um representante da linhagem dos geógrafos-naturalistas, aliás aclamado internacionalmente, uma vez que *La Terre* (RECLUS, 1868-1869), seu primeiro grande trabalho, encontrou acolhida

recentemente, geógrafos têm procurado ir mais além, ao relançar, ainda que em escala mais modesta (se bem que, em parte, de maneira mais ambiciosa), o projeto de um diálogo de saberes *intra*disciplinar, sob a forma de uma *environmental geography*: a relativa modéstia tem a ver com o fato de que não se trata mais de almejar que toda a Geografia represente uma "ponte", ao passo que a ambição diz respeito à circunstância de que, em comparação com a Geografia clássica, a empresa parece agora teoricamente muito melhor lastreada e muito menos vulnerável por conta das fraquezas que o velho empirismo impunha (e que contribuíram decisivamente para o malogro das antigas pretensões). Esse lastro ou embasamento, creio, será tanto maior quanto mais profunda e refletidamente admitirmos que o fardo, decerto, mas também o grande trunfo do campo denominado "Geografia" repousa em um hibridismo ou uma "mestiçagem epistemológica" (SOUZA, 2016a:36), na esteira do anteriormente referido diálogo de saberes, que deveria ser saudado. Um desafio a ser aceito, portanto, e não recusado.

Ao lado desses saberes, outros tantos têm sido importantes como referência identitária, epistemológica e institucional para um número

---

e recebeu elogios de geógrafos de diversos países. É certo que mesmo de *La Terre* a sociedade não está ausente, como se pode ver pelos dois últimos capítulos do segundo volume; mas a centralidade, nessa obra de um pesquisador ainda relativamente jovem, são os processos e as formas da "natureza primeira". A monumental *Nouvelle Géographie Universelle* (RECLUS, 1876-1994), em dezenove volumes, publicada ao longo de duas décadas como um esforço de popularização da ciência, constitui um testemunho da transição de Reclus, que paulatinamente foi conferindo um peso cada vez maior à sociedade e à história (e ao espaço) humanos em seu projeto intelectual. *L'Homme et la Terre*, obra póstuma em seis volumes, é o resultado final dessa alteração nas prioridades de seu autor. A "Geografia Social" de Reclus não desprezava a dimensão da *physis*, da "natureza primeira", mas esse conhecimento é nitidamente subordinado ao esforço de decifração da aventura *humana* sobre a Terra. E a humanidade é vista como *sociedade* e como um *conjunto de sociedades*, a partir de um ângulo que não escamoteia os conflitos e as contradições sociais, diversamente da "Geografia Humana" de figurino liberal ou conservador. A "Geografia Social", no entanto, não se deixa enquadrar como um projeto de caráter "disciplinar" estreito, de (re)fundação de uma nova disciplina científica em estilo positivista. A oposição à disciplinaridade é a tônica, a começar pelas relações entre a Geografia e a História, como Reclus deixa entrever já bem no início do primeiro tomo de *L'Homme et la Terre* com a frase "a Geografia é a História no espaço, do mesmo modo que a História é a Geografia no tempo"), daí prosseguindo para a enorme valorização do conhecimento etnológico, e assim sucessivamente. Essa transgressão de fronteiras disciplinares artificiais então em formação valeu a Reclus, talvez quase tanto quanto as suas ideias políticas, a desconfiança e até mesmo a animosidade da maior parte do *establishment* acadêmico francês de fins do século XIX e primeira metade do século XX.

variável de profissionais: alguns fundamentalmente controlados pelo polo do conhecimento sobre a natureza, como a *environmental science* (ou as *Earth sciences*, no Brasil denominadas geociências ou ciências da Terra), ou até mesmo (se bem que de maneira menos evidente) a *landscape ecology*. A *landscape ecology* seria, aliás, uma espécie de contraponto da Ecologia Política: se esta se acha basicamente imersa no território epistemológico e teórico-conceitual das humanidades e ciências da sociedade, aquela seria seu equivalente no que concerne às ciências naturais, por mais que ambas busquem um diálogo com o "outro lado". (Registre-se, de passagem, que a *environmental geography* possui, se bem que nem sempre de forma muito clara, um equivalente interdisciplinar sob a forma dos chamados *environmental studies*, supostamente situados a meio caminho entre os dois polos epistemológicos.)

A propósito do desafio representado pelo diálogo de saberes entre as ciências da sociedade e as ciências da natureza, que tanto tem atormentado os geógrafos e que, como se viu, também não tem deixado de ocupar e preocupar os ecologistas políticos em geral, que lições poderíamos extrair de tudo o que foi examinado no **Cap. 1**?

Parece válido insistir tanto em uma *diferença* entre conhecimento sobre a sociedade e conhecimento sobre a natureza quanto em um *reposicionamento radical dessa diferença*. A diferença não haveria de ser entre uma "sociedade sem ou contra a natureza" (uma idealização "fantasmagórica", pedante e racionalista) e uma "natureza sem ou contra a sociedade" (uma ingenuidade positivista e empirista, potencialmente muito conservadora em seu anti-humanismo prático), mas sim entre uma sociedade enquanto relações sociais, história e espaço social embebidos em um mundo material constantemente retransformado, ressignificado e reapropriado, de um lado, e uma materialidade não antropogênica, mas percebida de forma sempre cultural, histórica e até mesmo psicológico-biograficamente situada, de outro. Com base nisso, o diálogo não haveria de ser entre uma ciência natural positivista (que olha com desdém as humanidades) e uma ciência social construcionista "radical" (que olha de esguelha e não se interessa pelas ciências da natureza), mas sim entre uma ciência da natureza cônscia de seu conteúdo social, histórico, cultural e linguístico-"comunicacional" (e de suas implicações políticas) e uma ciência da sociedade que aceita e compreende a relevância de buscar conhecer o saber gerado pelos físicos, químicos, astrônomos, biólogos, geólogos etc., reconhecendo, ao mesmo tempo, que processos e fenômenos como a gravitação universal, "quarks", "neutrinos" e o genoma humano não são elucidáveis recorrendo-se a estratégias metodológicas como a etnografia ou a análise crítica de discurso.

Colocando de outro modo, ainda que um saber seja e permaneça sempre irredutível ao outro, o fosso entre eles, tal como hoje o vivenciamos, precisaria ser transposto — ou melhor, colmatado, sem com isso postular qualquer homogeneização epistemológica. Essa transposição ou colmatagem, podemos expressá-la até mesmo com a ajuda de uma imagem dialética das mais clássicas: a tríade hegeliana *tese* (a ciência natural positivista) → *antítese* (a ciência social radicalmente construcionista) → *síntese* (conhecimentos que, por mais que não suspendam por completo as diferenças ontológicas e epistemológicas, superam a ignorância recíproca e a dificuldade de uma *complementaridade sem subordinação*).

• • •

Seja (re)posta, a esta altura, a questão acerca das *origens* da Ecologia Política: quando situá-las? Essa pergunta suscita diversas outras indagações: quais foram as contribuições pioneiras, e quem as publicou? Quando o campo de conhecimento se consolidou e adquiriu as suas feições atuais? Se houve precursores, qual a sua relevância?

Élisée Reclus bem que merece ser lembrado como alguém que, ainda no século XIX, legou-nos contribuições cujos contornos já eram, indiscutivelmente, os de uma leitura crítica e politizada (e dialética) das relações entre sociedade e natureza, ou da problemática ecológica. Muito embora ele não tivesse, por motivos ideológicos e filosóficos, muito apreço pelo termo "ecologia" (dado que este foi cunhado, em 1866, por um zoólogo e embriologista reconhecidamente eugenista, racista e ultraconservador, o alemão Ernst Haeckel), preferindo, em vez disso, a palavra "mesologia" (*mésologie*), entendida como a "ciência dos meios" (*science des milieux*)[49] — "meio" (*milieu*) é um termo-chave em sua Geografia —, Reclus escreveu extensamente sobre problemas ambientais. De considerações bioéticas e da defesa do vegetarianismo (ver, p.ex., RECLUS, 1898) à meditação em torno do desafio de conciliar o "progresso" humano com a conservação ambiental (RECLUS, 1864 e 1905-1908), o anarquista Reclus deixou-nos páginas que, ainda hoje, possuem viço político e intelectual, e que, portanto, se mantêm relativamente atuais e bastante inspiradoras. Sem embargo, o seu horizonte histórico não era o nosso: o discurso do "progresso" (termo tão em voga no século XIX), por mais que nele encontre uma versão especialmente sutil e inteligente, não deixa de trair um entusiasmo e um otimismo tipicamente herdeiros do Iluminismo. Um entusiasmo e um otimismo de quem acreditava um tanto excessivamente nas virtualidades positivas da ciência e da tecnologia modernas e, até mesmo, na responsabilidade e no conteúdo civilizatórios do Ocidente. Além disso, tendo morrido em 1905, Reclus não chegou a testemunhar as grandes derrotas políticas do movimento operário e a cooptação das organizações deste. Tampouco conheceu a explosão de novos sujeitos políticos, com suas agendas estruturadas ao redor de temas tão diversos como as lutas contra o racismo, o machismo e a degradação ambiental. Muito menos, por fim, assistiu ao espetáculo de um crescente desencantamento com as promessas do "progresso" (ou, desde meados do século XX, do "desenvolvimento econômico"), em meio a cada vez maiores insegurança e incerteza quanto aos riscos, "danos colaterais" e perigos que o capitalismo e suas tecnologias acarretam para ecossistemas e para todo o planeta. Reclus, em suma, era um homem cujo espírito e cujas convicções foram modelados no século XIX, com tudo o que isso implica.

Aquilo que, contemporaneamente, se denomina Ecologia Política, tem a ver com outro horizonte histórico, outro mundo: aquele das últimas décadas do século XX e destas primeiras décadas do século XXI. Um mundo marcado pela "sociedade de risco" (BECK, 1986), por receios diversos e temores difusos, pelos debates a propósito das consequências do enorme grau de interferência da sociedade nos sistemas físicos (regimes de circulação atmosférica, aquecimento global, correntes marinhas etc.) que regulam a

49. Vide RECLUS (1905-1908:Tomo I, Cap. II, p. 39). Ver, sobre o tema, também PELLETIER (2015).

existência da vida humana e não humana no planeta. Um mundo em que se percebe e discute intensamente o papel do *homo sapiens* como um "agente geológico", isto é, o mundo do "antropoceno" — ou, conforme um olhar socialmente mais crítico já sugeriu, o mundo do "*capitaloceno*" (MOORE, 2016). É nesse horizonte histórico, que foi paulatinamente emergindo após a Segunda Guerra Mundial, que convém situarmos a gênese da Ecologia Política atual. Mas... *quando*, mais especificamente?

Se nos apegarmos ao *nome* como um critério decisivo, talvez tenham razão aqueles observadores, comumente anglófonos, que enfatizam o pioneirismo do antropólogo austríaco (e que cedo se radicou nos Estados Unidos) Eric Robert Wolf (WOLF, 1972). Sem embargo, em que medida seria acertado nos ampararmos nesse critério? Antes de submeter uma resposta à apreciação do leitor, convido-o a refletir sobre os aportes de dois outros autores: André Gorz e Hans Magnus Enzensberger.

Enzensberger, alemão nascido na Bavária, é muitas vezes lembrado até mesmo no ambiente intelectual anglo-saxão. Mas seus aportes à Ecologia Política só costumam ser citados fora da Alemanha porque ele publicou, ainda em 1974, uma versão em inglês de seu seminal ensaio de 1973, intitulado "Para uma crítica da ecologia política" (republicado, no ano seguinte, em ENZENSBERGER, 1974). Quanto a André Gorz, este teve, com o seu livro *Écologie et politique* (BOSQUET, 1978), assinado sob pseudônimo, menos sorte em tempos de globalização nos marcos da hegemonia da língua inglesa: seu livro raramente é lembrado fora da França. Isso é uma pena e uma injustiça, pois Gorz/Bosquet foi muito além de apenas explicitar o vínculo entre ecologia e política: ele o tratou de maneira sistemática e muito interessante, enquanto Wolf, a despeito de utilizar a expressão *political ecology*, não se aprofundou na análise das relações de poder subjacentes às transformações ambientais; e Enzensberger, de sua parte, usou a expressão *politische Ökologie* mais com finalidade polêmica — atacar a instrumentalização político-ideológica da problemática ambiental, em uma época de ascensão das bandeiras "verdes" e ambientalistas — que com o intuito de com ela designar um campo de conhecimento (e *práxis*).

A contribuição de Enzensberger foi, entretanto, em matéria de percuciência de tratamento da "problemática ambiental", muito além da de Eric Wolf, sendo comparável, no mínimo, à de Gorz. De fato, Wolf utilizou o termo *political ecology* em um sentido positivo, programático, talvez para distingui-la da *cultural ecology* (sendo um marxista, Wolf tinha lá suas razões para favorecer tal renovação, dado que a Ecologia Cultural primava por obscurecer as relações de classe, poder e dominação). Contudo, seu afamado artigo é extremamente curto (pouco mais de quatro páginas), de modo que ali não se vai além de arranhar a superfície do tema. No caso de Enzensberger, dá-se o inverso: seu ensaio, dirigido principalmente contra as tentativas desastradas de cientistas naturais (ecólogos) de fazer análises de problemas sociais e fornecer conselhos em matéria de políticas públicas, facilmente resvalando para enfoques neomalthusianos da crise ecológica (no estilo da sensacionalista "bomba populacional" de Paul Ehrlich [EHRLICH, 1968]), assim como contra a ingenuidade (frequentemente paroquial e conservadora) de muitos ambientalistas, não reivindica explicitamente, em um sentido positivo, o que ele chama de *politische Ökologie*. Não obstante, além de apontar com profundidade e acuidade os problemas em questão, ele igualmente se mostra capaz de conceder a possibilidade da emergência de um movimento ecológico menos provinciano e mais capaz de ir à raiz social dos problemas ambientais (interessantemente, o marxista Enzensberger cita e se apoia, em dado momento, no anarquista Murray Bookchin). Enzensberger peca, sim, por um ligeiro excesso de generalização, que provavelmente tem a ver com um dos seus "lugares de enunciação", na condição de cidadão da antiga Alemanha Ocidental. Mais ou menos na mesma época, na França, André Gorz e, em seguida, Cornelius Castoriadis e outros, eram capazes de oferecer uma leitura mais matizada, menos sombria e mais otimista, mas nem por isso ingênua ou puramente reformista, das possibilidades de apropriação crítica da temática da ecologia.

Seja lá como for, será que o *rótulo* é algo que deva ter, como critério, uma importância assim tão decisiva? Com a sua perspectiva de uma "ecologia social", Murray Bookchin resolutamente adubou e cultivou, bem cedo e durante muito tempo como nenhum outro, o solo que viria a ser denominado Ecologia Política. O desbravamento do terreno ou mesmo a sua topografia podiam já ter começado a ser empreendidos por outros um pouco antes dele, como o urbanista Erwin Anton Gutkind; mas se há alguém que utilizou, ainda antes da década de 1970, de maneira sistemática e profunda o arsenal teórico-conceitual do pensamento crítico para pensar politicamente o significado e as implicações da "ecologia", dentro do espírito do nosso tempo, esse alguém foi Murray Bookchin. Seu pioneirismo é insofismável, pelos motivos adiantados na **Introdução**: é suficiente repetir a menção aos livros *Our Synthetic Environment*, de 1962, e vários dos ensaios contidos na coletânea *Post-Scarcity Anarchism* (originalmente publicada em 1971). Parcialmente inspirado em pensadores tão diversos quanto Erwin Gutkind, Lewis Mumford e os filósofos da Escola de Frankfurt (notadamente Horkheimer, Adorno e Marcuse),[50] além de um Kropotkin "mediado" pela obra de Mumford[51] e de um comunitarista e filoanarquista como Martin Buber,[52] o neoanarquista Bookchin merece ser considerado o principal formulador, ainda nos anos 1960, de um enfoque que, em tudo e por tudo, é de cunho político-ecológico. Constantemente aperfeiçoando e

50. Conforme relata Janet Biehl em sua biografia de Bookchin (BIEHL, 2015:143), este já admirava Horkheimer e Adorno antes de ler *Dialética do Iluminismo* (HORKHEIMER e ADORNO, 2006) — em português também conhecido como *Dialética do Esclarecimento*, cuja tradução tardia para o inglês só lhe permitiu ter acesso ao livro em 1972, o qual, a partir de então, exerceria duradoura influência sobre ele. Também algumas concepções de Herbert Marcuse, talvez o mais heterodoxo dos frankfurtianos e seguramente o que mais se debruçou sobre a problemática ecológica, tiveram grande efeito sobe a formação do pensamento de Bookchin na década de 1950, se bem que seja curioso que, conquanto Bookchin elogiasse obras anteriores de Marcuse como *Razão e revolução* e *Eros e civilização*, justamente o principal livro de Marcuse quanto à questão ecológica, *A ideologia da sociedade industrial* (MARCUSE, 1982), causou grande decepção em Bookchin, devido ao que ele via como um exagerado pessimismo de seu autor (vide BIEHL, 2015:94-95). De Marcuse, acerca da questão ecológica, vale ainda a pena consultar, entre outros trabalhos, o artigo "Ecology and the Critique of Modern Society" (MARCUSE, 1992).

51. Biehl mostra que Bookchin travou contato com as ideias de Piotr Kropotkin sobre desconcentração econômico-espacial e descentralização territorial, inicialmente, por meio da leitura de Mumford (BIEHL, 2015:83, 140). Seja como for, Kropotkin foi provavelmente o anarquista clássico que Bookchin mais admirou e cujo pioneirismo ele admitiu, e com o qual ele sentia maior afinidade (tudo indica que Bookchin não chegou a travar contato com a obra de Reclus). De um ponto de vista político-ecológico, indispensável é a leitura dos livros de Kropotkin *Campos, fábricas e oficinas* (KROPOTKIN, 2002c), que ainda não chegou a ser integralmente traduzido para o português, e *Ajuda mútua* (2002d), que em 2009 ganhou uma caprichada edição brasileira, publicada por A Senhora Editora, de São Sebastião. Seus artigos sobre a Geografia são também recomendáveis, e não somente para geógrafos de formação, por seu valor político-pedagógico (KROPOTKIN, 2002a e 2002b)

52. *Paths in Utopia* (BUBER, 1996), livro que exala otimismo e sentimentos antiautoritários, comunitários e libertários, é descrito por Biehl como uma das grandes fontes de inspiração de Bookchin (BIEHL, 2015:96, 208).

enriquecendo a sua linha de argumentação, Bookchin muitas vezes revisitou suas próprias formulações, chegando ao ponto de republicar ensaios inteiros em versões modificadas e atualizadas. A seguinte passagem, originalmente publicada em 1993, contém um núcleo interpretativo que já estava presente no pensamento de Bookchin na década de 1960:

> A ecologia social se baseia na convicção de que quase todos os nossos atuais problemas ecológicos se originam de problemas sociais profundos. Segue-se, a partir dessa perspectiva, que estes problemas ecológicos não podem ser entendidos, e muito menos resolvidos sem uma cuidadosa compreensão da nossa sociedade tal como ela existe, bem como das irracionalidades que a dominam. Para tornar este ponto mais concreto: conflitos econômicos, étnicos, culturais e de gênero, entre muitos outros, estão no âmago dos mais sérios problemas ecológicos que enfrentamos hoje — com exceção, por óbvio, daqueles que são produzidos por catástrofes naturais. (BOOKCHIN, 2007:19)[53]

Mais adiante, outra passagem deixa entrever algo que, para Bookchin, à semelhança de Horkheimer e Adorno antes dele, equivalia a todo um programa filosófico e político: "[d]evemos enfatizar, aqui, que a ideia de dominação da natureza tem a sua fonte primária no domínio do homem pelo homem e na estruturação do mundo natural em uma hierárquica Cadeia dos Seres (uma concepção estática, aliás, que não tem relação com a evolução da vida em formas cada vez mais avançadas da subjetividade e flexibilidade)."[54] (BOOKCHIN, 2007:38-9)

---

53. Em inglês, no original: "Social ecology is based on the conviction that nearly all our present ecological problems originate in deep-seated social problems. It follows, from this view, that these ecological problems cannot be understood, let alone solved, without a careful understanding of our existing society and the irrationalities that dominate it. To make this point more concrete: economic, ethnic, cultural, and gender conflicts, among many others, lie at the core of the most serious ecological dislocations we face today — apart, to be sure, from those that are produced by natural catastrophes."
54. Em inglês, no original: "We must emphasize, here, that the idea of dominating nature has its primary source in the domination of human by human and the structuring of the natural world into a hierarchical Chain of Being (a static conception, incidentally, that has no relationship to the evolution of life into increasingly advanced forms of subjectivity and flexibility)."

Fora dos países que integram o centro do capitalismo mundial, porém, foram dadas contribuições importantes intelectuais e práticas/"práxicas" —, muito pouco conhecidas ou mesmo desconhecidas no universo acadêmico anglófono. Vou salientar, entre algumas boas ilustrações possíveis, o nome do geógrafo brasileiro Orlando Valverde.

Tendo devotado sua carreira à Geografia Agrária e sua militância cidadã de cientista-ativista — que sempre o caracterizou —, já a partir dos anos 1950, ao combate pela reforma agrária no Brasil, e depois (anos 1960 em diante) à luta por uma conservação ambiental na Amazônia que fosse capaz de também assegurar, sobretudo, os direitos e a satisfação das necessidades dos habitantes da região, Orlando Valverde valorizava os conhecimentos fisiográfico-ecológicos de maneira duplamente crítica: não apenas devido ao prisma de crítica social que ele incorporava, mas também em decorrência de ele defender uma compreensão não estreita, não bitolada para o próprio conteúdo do termo "ecologia". Acompanhemos o que ele escreveu no início do Cap. III de seu livro *Grande Carajás: Planejamento da destruição*, publicado em 1989:

> Erraram os idealizadores dos atuais currículos e programas dos cursos de Ecologia, em nível superior, quando basearam o estudo dessa complexa matéria essencialmente na Biologia, abandonando, na prática, o conhecimento da face social de seus problemas. Em consequência, os nossos ecólogos detêm comumente o seu enfoque nas trocas de energia, e, quando verificam a ocorrência de uma ruptura do equilíbrio num ecossistema, limitam-se a indicar a interferência humana; mas são omissos em determinar as causas profundas dessa interferência. Desse modo, o valor da contribuição destes cientistas fica geralmente restrito. (VALVERDE, 1989:89)

É bem verdade que o referido "erro" não se deve a uma simples falta de visão: os cursos de Ecologia costumeiramente são tratados como um mero subconjunto da formação do biólogo porque, desde meados do século XIX, quando Ernst Haeckel cunhou a palavra *Ökologie*, o conteúdo desta tem sido vinculado estreitamente às ciências da natureza e, acima de tudo, à Biologia. O que importa, entretanto, é ressaltar a nítida preocupação de Valverde com a despolitização e "desumanização" das discussões em torno das dinâmicas e dos processos ecológicos. Isso não atraiu contra o autor, necessariamente, a incompreensão ou a contrariedade dos cientistas naturais; dá prova disso o fato de que, em seu prefácio, o eminente geógrafo-geomorfólogo Aziz Nacib Ab'Sáber declarou o seu "entusiasmo pela obra geográfica de Orlando Valverde", reconhecendo, em especial, sua "heterodoxia metodológica", mas frisando, acima de tudo, o valor não somente daquele estudo em particular, mas, na realidade, de toda a "postura de cientista e cidadão" de Valverde ao longo de sua trajetória profissional.

"Livro-denúncia", *Grande Carajás* nos traz Valverde debruçando-se com olhar vigilante e crítico sobre os impactos ecológicos e sociais no âmbito da área de influência da Estrada de Ferro Carajás, então recém-convertida em alvo de exploração mineral em larga escala e, secundariamente, produção sídero-metalúrgica. Porém, de maneira alguma essa foi a primeira incursão do autor em um domínio claramente caracterizável como pertencendo à Ecologia Política. Um marco importantíssimo foi a mobilização que Valverde ajudou a organizar, em 1967, quando o projeto do "Grande Lago Amazônico", idealizado pelo "futurólogo" Hermann Kahn, do Hudson Institute, de Nova Iorque (e que serviu como consultor do Departamento de Defesa dos Estados Unidos), chegou ao conhecimento dos brasileiros. O eminente geógrafo, ao lado de vários outros companheiros, teve destacado papel na denúncia e no enfrentamento do projeto que pretendia represar o rio Amazonas na altura de Óbidos (Pará) com a finalidade de se construir uma usina hidrelétrica, muito embora o verdadeiro objetivo fosse facilitar o acesso aos minérios e à própria floresta, sem que se desse grande importância aos imensos custos ecológicos e sociais dos tais "grandes lagos". O artigo "Dos grandes lagos sul-americanos aos grandes eixos rodoviários", publicado na revista *A Amazônia Brasileira em Foco* e em seguida republicado nos *Cadernos de Ciências da Terra*, da USP (VALVERDE, 1971), expõe os pormenores do verdadeiro desatino que foi o projeto do Hudson Institute.[55] A essa denúncia contundente Valverde

55. A revista *A Amazônia Brasileira em Foco*, que começou a circular ainda em 1967, foi o veículo de expressão das posições da Campanha Nacional de Defesa e pelo Desenvolvimento

acrescentou em seguida, no mesmo artigo, uma análise crítica — que hoje nos pareceria talvez um tanto tímida — da visão estreita que animava muitos a aplaudirem sem ressalvas a abertura de grandes rodovias, como a Transamazônica, para cuja construção a verdadeira motivação foi, segundo o geógrafo, a exploração do minério de ferro da Serra dos Carajás. "Ora", salienta ele, "abrir-se uma longa estrada, à custa do governo, apenas para exportar minério de ferro, no qual o principal interessado é um cartel estrangeiro, é tomar uma atitude de país paracolonial, a fim de 'catanguizar'[56] a região amazônica" (VALVERDE, 1971:17). Em que pese o fato de, no início dos anos 1970, a prosa de Orlando Valverde ser vazada em um linguajar anti-imperialista, porém antes nacionalista que propriamente internacionalista, além de insistir em vários pontos do artigo sobre a necessidade de "integração" e "desenvolvimento" de uma Amazônia "vazia" e "despovoada" (revelando uma limitada sensibilidade para com os direitos dos indígenas — defeito, aliás, muito comum na esquerda "desenvolvimentista" e etnocêntrica daquela época, mas que depois Valverde soube muito bem atenuar), suas preocupações sociais são abundantes, como ao deplorar a exploração dos seringueiros, castanheiros e garimpeiros nos marcos da velha economia extrativa (pág. 21) e ao defender uma reforma agrária no Nordeste (pág. 15). Por isso, sem sombra de dúvida, esse artigo de 1971 constitui uma das ilustrações pioneiras no Brasil de um tipo de análise que poderíamos classificar como político-ecológica, no sentido que iria se impor e difundir pelo mundo a partir das décadas de 1970 e 1980: o escrutínio crítico das relações de poder envolvidas na transformação da natureza pelas relações sociais.

• • •

---

da Amazônia (CNDDA), que teve em Orlando Valverde, inicialmente, seu Diretor de Estudos, e depois (em 1984) seu Presidente. A vitalidade e relevância das contribuições de Valverde em matéria de Ecologia Política, em sua dupla face de conhecimento científico e ativismo, podem ser bem apreciadas acompanhando-se suas intervenções no referido periódico (artigos, transcrições de debates etc.).

56. A referência é à antiga província de Catanga, no sul do Congo, tomada por Valverde como um dos exemplos paradigmáticos de exploração mineral em moldes neocoloniais.

Parece, a esta altura, lícito supor que a Ecologia Política pode ser sinteticamente vista como um tipo de saber que, muito embora tenha adquirido foro de cidadania no universo acadêmico enquanto um campo interdisciplinar (ou, se assim o quisermos e para quem desejar apostar nesse horizonte, *trans*disciplinar ou *a*disciplinar), tem origens em grande parte fora daquele universo, deitando também raízes nas reflexões políticas e filosófico-ensaísticas cultivadas no interior de ambientes (político-)intelectuais não universitários (círculos mais ou menos informais de intelectuais e publicistas), ativistas e até mesmo partidários. Esse saber, conforme propus no início deste capítulo, potencialmente se ocupa de todos os processos de transformação material da natureza e produção de discursos sobre ela e seus usos, procurando realçar as relações de poder subjacentes a esses processos (agentes, interesses, classes e grupos sociais, conflitos etc.), em marcos histórico-geográfico-culturais concretos e específicos.

Não há conhecimento que não possua um "lugar de enunciação" próprio e muitas vezes inconfundível — ou, mais exatamente, um "amálgama de lugares de enunciação", referente a distintos lugares, escalas e circunstâncias de socialização e existência: morador(a) de uma favela ou loteamento irregular, pessoa que sofre com o racismo e/ou o machismo, integrante de uma etnia ou grupo cultural específico, latino-americano(a), trabalhador(a) (hiper)precarizado(a) em um mundo globalizado... Em que pesem as simplificações frequentemente cometidas, as quais nos induzem a subestimar a *multiescalaridade* que deveria habitar o conceito de "lugar de fala" (e que faz com que cada um de nós possa ter *vários "lugares de fala" legítimos e simultâneos*, reais ou metafóricos em diversos graus), não podemos esquecer que todo conhecimento (e muito particularmente aquele diretamente voltado para a elucidação da sociedade) é uma expressão de relações sociais. A Ecologia Política, por isso, sempre possuirá algum "sotaque" cultural e alguma "cor" político-filosófica e ética.

Ambos os temas, o do "sotaque" e o da "cor", foram já dedilhados na **Introdução**, mesmo que essas expressões não tenham sido ali empregadas. O "sotaque" se deve à circunstância de que a Ecologia Política, especialmente em suas versões acadêmicas e com pretensões de alguma validade científica (o que não se confunde com a pretensão de ser portadora de qualquer verdade absoluta), não deve, por conta de uma legítima e necessária ambição de cultivar o rigor e a honestidade intelectual, embarcar na ilusão de ser um saber universal sem marcas de origem, sem raízes. Ao aceitarmos isso, nos abrimos para a compreensão de que não pode haver um cânone acadêmico-científico universal, cristalino como a água, e como esta, insípido, inodoro e incolor. É desnecessário dizer que contribuições de estudiosos de vários lugares haverão de poder compartilhar muitas referências epistemológicas e também teóricas, conceituais e metodológicas comuns, o que lhes permitirá dialogar; o que é inaceitável é tentar impor um único padrão, sob o disfarce de um universalismo científico cujo alcance é com frequência exagerado. Isso equivale a impor normas que, na prática, se sustentam em culturas, línguas e instituições específicas, e que retroalimentam a hegemonia dessas culturas, línguas e instituições. Equivale, em suma, a uma violência simbólica, a um só tempo cultural e ético-política. Não que o saber da Ecologia Política, por apresentar muitos sotaques, seja inevitavelmente fragmentado, uma colcha de retalhos provincianos. Repita-se: referências epistemológicas, teóricas, conceituais e metodológicas comuns serão compartilhadas, e o problema dos limites de cada análise e de cada proposta terá sempre de ser discutido levando em conta igualmente critérios (e valores) gerais e necessidades e interesses específicos, em uma dialética sem fim.

Quanto à "cor", essa metáfora pode ser especialmente ardilosa. Tentemos, pois, evitar o ardil. Não se pretende dizer que a Ecologia Política tem ou haverá de ter *uma única* "cor", em sentido forte: ou seja, uma única fonte de inspiração metateórica, político-filosófica ou ética. Na **Introdução** já se fez referência à impropriedade (ou mesmo impostura) de se exagerar o valor de uma determinada matriz ideológica, como o marxismo. A Ecologia Política precisa ser aceita como um saber com uma forte dimensão de pluralidade, cujas fontes de inspiração são múltiplas. Múltiplas, mas não desprovidas de alguma "coloração" — esse é o ponto. Por sua índole, desde as origens, a Ecologia Política não tem sido indiferente à questão do conteúdo socialmente crítico ou não do conhecimento. Se (neo)marxista, libertária ou outra, a matriz político-filosófica e ética que anima as contribuições dos ecologistas políticos pode e deve variar, mas não a ponto de incluir, para ficarmos em casos extremos, reflexões anti-humanísticas, visceralmente neomalthusianas e até "ecofascistas". A não ser que viremos as costas para algo que tem sido uma marca distintiva da Ecologia Política desde o início: o anticonservadorismo.

Com isso, chegamos a uma encruzilhada, e precisamos estar atentos para um aparente paradoxo. *Por um lado*, toda análise ecológica, no mínimo quando transposta do plano biológico ou natural para o social (como a "bomba populacional" de Paul Ehrlich, que causou furor meio século atrás), acaba sendo política, no sentido de que expressará preferências ideológicas e relações de poder. Usar a expressão "ecologias apolíticas", como o faz Paul Robbins (*apolitical ecologies*: ROBBINS, 2012), mesmo que com intenções críticas, é algo que induz a uma visão distorcida e ultrassimplificada das coisas. *Por outro lado*, contudo, o saber que explicitamente tem reivindicado o nome Ecologia Política tem, tipicamente, se assumido como um conhecimento socialmente crítico, avesso a valores conformistas e flanqueadores da heteronomia instituída. Pode-se, então, dizer que, historicamente, trata-se de um saber que não possui uma única "cor", mas que apresenta um espectro cromático que, em que pesem suas variações internas, se caracteriza por expressar valores como antipositivismo e anticonservadorismo. Destarte, a resposta a uma das questões embutidas no título deste capítulo, *para que serve a Ecologia Política?*, pode e deve repelir conteúdos simplistas e panfletários, mas não é uma tarefa desprovida de sentido, dos ângulos ético e político. Uma espécie de compromisso com a denúncia de injustiças e uma recusa em se ver como um conhecimento axiologicamente neutro são marcas indeléveis do nosso campo, tal como historicamente constituído.

Cabe, no entanto, esclarecer um pouco melhor como a Ecologia Política deveria dar conta de sua missão de elucidar as relações de poder que impregnam as relações entre "sociedade" e "natureza". Verificaremos que, aqui, emergem controvérsias teóricas importantes, as quais não são inocentes em matéria de implicações filosóficas mais amplas. O ponto central talvez seja a excessiva centralidade conferida ao papel "polinizador" ou "vertebrador" da Economia Política, o que tem a ver, em última análise, com o *status* a ser atribuído à dimensão econômica. Nesse ponto, assim como em outros, um olhar libertário se distancia do marxista.

De um ponto de vista estrito da Economia Política, o "metabolismo social" opera por meio de uma transformação da natureza em bens, mediante o processo de trabalho. Em termos físicos ou materiais, trata-se de, recorrendo-se a matérias-primas e a alguma fonte de energia, obter bens que satisfaçam necessidades humanas, conquanto também se gere um subproduto indesejável, sob a forma de resíduos, rejeitos etc. — enfim, abreviadamente, lixo. Sem embargo, mesmo a partir de uma perspectiva que queira se deter na produção da *materialidade* social a partir da natureza (e das incessantes retransformações da materialidade já modelada pela ação humana), sem adentrar muito o fascinante terreno da produção de imagens, imaginários e ideologias sobre a natureza e as relações de poder que configurarão territórios de controle e/ou (re)apropriação social da natureza e do ambiente, o processo de trabalho (isto é, a economia) não pode ser a única coisa a ser levada em conta. O que transforma a natureza, em última análise, não é somente o processo de trabalho: são as *relações sociais*, das quais a cultura e o poder são inseparáveis na qualidade de componentes essenciais. Daí a **Fig. 10**, mesmo conferindo destaque ao trabalho (e ao "metabolismo social" em sua materialidade), não deixar de fazer menção ao poder e à cultura.

Fig. 10: A transformação da natureza pelas relações sociais: pressupostos e implicações materiais.

O economicismo é uma deformação que nos dificulta perceber que, da mesma forma que o ambiente (ou a [re]transformação/[re] apropriação da natureza) exige um enfoque holístico, a produção do espaço (ambientes e territórios aí incluídos), em si, demanda igualmente uma compreensão da totalidade social sem hierarquias apriorísticas e mutilações epistemológicas. Por mais que vários neomarxistas tenham feito todo tipo de malabarismo intelectual para livrar o marxismo de seu ranço economicista originário, é extremamente difícil exonerar a história efetiva do pensamento marxista da responsabilidade pela redução da cultura e do imaginário a uma simples "superestrutura ideológica" e das relações de poder ao Estado, isto é, a uma "superestrutura jurídico-política" — em ambos os casos, níveis da realidade mais ou menos relegados ao plano das aparências ou das derivações, por serem expressões de uma "infraestrutura econômica", ela sim, em última instância, a única verdadeiramente importante e determinante. Esse economicismo, aparentemente tornado mais sutil, mas, no fundo, consideravelmente piorado pelo estruturalismo do século XX, está indelevelmente contido na análise dos próprios Marx e Engels, conforme demonstrado por Cornelius Castoriadis (ver, sobretudo, CASTORIADIS, 1975, 1978b, 1978c e 1983).[57]

Com essa argumentação desejo reafirmar a impostura de se postular, sem mais, que o caráter social e político da Ecologia Política adviria da fertilização crítica do conhecimento ecológico pela Economia Política, marxista ou de qualquer outra proveniência. Sem prejuízo para o reconhecimento da enorme importância da dimensão econômica da sociedade, devemos insistir sobre a necessidade de se ir muito além dessa dimensão. Não é à toa que os marxistas sempre se debateram com a questão dilacerante de não haver, em Marx, uma "teoria do Estado", que dirá uma teoria do poder: as relações de

57. Não é à toa que uma questão em princípio muito valorizada pelos ecologistas políticos, a do respeito aos direitos e identidades de minorias étnicas e culturais, que atritam com o Estado-nação e seu figurino eurocêntrico, tem constituído um tremendo desafio para o campo marxista em geral. Se isso se torna patente no terreno prático-político do marxismo-*-leninismo*, que tipicamente respondeu a esse desafio com intolerância e arbítrio, também os pesquisadores e intelectuais não raro tiveram e vêm tendo dificuldade para endereçar aos povos e culturas não ocidentais um olhar cuja generosidade transcenda a condescendência superficial. Uma inteligente análise do tema da relação entre o pensamento marxista e os direitos de minorias pode ser encontrada em NIMNI (1996). (Registre-se ainda, aliás, que o pensamento liberal não tem tido melhor desempenho. Na mesma coletânea em que apareceu o capítulo de Ephraim Nimni podemos achar outro, de Vernon van Dyke [van DYKE, 1996], que esmiuça as deficiências do liberalismo a respeito do assunto.)

poder são indiscutivelmente relevantes para Marx, mas, assim como a cultura é mais ou menos enfiada na gaveta da "ideologia" e, com isso, tornada um reflexo dos interesses dominantes e definitivamente determinantes da realidade econômica, elas são igualmente derivadas das necessidades de manutenção da ordem (seja a feudal, a burguesa ou qualquer outra). Uma Ecologia Política que confira tão exagerado peso à Economia Política poderá fazer uma crítica elucidativa de certos processos de exploração e dominação, mas dificilmente poderá mergulhar nas teias de micropoderes, contradições e produção de subjetividade situadas no interior dos "mundos da vida" de camponeses, caiçaras, favelados, quilombolas, indígenas e de outros atores sociais que se veem confrontados com ameaças de cooptação e/ou desterritorialização e destruição dos ecossistemas dos quais dependem (ou, no caso dos pobres urbanos, residentes de espaços intraurbanos segregados, ameaças de remoção de seus locais de moradia a pretexto de retirá-los de áreas de risco ambiental, ou porque eles próprios são tachados de agentes de degradação ambiental). Daí a tensão interna que marca muitos textos de Ecologia Política influenciados pelo (neo)marxismo: o preço pago por não se ater às prescrições convencionais mais economicistas e esquemáticas (o que teria tornado impossível a contribuição dos antropólogos) é, de um ponto de vista marxista ortodoxo, um afastamento com relação a certos cânones.[58] Esse afastamento, porém, já se vinha produzindo no próprio terreno da Filosofia, com o "Marxismo Ocidental" distanciando-se mais e mais de alguns pressupostos canônicos à medida que se sofisticava e levantava novas questões.

---

58. Achegas de peso, como as trazidas por autores como ALTVATER (1991, 1992 e 2005), FOSTER (2000) e BIEL (2012) atritam explícita ou implicitamente com as posições de muitos outros marxistas, para os quais as preocupações e os ativismos ecológicos não passam de um diversionismo, uma espécie de quinta-coluna do pensamento conservador, cujas raízes fascistas seriam indeléveis e cuja capitulação perante o malthusianismo e o reacionarismo seriam patentes (seja aqui mencionada, tanto por sua eloquência quanto por seu rigor argumentativo, e em que pese o seu desprezo por nuanças e relativizações, a interpretação de João Bernardo: vide, p.ex., BERNARDO, 1979, 2003:Parte 7, Cap. 3, 2011, 2012, 2013). Tampouco é irrelevante observar que ninguém menos que o próprio Elmar Altvater reconheceu, com todas as letras, que Marx, como filho do século XIX, foi igualmente herdeiro de uma tradição iluminista e "prometéica" que "não leva em conta a natureza e seus limites" ("takes nature and its limits not into account": ALTVATER, 2011:n.d.).

• • •

Finalmente, para onde vai o nosso campo de conhecimento? Retornarei a esse tema na **Conclusão**, mas talvez seja útil adiantar alguns argumentos. Fazer previsões a respeito de algo tão sensível a variações conjunturais de humores ideológicos e valorações quanto os conhecimentos sobre a sociedade (incluindo-se aí, claro, a Ecologia Política) chega a ser uma temeridade. Mas é possível dizer algo sobre algumas de suas tarefas atuais. Umas tantas dessas tarefas, quem sabe as principais, serão exploradas nos capítulos subsequentes. Nos parágrafos finais deste capítulo, não vou me deter nos obstáculos e problemas, que serão focalizados no capítulo conclusivo; prefiro concentrar-me em apresentar alguns temas em ascensão — ou que deveriam receber a devida atenção, embora presentemente esse ainda não seja o caso —, comentando suas características e sua relevância, e remetendo o leitor, sempre que possível, aos capítulos respectivos deste livro.

O tema da *(in)justiça ambiental*, que é o objeto do **Cap. 3**, tem sido cada vez mais valorizado também no Brasil, muito embora ainda hoje seja, entre nós, menos pesquisado e debatido do que deveria. Como todos sabemos, é comum os estudiosos de determinado assunto reclamarem maior atenção para os seus temas de predileção, mas não se está a fazer, agora, nenhuma ladainha protocolar: o atraso com que se tem convertido a (in)justiça ambiental em um objeto de estudo acadêmico é de causar aflição. Quase quatro décadas após ele se tornar um dos temas com maior visibilidade pública na pauta dos movimentos sociais nos Estados Unidos, recebendo destaque também de uma crescente parcela da academia, a injustiça ambiental permanece sendo um problema relativamente pouco discutido no Brasil. Isso não se dá, por óbvio, devido à escassez de situações de injustiça. A interface entre o universo do ativismo ambiental crítico (que muitos chamariam de "socioambientalismo") com o mundo universitário tem sido responsável por alguns avanços notáveis, como a criação, em 2002, da Rede Brasileira de Justiça Ambiental (RBJA). Mas a complexidade da problemática da (in)justiça ambiental — problemática que merece ser considerada e tratada como um dos grandes eixos estruturantes dos debates ambientais contemporâneos — ainda não tem sido, nem de longe, devidamente reconhecida pelos núcleos de pesquisa brasileiros, a começar pela Geografia (que seria, ao lado da Sociologia, o ambiente disciplinar potencialmente mais vocacionado para deflagrar e pautar discussões nessa direção). Ainda que tardia e incipiente, alguma movimentação tem havido, contudo, nesse sentido — e tomara que este livro possa colaborar adequadamente com esse esforço. Seria necessário, aliás, que as situações concretas brasileiras fossem sempre devidamente contextualizadas globalmente e, quem sabe, comparadas com problemas muitas vezes semelhantes (apesar de algumas diferenças culturais) em países vizinhos da América Latina, e também em países da África e da Ásia. Mais ainda, seria conveniente que os pesquisadores brasileiros intensificassem as tentativas de ler os desafios globais em uma ótica brasileira e latino-americana (não por "nacionalismo", mas sim para fazer justiça a peculiaridades políticas e culturais), não ficando dependentes de "grandes relatos", "visões de conjunto" e aportes teóricos de fôlego oriundos de universos acadêmicos como o estadunidense, o britânico e, cada vez mais secundariamente, o francês e o alemão. Construir uma capacidade de contextualização filosófica e teorização mais ou menos autônoma a propósito da (in)justiça ambiental pode ajudar decisivamente a iluminar as peculiaridades dos processos vivos observáveis em escala local ou regional. E nunca será demais grifar que isso só se efetivará na proporção em o mundo da pesquisa universitária conseguir transcender a pequenez das torres de marfim, produzindo conhecimento capaz de alimentar as lutas socais e de ser por elas retroalimentado.

Um assunto que se reveste não só de relevância prática, mas também de dificuldades particulares, por envolver simultaneamente uma dimensão teórico-conceitual e outra técnico-metodológica, é o dos *impactos ambientais*. Esse assunto tem sido tratado, no geral, de maneira tecnicista, em que uma necessária preocupação operacional descamba para um pragmatismo infenso a preocupações teórico-conceituais e filosóficas mais sofisticadas — ou, no fundo, com maior nível de exigência, do ponto de vista da crítica social. No **Cap. 4** busquei lidar com esse tema de modo articulado com outro, o dos *conflitos ambientais*, por entender que, justamente, um complementa o outro de maneira admirável. Nenhum desses assuntos é novo na literatura político-ecológica, conquanto seja razoável sentir falta de uma articulação mais densa entre os impactos e os conflitos. A temática do "sofrimento ambiental", conceito que vem sendo desenvolvido e aplicado sistematicamente por pesquisadores argentinos nos últimos anos e que se acha brevemente discutido no **Cap. 3**, se presta magnificamente a desempenhar um papel de "ponte" entre os impactos objetivos (e os perigos, desastres e riscos), de um lado, e os conflitos, de outro. Entre um problema postulado como objetivo e ilustrativo de um quadro de injustiça ambiental e um conflito social manifesto há mediações culturais e políticas, pois a percepção (inter)subjetiva não traz embutido nenhum automatismo: pode haver acomodação (ou, como quer a moda, "resiliência") e cooptação, e não indignação; em havendo indignação e muita tensão, esta pode permanecer latente; por fim, é claro que, em muitos casos, a indignação se traduz em mobilização, protesto e organização populares, com um grau variável de eficácia. Investigar não apenas os pormenores dos impactos e de suas fontes, mas também a maneira como o sofrimento ambiental é sentido, oferece uma trilha interessante para se aclarar como, quando e de que forma ocorrem (ou não) os conflitos, e por quê.

No **Cap. 5** é enfrentada, como desdobramento lógico da discussão sobre os conflitos, a problemática da organização e do protesto em torno das questões ditas ambientais. A paisagem político-intelectual é estonteantemente heterogênea e até cheia de contradições: há, com efeito, *ambientalismos* e *ecologismos* para todos os gostos, do (neo)anarquismo e do autonomismo aos ambientalismos socialmente mais conservadores. Não é fácil encontrar um denominador comum, afora a tradição de aparentemente tratarem, todos, do mesmo referente empírico, os "problemas ambientais". Entretanto, até isso é um pouco ilusório, pois a própria noção de *ambiente* admite ser compreendida, conceituada e operacionalizada de jeitos distintos e com resultados politicamente muito diversos. Além do mais, quando uma luta é propriamente "ambiental"? O que é, legitimamente — e quem define esse estatuto de legitimidade?... —, abrangido pelo qualificativo "ambiental"? Quando, como e por qual razão determinadas lutas sociais são "ambientalizadas", isto é, passam a ser (auto)identificadas como lutas ambientais? Uma das tarefas mais espinhosas da Ecologia Política é, atualmente, examinar a fundo as dinâmicas de constituição de agendas chamadas de (ou vistas como) ambientais, bem como os processos de emergência ou redefinição de sujeitos políticos, mobilização popular, articulação de demandas, elaboração de estratégias e planos alternativos e práticas de resistência na esteira disso, com sensibilidade para com as variações e combinações de escala — com a ajuda das quais podemos tentar explicar as diferenças de percepção e as matrizes culturais nas quais se inscrevem os diversos modos de percepção dos problemas, assim como elucidar as articulações políticas ("política de escalas", "ativismo transnacional" etc.).

O **Cap. 6** enfrenta dois temas muito próximos, o da *governamentalização da natureza* e o da *securitização do ambiente*, que prometem se mostrar cada vez mais como assuntos altamente cotados nos anos vindouros, em função da multifacetada e crescente politização de tudo o que seja "ambiental". Não é de hoje que se comenta e estuda, em círculos geopolíticos, a importância dos "recursos naturais"; na verdade, esse é um dos tópicos que mais sobressaem no pensamento geopolítico clássico, sempre muito atento ao valor quer de localizações estratégicas, quer da dotação deste ou daquele território no tocante a matérias-primas e riquezas naturais, quer, ainda, das potencialidades da "geografia" de cada país no que diz respeito à exaltação da "grandeza pátria". Isso para não falar que expressões como "Geopolítica da Energia", "Geopolítica do Petróleo" e similares há muito fizeram sua entrada no vocabulário geopolítico-estratégico. O que é comparativamente recente é a análise cada vez mais refinada, voltada para o esquadrinhamento dos processos de captura dos discursos sobre a natureza e a proteção ambiental por parte de dispositivos de "governamentalidade" (termo foucauldiano que será explanado no devido tempo), até chegar ao ponto de se adensarem as reflexões de todos os tipos e moldes — algumas mais críticas, outras nem tanto — acerca da formação de matrizes discursivas sobre a "proteção ambiental" que apresentam uma nítida e não raro explícita vinculação com preocupações governamentais e até militares sobre a "segurança" ("segurança nacional" e outras).

No **Cap. 7**, finalmente, aborda-se um tema que, por assim dizer, resume muitas das preocupações veiculadas e externadas nos capítulos precedentes: o "*direito ao planeta*", expressão e conceito com que se deseja sintetizar todo um programa de crítica do modelo civilizatório capitalista. Podemos entender o capitalismo, para além de um modo de produção, como aquilo que os sociólogos chamam de "instituição social total": sob ele, é todo um conjunto de atividades, é todo um quadro de vida — da produção ao consumo, passando pelo imaginário e por uma forma de organizar e buscar legitimar o Estado e a dominação — que, longe de se circunscrever à economia e às lutas diretamente econômicas e vinculadas à esfera da produção, abarca as tensões, contradições e lutas no âmbito dos espaços de moradia, circulação e lazer ("reprodução da força de trabalho"), bem como as estruturas e práticas que se referem à funcionalidade histórica da subalternização e superexploração de "raças"/etnias e das mulheres. Uma das questões mais graves, ao mesmo tempo subjacente a tudo e a todos, mas apresentando premissas e consequências variáveis conforme a classe e o grupo (geograficamente contextualizados), é a "questão ecológica" ou "ambiental". Fetiche para alguns, chave privilegiada para outros, tabu para outros tantos, sua leitura por parte da parcela dita "progressista" do espectro político-ideológico tem sido tudo, menos unânime, o que significa que essa "questão" e o(s) seu(s) significado(s) constituem um dos enigmas que aqueles que se dedicam à Ecologia Política são convocados para ajudar a decifrar. O conteúdo antiecológico do capitalismo, não basta *declará-lo* — é preciso *demonstrá-lo*. Essa empreitada exige tanto estudos de caso e exames comparativos bem delimitados quanto reflexões teóricas de fôlego, de largo alcance tanto geográfico quanto histórico. Porém, mais do que isso, cabe analisar as irracionalidades e os desafios sistêmicos (presumivelmente, adianto, verdadeiros becos sem saída) à luz das peculiaridades culturais e políticas locais, regionais e "nacionais" (e continentais), o que demanda uma grande dose de sensibilidade anticolonial e de disposição para o verdadeiro diálogo intercultural e internacional (revivendo e atualizando, na reflexão e no ativismo, o internacionalismo). E *isso*, por si só, é um gigantesco desafio.

É lógico que um livro meramente introdutório como o presente não comportaria o tratamento de todos os tópicos dignos de atenção, muito menos um tratamento adequado. Por isso, muitos assuntos foram focalizados apenas brevemente, e outros tantos nem puderam ser abordados. O tema dos chamados "desastres naturais" se acha examinado no **Cap. 3** — dado que sua ligação com a problemática da injustiça ambiental é fortíssima —, mas de modo muito expedito e preliminar. Quanto a determinados subtemas ou temas associados, como as desinteligências e disputas científicas e, sobretudo, políticas e midiáticas acerca do aquecimento global e dos eventos climáticos extremos, ou o debate e a mobilização em torno da "justiça climática", eles não foram nem sequer discutidos, tirando as observações feitas na nota 55 a seguir e um brevíssimo comentário no **Cap. 6** sobre os aspectos ideológicos e políticos da grande narrativa apocalíptica ao redor das transformações climáticas que atravessa o planeta. A agroecologia é outro assunto que, por insuficiência de domínio da minha parte, preferi não focalizar, por mais que evidentemente integre o rol das preocupações político-ecológicas; as controvérsias acerca de seu potencial emancipatório e, como querem alguns, de suas contradições, desaconselham incursões amadorísticas, que mais podem turvar a visão e confundir que aclarar. Prosseguindo, a questão dos direitos dos animais, eticamente candente e politicamente relevante por suas conexões com hábitos alimentares, modos de vida, necessidades humanas e interesses econômicos, se acha apenas tangenciada neste livro, e uma temática das mais estratégicas e polêmicas, aquela sobre o alcance, o significado e a eficácia dos acordos e tratados ambientais internacionais (sobre o clima, sobre exportação de lixo tóxico etc.), não foi aqui objeto de análise.

Para lidar com esses e outros tantos assuntos de modo correto seria necessário dedicar a cada um deles pelo menos um capítulo. Em não sendo isso exequível, posto que o pequeno livro teria de transmudar-se em um volumoso tratado, coisa que está além das possibilidades do autor, o melhor é nem gerar expectativas, assumindo as lacunas. Não obstante, isso não quer dizer, insista-se, que aquilo que não foi contemplado nestas páginas possui importância menor. Fazer um balanço radicalmente crítico, mas também equilibrado, dos acordos internacionais a propósito da mudança climática global, por exemplo, é algo que deverá estar na ordem do dia dos estudos político-ecológicos, pela necessidade de melhor esclarecer o que, de fato, se deveria esperar desse tipo de ação institucional, na qual políticos, ONGs e outros atores sociais parecem depositar tantas esperanças. Tradicionalmente, parece que a Ecologia Política acadêmica tem se sentido mais em casa ao patrocinar estudos de caso em escala local, mas a análise de processos em escala mundial não lhe pode ser de modo nenhum estranho, sob pena de sacrificar boa parte de sua potencial utilidade. De toda sorte, por outro lado, é muito provável que a sensibilidade relativamente aos lugares concretos, com as variáveis percepções e necessidades dos homens e mulheres reais, seja justamente o que pode permitir à Ecologia Política ajudar a complementar e calibrar determinadas generalizações situadas em um elevado patamar de abstração, como as concernentes às mudanças na dinâmica climática da Terra e aos seus efeitos.[59]

---

59. No que diz respeito a esse assunto em particular, o das mudanças climáticas, os aportes trazidos pelas pesquisas empíricas no terreno da Topoclimatologia Cultural (vide, p.ex., ROMERO ARAVENA *et al.*, 2017; ROMERO ARAVENA *et al.*, 2018), cujo alcance teórico não deve ser subestimado, parecem indispensáveis, caso não queiramos permanecer confinados a um modelo de raciocínio e teorização puramente geofísico e meteorológico. Em um plano mais abrangente e ensaístico, o geógrafo Mike Hulme tem realizado uma admirável releitura dos vínculos entre clima e sociedade, com ênfase em uma "desnaturalização" e "destecnicização" da problemática das mudanças climáticas (vide, p.ex., HULME, 2009 e 2017).

3. (In)justiça ambiental

O objeto deste capítulo é uma luta que eclodiu e se consolidou nos EUA na década de 1980 (BULLARD, 2000 e 2005), espalhando-se depois pelo mundo. Suas raízes, porém, são mais antigas: elas nos remetem, segundo diversos autores (ver, p.ex., BULLARD, 2000:14, 29), às lutas pelos direitos civis dos negros que ficaram famosas nos anos 1950, 1960 e 1970. Na virada da década de 1970 para a década de 1980, essa experiência se mostrou útil para fazer face a uma questão particular, porém das mais graves: a *injustiça ambiental* ou, mais especificamente, como se tornou comum dizer nos EUA em muitas situações, o *racismo ambiental*. Percebeu-se que as comunidades constituídas por minorias étnicas, especialmente afro-americanos, recebiam e ainda recebem uma quantidade desproporcional de fontes de problemas ambientais que, ao mesmo tempo, representam grandes riscos para a saúde: lixo sob a forma de resíduos sólidos e lixo tóxico em geral, incineradores causadores de poluição atmosférica, e assim sucessivamente. Os espaços de residência desses grupos chegaram a ser chamados de *sacrifice zones*, ou "zonas de sacrifício" (LERNER, 2010). A compreensão de uma forte correlação entre segregação, racismo e sofrimento ambiental não tardou a ser estabelecida, originando um movimento social, o *movimento por justiça ambiental*.[60]

60. Uma pequenina amostra da vitalidade do debate político e acadêmico que esse movimento tem produzido nos Estados Unidos pode ser encontrada na excelente coletânea PEZZULLO e SANDLER, 2007. Outras obras das quais se pode tirar grande proveito, a esse respeito, incluem SHRADER-FRECHETTE (2002) e SCHLOSBERG (2009). No Brasil,

Conceitualmente, portanto, a injustiça ambiental tem sido compreendida como se referindo à desigualdade social e espacial na distribuição do fardo representado pela geração de contaminantes como subprodutos dos processos industriais. Mas vale a pena ampliar esse entendimento, percebendo que ela diz respeito a *qualquer processo em que os eventuais malefícios decorrentes da exploração e do uso de recursos e da geração de resíduos indesejáveis sejam sócio-espacialmente distribuídos de forma assimétrica, em função das clivagens de classe e outras hierarquias sociais.* A isso devemos ainda acrescentar *a desigualdade na exposição aos riscos derivados dos modelos hegemônicos de organização do espaço* (conforme ilustrado pela forte correlação entre segregação residencial e riscos de desastres decorrentes de desmoronamentos e deslizamentos) *e na capacidade de acesso a recursos ambientais e fruição de amenidades naturais, em função das clivagens de classe e outras hierarquias sociais.*

A justiça ambiental não é algo "diferente" da justiça social, que dirá algo dela separado: a primeira nada mais é que uma modalidade da segunda.[61] Assim como a justiça social é um subconjunto de uma noção mais abrangente, a de justiça, a justiça ambiental deve ser entendida, com efeito, como um subconjunto conceitual da justiça social. Sobre esta última, recordemos as palavras de Brian Barry, para o qual "a natureza da justiça na sociedade" constitui "o mais antigo problema da Filosofia Política (e, além disso, com uma enorme literatura recente)"[62] (BARRY, 1989:xiii). A justiça social consiste, por conseguinte, em um objeto de reflexão filosófica (e jurídica e das ciências sociais) dos mais tradicionais e consolidados, e o mesmo, com ainda mais razão, se pode dizer das discussões sobre a "justiça", em geral registrando-se, de passagem, que a justiça, em seu sentido mais abrangente e ordinário, se refere a um plano interpessoal, isto é, à presença ou ausência de justiça na relação *entre indivíduos*, ao passo que a justiça social se atém

---

a justiça ambiental começou a ser tematizada de forma explícita entre fins dos anos 1990 e o início da década seguinte, o que culminou, em 2001, na esteira de uma colaboração com ativistas estadunidenses, com a criação da Rede Brasileira de Justiça Ambiental (cf. ACSELRAD, 2010:111-112; ACSELRAD *et al.*, 2008:9, 39 *et seq.*).

61. Como já tive, aliás, oportunidade de frisar alhures: cf. SOUZA, 2015d.

62. Em inglês, no original: "(...) the oldest problem in political philosophy (with an enormous literature to boot), the nature of justice in society."

aos vínculos *entre os indivíduos e o todo social*, em outras palavras, entre os indivíduos e a cultura ou sociedade da qual eles fazem parte. O objetivo de meditar sistematicamente sobre a justiça é examinar, de um ponto de vista ético-político, as virtudes e os defeitos, as vantagens e as desvantagens dos diversos arranjos sociais, reais ou hipotéticos.

Esclarecer bem isso vem a título de imunização contra o esquecimento ou a subestimação de que, por mais que o aparecimento de um debate acerca da faceta ambiental da justiça social seja um fenômeno relativamente recente, e sobre o qual ainda não houve tempo suficiente para se acumularem inúmeras camadas históricas de discussões e literatura especializada, a justiça social, em si mesma, é assunto dos mais desafiadores. Há milênios, no mínimo deste Platão e Aristóteles, ele vem sendo apreendido e apreciado sob muitos ângulos. Não irei, consoante o espírito introdutório que presidiu a feitura deste livro, aventurar-me pelo mar revolto dos entreveros e entendimentos discrepantes a propósito da justiça social; mas nunca é demais alertar sobre a riquíssima genealogia do assunto mais amplo que emoldura filosoficamente o tema deste capítulo.[63]

---

63. À guisa de orientação preliminar — porquanto muito mais poderia ser recomendado, mesmo que a simples título de primeiro contato —, não me esquivo, de toda sorte, de sugerir algumas leituras que foram e têm sido úteis para mim mesmo. Começo com *Além da justiça*, de Agnes Heller, por apresentar, de modo arguto e didático, os tipos básicos de noção de justiça, do conceito formal tal como contido em Aristóteles ao enfoque helleriano de um conceito "ético-político incompleto" (HELLER, 1998). Prossigo com a teoria da justiça como *fairness*, de John Rawls (RAWLS, 1971), a qual tem sido um objeto de discussão praticamente obrigatório nas últimas quatro décadas, e aproveito para recomendar alguns livros de Brian Barry, cujo projeto de *justice as impartiality* admite ser visto como uma extensão e um desdobramento do de Rawls, mas que encerram, ademais de seu valor intrínseco como reflexão original (ainda que possamos com ela não concordar), ótimas panorâmicas (BARRY, 1989 e 1995). Iris Marion Young, filósofa feminista e expoente de uma ênfase no reconhecimento da legitimidade como sujeitos políticos não somente de indivíduos, mas igualmente de grupos sociais, levantou, em nome de uma "política da diferença" e em contraposição ao "paradigma" liberal esposado por Rawls e Barry, objeções não somente contra a ideia de justiça como imparcialidade (que, de acordo com ela, é movida por um desejo de aplainar as diferenças identitárias, experienciais e culturais), mas também contra o afunilamento teórico promovido pela redução da justiça social a uma justiça distributiva. Para ela, a injustiça e a opressão possuem várias faces, para além da questão distributiva, que ela condensou na tese das "cinco faces da opressão" ("*five faces of oppression*"): exploração (*exploitation*), marginalização (*marginalization*), impotência (*powerlessness*), dominação cultural (*cultural domination*) e violência (*violence*) (YOUNG, 1990). Concluo esta brevíssima lista indicando alguns trabalhos de Cornelius Castoriadis, o qual fez acerbas críticas

No que toca especificamente ao racismo ambiental, cabem uma explanação e uma ressalva. Assim como a injustiça ambiental é uma das manifestações de algo mais abrangente, a injustiça social, o racismo ambiental pode ser compreendido como uma das manifestações da injustiça ambiental: toda situação de racismo ambiental corresponde a uma situação de injustiça ambiental, mas o inverso não é verdadeiro. Ainda que ampliássemos a definição de "racismo" para incorporar discriminações negativas e opressões que, quotidianamente, se mesclam e confundem com estigmatizações outras, como as de conteúdo regional,[64] existem limites para o que podemos considerar, sensatamente, como expressão de "racismo". Um dos primeiros casos célebres de injustiça ambiental nos Estados Unidos, o do bairro de Love Canal, na cidade de Niagara Falls (estado de Nova Iorque), nos idos da década de 1970, em que material tóxico armazenado no solo (vários tipos de contaminantes, inclusive carcinogênicos) afetou a saúde dos residentes, trazendo como consequência problemas e enfermidades como tendência à leucemia, não atingiu população afroamericana, mas sim população branca de classe média baixa. A tragédia de Love Canal, por conseguinte, seria mais acuradamente descrita como um caso de *classismo ambiental*.

---

ao liberalismo e endereçou ataques frontais ao seus sustentáculos econômico-institucionais capitalistas e pseudodemocráticos (vide, p.ex., CASTORIADIS, 1996 e 1999a) sem, não obstante, resvalar para posições pós-modernistas ou multiculturalistas (sobre as incursões filosóficas mais diretas de Castoriadis a respeito da questão da justiça na/da sociedade, consulte-se, entre outros escritos, CASTORIADIS, 1978c, 1983, 1990 e 1996).

64. Jessé Souza, ao estabelecer a distinção entre o racismo tradicional, que procura sustentar-se em uma mítica existência de raças biológicas, e o culturalismo moderno, que serve de esteio atualizado à subalternização de povos e culturas, não deixa de compreender não só que um *racismo culturalista* é possível, como, também, que ele é antes uma extensão do "racismo das raças" que algo que autenticamente se contraponha a ele. Deixemos falar o autor: "Onde reside o racismo implícito do culturalismo? Ora, precisamente no aspecto principal de todo racismo, que é a separação ontológica entre seres humanos de primeira classe e seres humanos de segunda classe. Iremos, no decorrer deste livro, usar o termo 'racismo' não apenas no seu sentido mais restrito de preconceito fenotípico ou racial. Iremos utilizá-lo também para outras formas de hierarquizar indivíduos, classes e países sempre que o mesmo procedimento e a mesma função de legitimação de uma distinção ontológica entre seres humanos sejam aplicados. Afinal, essas hierarquias existem para servir de equivalente funcional do racismo fenotípico, realizando o mesmo trabalho de legitimar pré-reflexivamente a suposta superioridade inata de uns e a suposta inferioridade inata de outros." (SOUZA, 2017:18)

Não obstante isso, no Brasil, estigmatizações de fundo elitista-classista e discriminações com motivação fenotípico-"racial" e até por causa da origem regional muitíssimas vezes se misturam umas com as outras, potencializando-se reciprocamente, como bem atestam os preconceitos contra os moradores de favelas nas cidades brasileiras. No Eixo Rio-São Paulo, a discriminação negativa sofrida pelos migrantes nordestinos, em que estes são genericamente alcunhados de "paraíbas" (no Rio de Janeiro) ou "baianos" (em São Paulo), exemplifica o ponto, uma vez que, para além do preconceito fenotípico-"racial" contra os afrodescendentes, há igualmente uma rejeição do nordestino, classificado como culturalmente inferior. Em seu capítulo da coletânea *Injustiça ambiental e saúde no Brasil: O mapa de conflitos* — organizada por M. F. Porto, T. Pacheco e J. P. Leroy —, Tania Pacheco e Cristiane Faustino reconhecem, *en passant*, o "racismo" de que são vítimas os nordestinos como abrangida por uma conceituação ampliada de racismo ambiental (PACHECO e FAUSTINO, 2013:84, 104). Além da contribuição de Pacheco e Faustino, outros capítulos da referida coletânea nos ajudam a perceber, mediante uma variedade de situações concretas, em que se evidenciam e muitas vezes se entrelaçam as hierarquias e fraturas de classe e étnico-"raciais" (p.ex., LEROY e MEIRELES, 2013; PORTO, 2013), a pertinência e a urgência desse debate no Brasil.

O que importa salientar, concordando com HERCULANO (2008:16), é que, para que estejamos diante de um quadro de racismo ambiental, não é necessário que tenha havido uma inequívoca *intencionalidade discriminatória* de cariz racista, em determinado lugar específico. Basta que se verifique a incidência de injustiça ambiental sobre uma população representativa de um grupo social historicamente estigmatizado por razões "raciais", indicando que não estamos lidando com uma simples coincidência, mas sim com a expressão local de um problema estrutural nacional e mundial.[65]

---

65. No tocante ao racismo, é quiçá desnecessário lembrar que não se devem subestimar as diferenças sócio-histórico-culturais entre Estados Unidos e Brasil — e, no interior de cada um deles, entre regiões. Muitos estudiosos buscaram examinar as peculiaridades do racismo à brasileira, assunto complicado e espinhoso. Jessé Souza procedeu, principalmente em seus livros *Subcidadania brasileira* (SOUZA, 2018) e *A tolice da inteligência brasileira* (SOUZA, 2015), a uma potente e original síntese desse debate, mas duas outras contribuições — que encerram, aliás, interpretações profundamente rivais entre si — são particularmente

Após essa série de esclarecimentos, cuja finalidade foi permitir que a conceituação de (in)justiça ambiental fosse abrangente sem deixar de ser rigorosa, uma mente que não adote um ponto de vista extremadamente antropocêntrico, tributário da tese da "dominação da natureza", haverá de ser assaltada pela sensação de que ainda falta algo. Há a necessidade de complementar a construção conceitual com a introdução de um elemento que costuma ser deixado de lado: *o substrato ético das relações entre os seres humanos e os demais seres vivos*. Essa complementação não é algo menor, mas sim imprescindível.

Um enfoque biocêntrico ou ecocêntrico extremado (e o preservacionismo daí resultante) pode ser questionado por seu conteúdo anti-humanístico, vale dizer, por sua insensibilidade ou pouca sensibilidade perante as necessidades e os direitos dos seres humanos (por exemplo, as necessidades e os direitos de populações indígenas ou tradicionais, ou mesmo de grupos subalternizados urbanos, quando diante de situações de ameaça de desterritorialização na esteira de projetos de "proteção ambiental", como a criação ou expansão de um parque nacional). Em tais casos, é possível não apenas invocar argumentos relativos a direitos humanos, mas, igualmente, recordar que o "ambiente" não é alguma coisa que simplesmente "circunde" os seres humanos, como se lhes fosse propriamente exterior, mas sim uma *realidade que os inclui*. Assim sendo, é necessário admitir, à luz de um conceito de ambiente que não se circunscreva ao "ambiente natural", ao "meio ambiente", correspondendo, com efeito, à totalidade formada pelo espaço geográfico e os seres vivos (aí incluído o *homo sapiens*), que a justiça ambiental não deveria ser indiferente ao destino dos seres vivos não humanos, como se suas necessidades (e, em certas circunstâncias, também o seu bem-estar) não contassem. Por mais que compreendamos que os animais não humanos

---

indispensáveis, ainda que não se pressuponha aqui a necessidade de completo alinhamento com qualquer uma delas: a aguda e provocativa reflexão do antropólogo Antonio Risério (RISÉRIO, 2007) e os escritos já clássicos de Abdias do Nascimento (NASCIMENTO, 2002). De minha parte, limito-me a apelar para a sensibilidade de se concluir que o diálogo com a literatura estadunidense sobre *environmental racism* deve se pautar pela criatividade, sem desatenção para com as especificidades de cada universo sócio-histórico-cultural e, acima de tudo, ouvindo a voz daqueles que, quotidianamente, sofrem na própria carne com as situações de injustiça e desigualdade.

não podem ser *agentes morais* (uma vez que lhes falta a capacidade de articular a defesa de seus direitos racional e verbalmente), isso não lhes retira a condição de *pacientes morais*, ao levarmos em conta a enorme carga de responsabilidade que os humanos carregam, exatamente porque, graças às nossas habilidades cognitivas, possuímos a capacidade técnica/tecnológica de dispor "racionalmente" e afetar substancialmente as vidas de outros seres. Se não ampliarmos o escopo da ideia de justiça ambiental com o auxílio de um conceito integrado de ambiente e da consideração simultânea de duas componentes de uma ética planetária robusta, a humanística e a ecológica, correremos o risco de endossar uma concepção de justiça que seja pouco ou nada diferente do pragmatismo (pseudo)antropocêntrico vulgar que caracteriza o imaginário capitalista. E se assim fizermos, nosso "progressismo" estará inevitavelmente comprometido por preconceitos especistas que, ao final, podem voltar sobre nós como um bumerangue: afinal, caso recusemos qualquer empatia e toda a solidariedade com o Outro não humano que nos parece tão radicalmente distinto de nós mesmos (mas que, em variados graus, muitas vezes não é), apenas porque ele não consegue se comunicar como nós e não tem as mesmas habilidades cognitivas, quem garante que seria possível assegurar um efetivo respeito para com aqueles grupos humanos e culturas que são muito diferentes do que a civilização "moderna"-ocidental espera e prescreve, e que historicamente têm sido vítimas de genocídio e etnocídio?...

• • •

Na análise das situações de injustiça ambiental, geralmente devemos considerar o seguinte roteiro metodológico: em primeiro lugar, precisamos identificar o *perigo* (o *hazard* da literatura especializada de língua inglesa), que corresponde a uma fonte de ameaça. Esta pode ser uma substância contaminante, podem ser enchentes, podem ser desmoronamentos e deslizamentos, e assim sucessivamente. Mas ela também pode dizer respeito a uma ameaça de outro tipo, imaterial, como uma intenção de remoção de população pobre sob a alegação de que ela agride ou pode vir a agredir o meio ambiente em uma situação concreta e particular (como a proximidade de um parque nacional).

O perigo não precisa se referir a uma ameaça já presente, ou presente o tempo todo: no caso de contaminantes a serem depositados ou indústrias poluidoras a serem instaladas, a ameaça tenderá a ser constante; contudo, no caso de desmoronamentos e deslizamentos ou enchentes, ela se concretizará eventualmente, com o acaso desempenhando um grande papel.

Após a identificação do perigo, o segundo passo é examinarmos o *risco*. Este se subdivide em dois tipos: o *risco objetivo* e o *risco subjetivo*.

O risco objetivo é uma combinação de dois fatores: a *probabilidade estimada* de ocorrência ou concretização do perigo ou fonte de ameaça e, adicionalmente, a *magnitude estimada do impacto*. Não é incomum escutarmos ou lermos, quando o assunto é risco, alusões somente à probabilidade; isso é um erro palmar, pois não basta, para se caracterizar bem um risco, alertar para a chance maior ou menor de concretização de um fenômeno ameaçador: devemos igualmente mostrar o tamanho da ameaça em questão, ou a sua real periculosidade. Uma elevada probabilidade de ocorrência de um fenômeno cujo impacto sobre nós é negativo, mas de poucas consequências, pode não ser percebido como algo muito sério, e por essa razão talvez seja o tipo de risco que, mais ou menos conscientemente, muitos decidimos correr.

Com isso adentramos, aliás, o terreno do *risco subjetivo*, que é o risco tal como percebido popularmente, no quotidiano, por aqueles que serão os atores sociais (mais) diretamente atingidos. O risco subjetivo (na verdade, *inter*subjetivo) remete à discussão sobre percepção ambiental e seus múltiplos fatores. A esse respeito, duas atitudes opostas deveriam ser evitadas: tanto aquela de entronizar a ciência e a técnica, tratando o conhecimento científico como *puramente* e *totalmente* objetivo, ou seja, isento de subjetividade e vieses — como se não fosse, também ele, um discurso construído que jamais poderá estar imune a influências históricas, culturais e ideológicas —, quanto a atitude *vox populi, vox Dei*, de desqualificar aprioristicamente o discurso técnico-científico e ungir os saberes vernaculares ou populares como os únicos capazes de oferecer um conhecimento adequado às necessidades dos atores locais e regionais. Se o risco objetivo será sempre impuro, no sentido de não estar imune às subjetividades dos pesquisadores e técnicos (tanto porque a ciência e a técnica não são ideologicamente neutras ou anistóricas quanto porque as instituições que avaliam riscos também têm suas agendas e sofrem influências), o risco percebido pelos atores locais e regionais não é, só por isso, mais real. Os saberes vernaculares e a experiência dos atores podem ser muito importantes do ponto de vista prático, sem contar que, moral e politicamente, as necessidades e os desejos das pessoas precisam ser considerados com destaque, pois são eles que devem, ao final, prevalecer. De toda sorte, é a combinação do conhecimento técnico-científico com a sabedoria popular que promete os resultados mais consistentes, e não apenas uma dessas modalidades de cognição, isoladamente.

Os alertas e as ressalvas anteriores nos sugerem a utilidade de prestarmos atenção aos argumentos e contra-argumentos trazidos em meio ao debate teórico (e filosófico) travado entre os adeptos do "construcionismo social" (*social constructionism*), que insistem em que a realidade é socialmente construída, e os adeptos de uma epistemologia positivista (que os anglófonos gostam de denominar *realist*), os quais minimizam o papel ativo do sujeito cognoscente em face dos "fatos" da realidade objetiva exterior ao sujeito. A entrada em cena do *constructionism* representou, admito de bom grado, um avanço em matéria de refinamento teórico e melhor compreensão do que é específico na análise da sociedade (isto é, em comparação com os métodos das ciências da natureza). Ao mesmo tempo, contra-argumentos inteligentes por parte de alguns "realistas" e o bom senso de vários "construcionistas" pareceram, aos poucos, impor o comedimento de recusarmos o *strong social constructionism*, que praticamente deixa de lado qualquer preocupação para com a (ou validação da) existência de "fatos brutos" de uma realidade objetiva exterior a cada sujeito cognoscente de *per se*. Em vez disso, a escolha mais sensata parece vir recaindo sobre a adoção de uma espécie de *weak* (ou *contextual*) *social constructionism*, que enfatiza o caráter histórico-(geográfico-)cultural de todo conhecimento e de toda percepção sem, em que pese isso, menoscabar e muito menos negar a existência de uma realidade objetiva.[66] Na análise da percepção de risco (e de muitos outros fenômenos), é exatamente a consideração atenta da constante tensão

66. Ver, sobre esse debate e essas distinções e nuanças, IBARRA e KITSUSE (2007), como representantes de um *strong constructionism*, e GUBRIUM (2007), BEST (2007), AGGER (2007) e HAZELRIGG (2007), entre outros bons textos que expressam objeções e reservas a propósito dessa posição.

entre "objetividade" e "(inter)subjetividade" que promete abrir caminho às análises mais profundas, profícuas e socialmente úteis.

O risco seria algo socialmente vazio se não levássemos em conta a *vulnerabilidade social*. Conforme deixa entrever a síntese feita por CALDERÓN ARAGÓN (2001b), existem vários tipos de vulnerabilidade, assim como há várias aproximações metodológicas ao problema.[67] Neste livro, a vulnerabilidade que importa é a *vulnerabilidade social* em face de riscos ambientais (isto é, em face do risco de ocorrência de fenômenos direta ou indiretamente danosos para os seres humanos e que tenham a ver com a degradação ou contaminação lenta ou súbita, crônica ou aguda de [geo] ecossistemas). As perguntas relevantes, nesse contexto, incluem, entre outras, as seguintes: quem são os atores potencialmente atingidos, de que forma e com qual intensidade? Qual a capacidade que os atores (ou os diferentes grupos de atores) têm de fazer face aos perigos e levar em consideração os riscos (prevenção)? Qual é a capacidade de resiliência dos atores, ou seja, a sua capacidade de se recuperar após um desastre ou impacto negativo, em geral? Quais os fatores que influenciam na maior ou menor vulnerabilidade social (classe social, raça/etnia etc.)? Como os atores têm se organizado para resistir às ameaças e para fazer valer os seus direitos, a despeito de sua vulnerabilidade? Se os riscos ambientais possuem um componente naturogênico (que pode ser parcial, no caso, por exemplo, de desmoronamentos e deslizamentos, ou total, como exemplificado por erupções vulcânicas e terremotos) e outro

---

67. Quanto ao aspecto metodológico, vale a pena travar contato com as achegas de Susan Cutter e seus colaboradores (vide, p.ex., CUTTER *et al.*, 2000; CUTTER *et al.*, 2003; CUTTER, 2011), ainda que o assunto seja mais complexo do que eles tendem a fazer parecer. No tocante a isso, seja registrado, de passagem, que os autores que lidam com o tema da vulnerabilidade diante do risco de ocorrência de desastres e outros problemas ambientais tendem a circunscrever sua atenção a variáveis socioeconômicas e demográficas, tais como renda, etnia/"raça", faixa etária e gênero, o que é empobrecedor. Por mais que essas variáveis sejam indiscutivelmente relevantes e, além do mais, atraentes por estarem disponíveis com mais facilidade e muitas vezes até mapeadas, é um equívoco concentrar-se exclusivamente nelas, descurando variáveis de ordem sociopolítica. Estas últimas são de mais difícil manuseio, é verdade, mas podem ser decisivas: a vulnerabilidade de um grupo perante prováveis situações causadoras de atribulações e injustiça ambiental não depende apenas do percentual de pobres, idosos etc., mas igualmente de fatores como a cultura política local ou regional, as tradições de luta e resistência, o nível de conscientização política e o grau de organização popular.

social (processos que agravam ou ajudam a criar as condições para enchentes, movimentos de massa etc.), a vulnerabilidade, de sua parte, é essencialmente histórico-social: ela é o retrato do grau de exposição de uma população, e em especial de classes e grupos sociais determinados, a certos perigos e riscos, em função de sua pequena capacidade de se proteger ou evitar danos, nos marcos de fenômenos como segregação residencial, pobreza, pouco acesso à informação e incerteza, entre outros.

Os conceitos de risco e vulnerabilidade têm sido comumente articulados com outro conceito-chave, o de *desastre*. Um desastre ambiental é um evento de dimensões trágicas (mortos e feridos, perda de patrimônio, danos à infraestrutura), capaz de provocar interrupções e distúrbios sérios no quotidiano em escala local ou supralocal. Quando falamos em desastres, evidente deveria estar que nos referimos a tragédias humanas — mas sem ignorar a responsabilidade humana no sofrimento eventualmente imposto a outros seres vivos. Um evento como a queda do meteorito que provocou a extinção dos dinossauros 66 milhões de anos atrás não foi um "desastre" (a não ser, por óbvio, para os dinossauros...), mas sim um fenômeno natural como outro qualquer, dado que os seres humanos não foram vítimas e nem sequer testemunhas. Como bem salientaram William Freudenburg e colaboradores em sua análise do furacão Katrina, que assolou Nova Orleans em 2005,

> [n]ós não estamos falando de acontecimentos "naturais" aqui em nenhum dos sentidos familiares do termo. Nós estamos falando de seres humanos — de seus pontos fortes e suas fragilidades, seus recursos e limitações, suas resiliências e rigidez — e de constructos humanos. Se o Katrina tivesse aterrissado em uma costa deserta em outro lugar do mundo — se ele tivesse arrancado árvores, remodelado o próprio solo e redesenhado os contornos do litoral e, enfim, reorganizado a paisagem —, poucos (ou nenhum) dos que reportassem a notícia teriam considerado isso um "desastre".[68] FREUDENBURG *et al.* (2009:6)

68. Em inglês, no original: "[w]e are not speaking of 'natural' happenings here in any of the familiar meanings of the term. We are speaking of human beings — their strengths and fragilities, their resources and limitations, their resiliences and rigidities — and human constructs. If Katrina had made landfall on an unoccupied shore somewhere else in the

Ademais, para além do sentido sugerido por Freudenburg e seus colaboradores na citação acima, os "desastres naturais", como são usualmente chamados pelos cientistas naturais, engenheiros e grande mídia, em larga medida *não* são naturais. Conquanto essa afirmação possa causar estranheza à primeira vista, basta que consideremos o seguinte: muito embora processos como desmoronamentos e deslizamentos ou enchentes ocorram também sem a presença humana, é justamente um conjunto de interferências (desmatamento de encostas, interrupção da drenagem, impermeabilização desenfreada de superfícies etc.) que muitas vezes potencializa e catalisa os desastres. Isso sem contar que os "eventos climáticos extremos" vêm se tornando mais frequentes pelo mundo afora como provável resultado de uma mudança climática global que é ela mesma, ao menos em grande parte, antropogênica. Até mesmo fenômenos completamente naturogênicos como erupções vulcânicas e terremotos, ao originarem desastres, não o fazem sem a intermediação de elementos sócio-espaciais, como a distribuição das classes e grupos sociais no espaço, a infraestrutura técnica e social instalada, os dispositivos e as estratégias de prevenção e mitigação e o conjunto da organização espacial. Apesar da persistência de um olhar tecnicista (e tecnocrático) e naturalizante, ainda hoje muito disseminado entre engenheiros e cientistas naturais (e pelo senso comum), os estudos sobre desastres, felizmente, há muito tempo começaram a avançar para uma compreensão profunda de como eles são socialmente condicionados e produzidos. Desde que o geógrafo Kenneth Hewitt organizou e publicou o verdadeiro marco que foi o livro *Interpretations of Calamity from the Viewpoint of Human Ecology*, no início da década de 1980 (HEWITT, 1983), uma rica e variada literatura surgiu, explorando precisamente o tema da "não naturalidade" e das dimensões sociais dos desastres e do risco.

Gustavo Wilches-Chaux expôs com uma clareza meridiana a relação entre desastre, risco e vulnerabilidade por meio de uma analogia:

---

world — if it had uprooted trees, gouged up the land itself, redrawn the contours of the coastline, and otherwise rearranged the landscape — few if any reporters of the news would have considered it a 'disaster'."

[V]amos nos colocar no papel de um cidadão que destelhou seu teto para fazer reparos, com o que sua casa se tornou temporariamente vulnerável ao fenômeno da chuva (risco). A probabilidade de uma chuva cair durante o tempo em que a casa não tem um teto (probabilidade que se manifesta em nuvens negras e trovões nas proximidades) constitui uma ameaça para o cidadão. A ocorrência efetiva do aguaceiro nesse meio-tempo irá transformá-lo em um desastre. A intensidade deste (isto é, os danos que venha a ocasionar) dependerá da magnitude (quantidade de água, duração) da chuva e do grau de vulnerabilidade da casa (parte da casa que está sem telhado), assim como do valor e da quantidade de bens expostos ao risco (maior será o desastre se a biblioteca estiver ao relento do que se estivesse no guarda-roupa):

Risco x vulnerabilidade = desastre

Se exatamente a mesma chuva (risco) cair no momento em que a casa tiver o teto adequadamente acomodado (vulnerabilidade = 0), simplesmente não haverá desastre:

Risco x 0 = 0

(Como a casa não é vulnerável, o risco perde seu *status* como tal).

Se a casa estiver completamente sem telhas (isto é, é vulnerável a risco), mas a chuva não ocorrer (risco = 0), também não haverá desastre:

0 x vulnerabilidade = 0

(Neste exemplo específico, embora o risco não tenha ocorrido, a vulnerabilidade ainda é válida na medida em que existe a possibilidade de que isso ocorra).

O conceito de vulnerabilidade, por definição, é eminentemente social, pois se refere às características que impedem que um determinado sistema humano se adapte a uma mudança no ambiente. (WILCHES-CHAUX, 1993:n.p.)[69]

69. Em espanhol, no original: "[P]ongámonos en el papel de un ciudadano que ha destejado su techo para efectuar unas reparaciones, con lo cual su casa se ha vuelto temporalmente vulnerable frente al fenómeno del aguacero (riesgo). La probabilidad de que caiga un aguacero durante el tiempo en el cual la casa carece de techo (probabilidad que se manifiesta en negros nubarrones y truenos cercanos) constituye una amenaza para el ciudadano. La ocurrencia efectiva del aguacero en ese tiempo, lo convertirá en un desastre. La intensidad del mismo (es decir los daños que produzca) dependerá de la magnitud (cantidad de agua,

De um ponto de vista marxista, a geógrafa mexicana Georgina Calderón Aragón, provavelmente irritada devido aos marcos teóricos "sistêmicos" e algo funcionalistas do autor, critica a metáfora da casa e de seu teto fornecida por Wilches-Chaux, considerando-a inadequada por utilizar uma analogia com uma situação individual e muitíssimo mais simples para explicar um fenômeno social complexo (CALDERÓN ARAGÓN, 2001a:73)[70] Ora, essa objeção, por um lado, merece a nossa atenção, devido ao perigo de se confundirem níveis de complexidade muito distintos; por outro lado, todavia, a crítica não é totalmente pertinente. A vantagem de uma metáfora não reside, justamente, em seu valor didático? E não é óbvio que sempre devemos encarar as analogias com a devida cautela?

Apesar disso, o trecho reproduzido merece ser acompanhado de uma advertência e uma ressalva. A advertência não passa de um lembrete, para evitar que sejamos induzidos a confundir a fonte da ameaça (o aguaceiro enquanto fenômeno concreto, ou *perigo*) com o risco propriamente dito (a probabilidade de chuva), uma vez que, em sua exposição, Gustavo Wilches-Chaux não distingue muito nitidamente entre uma coisa e outra, sempre empregando a palavra "risco". A ressalva propriamente dita deriva da última frase de Wilches-Chaux: "[o] conceito de vulnerabilidade, por definição, é

---

duración) del aguacero y del grado de vulnerabilidad de la casa (porción de la casa sin techo), y del valor y cantidad de los bienes expuestos al riesgo (mayor será el desastre si estaba descubierta la biblioteca que si estaba en el patio de ropas):
Riesgo x vulnerabilidad = desastre
Si exactamente el mismo aguacero (riesgo) cae en un momento en el que la casa tiene el techo debidamente acomodado (vulnerabilidad = 0) sencillamente no habrá desastre:
Riesgo x 0 = 0
(Al no ser la casa vulnerable, el riesgo pierde su condición de tal). Si la casa está totalmente destejada (o sea, es vulnerable al riesgo) pero el aguacero no llega a producirse (riesgo = 0), tampoco habrá desastre:
0 x vulnerabilidad = 0
(En este ejemplo concreto, aunque no se haya producido el riesgo, la vulnerabilidad sigue vigente en la medida en que exista la posibilidad de que se produzca).
El concepto de vulnerabilidad, por definición es eminentemente social, por cuanto hace referencia a las características que le impiden a un determinado sistema humano adaptarse a un cambio en el medio ambiente."

70. Em um artigo publicado no mesmo ano, interessantemente, essa objeção não chegou a ser manifestada pela autora, a qual, assim como em seu livro, também no artigo reproduz *in extenso* o trecho em que Gustavo Wilches-Chaux expõe sua analogia (CALDERÓN ARAGÓN, 2001b:n.p.).

eminentemente social, pois se refere às características que impedem que um determinado sistema humano se adapte a uma mudança no ambiente." A ênfase exagerada ou um tanto enviesada na capacidade de adaptação a uma mudança no ambiente pode desarmar perigosamente o nosso espírito, levando-nos a valorizar excessivamente a noção de *resiliência* em detrimento da de *resistência*.

Podemos, sobre isso, retomar o diálogo com Georgina Calderón Aragón, pois ela embirra, e não sem razão, com o conceito de "resiliência", que vem despontando nos últimos anos como um dos mais utilizados nos estudos sobre desastres (CALDERÓN ARAGÓN, 2011). Mais uma vez, Calderón Aragón tem razão ao apontar um exagero e um perigo: ao contrário do que pretendem alguns pesquisadores, para os quais a ideia de resiliência estaria em vias de tornar parcialmente ultrapassada a de vulnerabilidade, aquela primeira ideia (importada da Ciência dos Materiais, da Psicologia e da Biologia), referindo-se à capacidade de um grupo de adaptar-se a condições de estresse e superar adversidades, não ultrapassa ou substitui o conceito de vulnerabilidade, cuja vocação é evidenciar o quadro de fragilidade relativa de um grupo social em decorrência de assimetrias socais menos ou mais profundas e desigualdades menos ou mais estruturais. Além disso, a geógrafa mexicana acerta ao alertar para a armadilha de apostarmos demasiadas fichas em um conceito como o de resiliência, que se presta a ser manipulado ideologicamente para incutir uma mentalidade de conformismo, de acomodação, segundo a qual o que importaria seria, acima de tudo, saber superar as adversidades para, em seguida, "retomar a vida normal" nos marcos do *status quo*, em vez de se mobilizar para que o *status quo* (que produz vulnerabilidades e desastres) seja enfrentado e deixado para trás. Complementando a argumentação de Calderón Aragón, devemos sublinhar que não é apenas o conceito de vulnerabilidade que não pode ser aposentado: a ideia de *resistência,* conforme se entreviu no parágrafo anterior, tampouco pode ser descartada sem enorme prejuízo. Conseguir "se recuperar" e até mesmo saber "se acomodar" e "se ajustar", virtudes implicitamente enaltecidas pela noção de resiliência, não devem ser desvalorizadas aprioristicamente, dado que podem ser essenciais em muitas circunstâncias, mas tampouco e muito menos se deveria abrir mão de valorizar a capacidade e a disposição de resistência em face dos processos sociais que deflagram, engendram ou ajudam a fabricar desastres.

Cabe frisar, de qualquer maneira, que também a propósito da ideia de resiliência Calderón Aragón parece exagerar um pouco: será que ela seria, de *per se*, ideologicamente torta, devendo ser completamente abandonada? Encarada sóbria e cautelosamente como um *complemento* do conceito de vulnerabilidade (bem como do de resistência), não há razão para não considerá-la útil: afinal de contas, é importante descrever e analisar as condições em que um grupo humano, uma vez afetado por um desastre, busca e consegue reconstruir seu quadro de vida — muito embora seja fundamental, de um ponto de vista socialmente crítico, não se deter aí, procurando, com efeito, investigar em que medida e de que maneira o grupo humano em questão ou alguns atores específicos protagonizarão, amparados por uma percepção mais aguda do desastre e de sua própria vulnerabilidade, tentativas de promover mudanças sócio-espaciais mais profundas. Note-se, aliás, que nem todos aqueles estudiosos que se valem do termo "resiliência" o fazem a partir de uma perspectiva conservadora: definitivamente, esse não é, apenas para ilustrar, o caso de FREUDENBURG *et al.* (2009), e, a despeito de uma certa ambiguidade, tampouco é propriamente o de TIERNEY (2014). Muito menos eles sempre apresentam o conceito de resiliência como um sucedâneo do de vulnerabilidade; o livro de Tierney, por exemplo, valoriza bastante este último.

Risco e vulnerabilidade, juntos, deveriam nos remeter não somente ao conceito de desastre, mas sim, mais amplamente e em última análise, ao de *sofrimento ambiental*. Este é um conceito que vem sendo bastante utilizado por pesquisadores argentinos (vide, p.ex., AUYERO e SWISTUN, 2007 e 2008; ITURRALDE, 2015), e que suplementa magnificamente bem os conceitos de perigo, risco e vulnerabilidade. O sofrimento ambiental é causado por fatores ligados ao ambiente em que se vive, trabalha ou circula, como a contaminação do ar, da água e do solo por poluentes. Inspirados precisamente em uma situação desse tipo, a da Villa Inflamable (favela na Grande Buenos Aires), Javier Auyero y Débora Swistun propuseram compreender como *sufrimiento ambiental* "uma forma particular de sofrimento social causada pelas ações contaminantes concretas de atores específicos" ("una forma particular de sufrimiento social causado por las acciones contaminantes concretas de actores específicos": AUYERO e SWISTUN, 2008:38). Entretanto, a menção a "ações contaminantes" parece demasiado restritiva, já que muitos fatores, para além da contaminação ou poluição, podem causar sofrimento ambiental: fenômenos como terremotos, tsunamis, desmoronamentos e deslizamentos, enchentes e acidentes nucleares ilustram muito bem esse ponto. Em outras palavras, o entendimento do que seja "sofrimento ambiental" necessita ser suficientemente plástico e maleável para abarcar toda uma panóplia de processos reais.

O sofrimento ambiental pode ser físico ou psíquico, e ir de um simples desconforto a enfermidades graves, mutilações e incapacitações permanentes, além de incluir os aspectos de sofrimento psíquico ligados, por exemplo, à circunstância de testemunhar desastres ou perder parentes, amigos e vizinhos em uma tragédia. O tipo de relação entre risco e vulnerabilidade que é válido para o conceito de desastre é igualmente válido para o conceito de sofrimento ambiental. Da mesma maneira como **D = f(R, V)** — ou seja, verbalmente, que um desastre (**D**) é função do risco (**R**) e da vulnerabilidade (**V**) —, assim também podemos considerar que **Sa = f(R, V)** (com **Sa** equivalendo a sofrimento ambiental). Na realidade, o conceito de sofrimento ambiental, de certa forma, engloba o de desastre, pois todo desastre ocasiona sofrimento ambiental, mas nem todo sofrimento ambiental tem por causa um desastre: o sofrimento pode ser dar por conta de um fenômeno lento, como a gradual contaminação por poluentes, ao passo que o desastre, na compreensão técnica usual, sempre designa um processo rápido, limitado no tempo e claramente discernível enquanto tal. Isso não impediu que uma interessante provocação tenha sido feita pela antropóloga Débora Swistun, a qual, em um dos artigos derivados de seu estudo sobre a contaminação do ambiente da Villa Inflamable, oferece uma formulação assaz interessante: "desastres em câmera lenta" (SWISTUN, 2015).[71] De toda sorte, para efeitos práticos — evitar confusões e facilitar a comunicação —, o termo "desastre", neste livro, está sempre associado a processos rápidos de degradação e destruição, ainda que seus efeitos sobre os seres humanos, outras espécies e (geo)ecossistemas sejam duradouros.

71. Outros autores, na verdade, já haviam utilizado a expressão "desastres em câmera lenta", mas, a meu juízo, sem explorar o assunto da contaminação ambiental de modo tão direto e sistemático.

Por entender o desastre como um caso especial e o sofrimento ambiental o fenômeno mais geral, deixei aparentemente de lado, no esquema da Fig. 11, os desastres, que a depender da situação podem estar subentendidos como parte do sofrimento ambiental. É óbvio, contudo, que, em tendo lugar um desastre, ele deverá ser investigado levando-se em conta especificamente o tipo de fonte de perigo que o ocasionou, e que muitas vezes é algo cuja dinâmica é totalmente distinta daquela de fenômenos que acarretam sofrimento ambiental lento e crônico (*mas nem sempre*: pode, por exemplo, acontecer uma contaminação rápida em um ambiente, digamos um rio ou baía, devido a um súbito derrame de óleo, água contaminada com metais pesados etc. devido a um "acidente" — aliás, outra ideia que não deve ser considerada sem o devido senso crítico...).[72]

Fig. 11: Encadeamento conceitual básico, do *perigo* ao *conflito ambiental.*

72. Ver, sobre isso, CALDERÓN ARAGÓN (2001a:47).

Quando chegamos nesse ponto, estamos prontos para iniciar a análise da dinâmica do *conflito*. O conflito é latente ou manifesto? Quais são os agentes envolvidos, e em que escalas atuam? Quem ganha e quem perde com a concretização das ameaças? Quem são os aliados e os adversários reais e potenciais? (Estas últimas questões serão melhor consideradas, inclusive em um plano metodológico, no próximo capítulo.) A tensão e por fim o conflito ocorrem como reação a um processo que desencadeou sofrimento ambiental, e que pode ser um desastre ou um processo lento (situação esta em que, por isso mesmo, o lapso de reação entre o sofrimento ambiental e o conflito tende a ser muito maior). Isso não quer dizer, todavia, que ao sofrimento ambiental *sempre* se seguirá um conflito, uma resistência, uma mobilização, uma indignação coletiva articulada. A percepção da realidade objetiva, isto é, do sofrimento e de seus prováveis fatores — ou, para dizê-lo de modo mais denso, a construção social da realidade —, será algo decisivo: a depender da matriz cultural ou do imaginário, do momento histórico e do lugar, fenômenos palpáveis e materialmente perceptíveis (como desconforto e doenças, óbitos, perda de patrimônio etc.) poderão ser interpretados de maneiras muito díspares. O próprio discurso dos supostos *experts* científicos pode amortecer tensões e diminuir a chance de conflitos. Na realidade, até mesmo a percepção de divergências entre cientistas pode ser motivo suficiente, uma vez devidamente exploradas, para gerar incerteza, apatia, desorientação e, na sequência, inação e desmobilização, como bem ilustrado por ITURRALDE (2015) em seu estudo sobre as reações dos moradores de um povoado argentino à contaminação ambiental gerada por uma indústria multinacional de pesticidas. Retornaremos a essa discussão sobre as condições culturais e social-psicológicas de emergência dos conflitos no **Cap. 4**.

• • •

Podemos definir aquilo que os anglófonos chamam de *waste dumping* (em uma tradução livre, atendo-se ao espírito da expressão: despejo inadequado e socialmente enviesado de resíduos) como as práticas de transferência e disposição final de resíduos tóxicos (industriais, domésticos, biomédicos ou nucleares) de um lugar para outro, e utilizando tecnologias controvertidas como incineradores, a fim de se beneficiar de leis menos duras, de fraca aplicação das leis existentes ou de um presumido fraco potencial de resistência dos residentes de um lugar específico. É isso que está esquematicamente representado na **Fig. 12**, sob a forma de exportação e importação de ecoestresse. Por certo que ninguém irá presumir que essa "importação" seja plenamente voluntária: ainda que alguns agentes (elites, políticos e funcionários estatais corruptos etc.) dos lugares de destino possam lucrar regiamente com ela, o fato é que isso prejudica seriamente a saúde e a qualidade de vida de populações inteiras, no longo prazo. O fenômeno do despejo de resíduos, que tem sido amplamente estudado a propósito do nível internacional (ver, p.ex., PELLOW, 2007), também pode ser observado e tem grande importância em relação a outros níveis escalares, incluindo o local. Na verdade, grande parte da visibilidade pública do problema tem estado vinculada desde o início à escala intraurbana: o movimento de justiça ambiental, que começou nos Estados Unidos para, mais tarde, espraiar-se internacionalmente e ser replicado, com adaptações, em muitos países, teve no *waste dumping* seu verdadeiro fulcro.

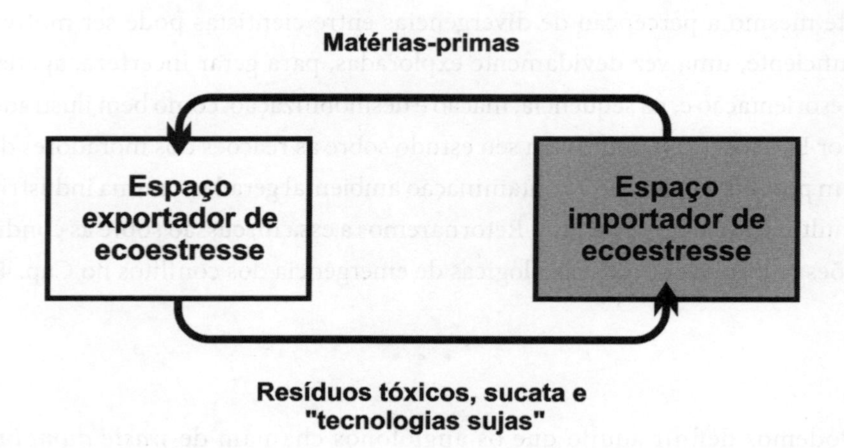

Fig. 12: Empurrando problemas para os outros:
a exportação/importação de ecoestresse.

Na escala local, a relação entre segregação residencial e despejo inadequado e socialmente enviesado de resíduos é muito evidente. Mas há ainda mais a dizer sobre isso. Como David Pellow resumiu, o racismo também é uma parte considerável do problema: reverberando o trabalho de Charles Mills sobre as conexões entre as imagens de pessoas de cor (*people of color*) e ideias como "barbárie", "sujeira", "imundície" e "poluição", ele chama a atenção para o fato de que "os próprios povos africanos são vistos por muitos brancos como uma forma de poluição, tornando assim muito mais fácil de conter resíduos industriais e poluição das fábricas em suas nações e bairros segregados"[73]; e como ele quase imediatamente acrescenta: "[i]migrantes, populações indígenas e povos de cor são vistos por muitos tomadores de decisão, políticos e ecologistas como fonte de contaminação ambiental; então, por que não colocar instalações nocivas e resíduos tóxicos nos espaços que essas populações ocupam ou relegar esses grupos a espaços onde a qualidade ambiental é baixa e indesejável?"[74] (PELLOW, 2007:97-98).

Nas brasileiras e latino-americanas, o despejo inadequado e socialmente enviesado de resíduos e seus vínculos com a segregação residencial não são menos perceptíveis do que nos Estados Unidos. Na realidade, mostrando padrões de desigualdade social e disparidades espaciais que são ainda mais brutais do que as dos Estados Unidos, essa relação muitas vezes ainda é muito mais nítida e dramática. A questão do racismo tem uma complexidade que varia de país para país e de região para região neste universo muito heterogêneo que é imprecisa e eurocentricamente denominado "América Latina"; mas, obviamente, está presente também aí. Seja o destino da parte dos pobres urbanos nas cidades brasileiras (principalmente aqueles fenotipicamente afrodescendentes, especialmente em certas regiões) que,

---

73. Em inglês, no original: "African peoples themselves are viewed by many whites as a form of pollution, hence making it that much easier to contain industrial waste and factory pollution in their nations and segregated neighborhoods."
74. Em inglês, no original: "Immigrants, indigenous populations, and peoples of color are viewed by many policy makers, politicians, and ecologists as a source of environmental contamination, so why not place noxious facilities and toxic waste in the spaces these population occupy or relegate these groups to spaces where environmental quality is low and undesirable?"

nos maiores centros urbanos, ganham a vida coletando lixo em "lixões"; sejam as pessoas derrogatoriamente chamadas de "*cabecitas negras*"[75] que, nas periferias e *villas* (favelas) de Buenos Aires, particularmente na bacia Matanza-Riachuelo, sofrem um enorme *sufrimiento ambiental* devido à contaminação do ar, da água e do solo com metais pesados: nesses e em muitos outros casos, o *waste dumping* está no cerne de um quadro de injustiça ambiental que muitas vezes é trágico nas cidades latino-americanas.

A **Fig. 13** retrata um quadro estrutural internacionalmente conhecido: aqueles que vivem em espaços segregados e, por serem os elos mais fracos na cadeia de poder em uma sociedade, não são portadores de nenhuma responsabilidade *mediata* significativa por decisões que eventualmente implicam práticas geradoras de impactos ambientais negativos, são também os mais vulneráveis e os que menos podem se proteger de poluição e desastres, além de serem, obviamente, os que menos lucram com as atividades que deixam a trás de si um rastro de destruição e degradação. Ao mesmo tempo, aqueles que, por viverem em espaços não segregados ou até mesmo autossegregados — condomínios exclusivos, *barrios cerrados*, *gated communities* ou seja lá que nome recebam em cada país ou cidade —, são os menos expostos a diferentes tipos de perigos e riscos, são também, potencialmente, os principais agentes responsáveis por decisões que geram ou reproduzem não somente degradação ambiental mas, mais especificamente, injustiça, além de serem, evidentemente, os que verdadeiramente ganham com todo o processo. Não se trata, aqui, de sugerir que os indivíduos, em si mesmos, sejam julgados como os únicos responsáveis pela perpetuação do quadro de injustiça ambiental; muito embora pessoas individuais sejam, em maior ou menor grau, imputáveis e responsabilizáveis por suas atitudes e decisões, faz-se mister compreender que existem processos impessoais em curso, em última instância em escala global: a dinâmica do sistema capitalista. Perante tais processos, as pessoas concretas, com toda a variabilidade de misérias e virtudes morais que apresentam, amiúde não passam de personagens substituíveis. Desempenham algum tipo de papel

75. Literalmente "cabecinhas pretas": são pessoas que têm cabelos negros e pele levemente escura, geralmente da classe trabalhadora; em geral, pessoas pobres com ascendência indígena.

estruturalmente "necessário", ou outros desempenharão em seu lugar. De qualquer maneira, é imprescindível identificar os diferentes grupos de agentes modeladores do espaço, suas práticas espaciais e suas posições na sociedade, para poder denunciar a obscenidade que reside em enxergar naqueles que carregam uma simples responsabilidade *imediata* (como moradores pobres que desmatam uma encosta para construir casas de uma favela, ou agricultores pobres que desmatam para obter lenha) os grandes culpados por determinados processos locais ou regionais degradação ambiental, ao passo que é deixado na sombra o papel dos atores que tomam as decisões de largo alcance e, principalmente, os processos econômicos e políticos que realimentam e condicionam, a todo instante, as decisões dos empresários, políticos e burocratas (acumulação capitalista, assimetrias internacionais de poder, mecanismos de cooptação e corrupção de agentes estatais etc.).

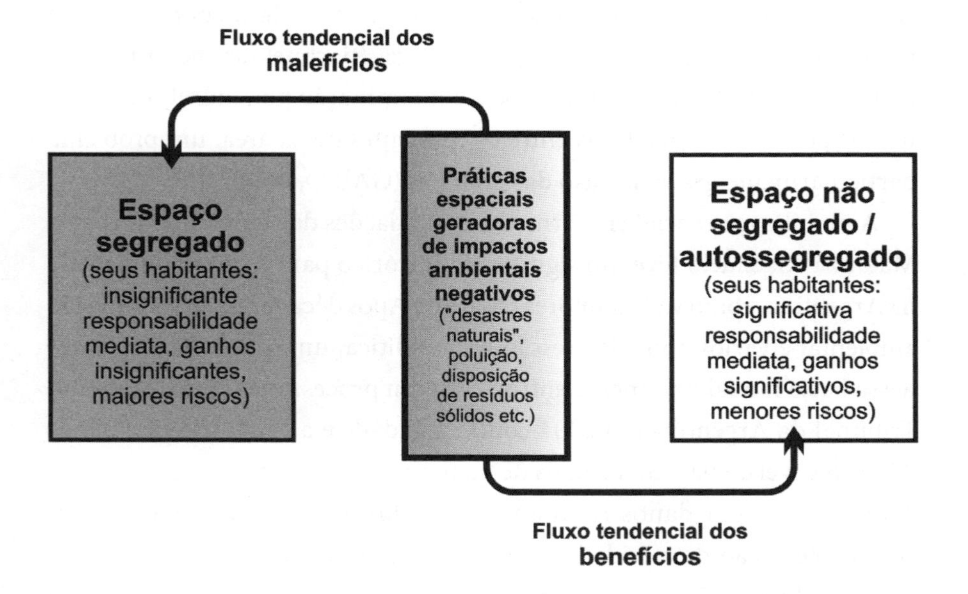

Fig. 13: A relação entre segregação sócio-espacial, atores sociais e práticas espaciais geradoras de impactos ambientais negativos: as perdas e os ganhos são inversamente proporcionais conforme o grupo social e o espaço.

Embora uma parcela considerável da literatura latino-americana sobre temas como a contaminação ambiental nas cidades ignore ou evite os vínculos entre problemas ambientais urbanos e segregação residencial, os autores que estão claramente comprometidos com uma perspectiva de justiça ambiental obviamente expressam suas preocupações com a contaminação do ar, da água e do solo no interior de marcos analíticos mais amplos e socialmente mais sensíveis. Os vários estudos realizados por pesquisadores argentinos sobre o caso emblemático de Villa Inflamable (município de Dock Sud, Grande Buenos Aires) e situações semelhantes podem ser mencionados aqui como ilustrações de um tratamento socialmente crítico e mais concreto de problemas ambientais urbanos (consulte-se, p.ex., MERLINSKY, 2013a; MERLINSKY, 2013b; SCHARAGER, 2016). Às vezes, até mesmo documentos oficiais fazem justiça às condições ambientais proverbialmente ruins que afetam a saúde de centenas de milhares de pessoas pobres na área da Grande Buenos Aires: um relatório publicado em 2014 pelo Auditor Geral da Cidade de Buenos Aires mostra com algum pormenor que muitas moradias localizadas na bacia Matanza-Riachuelo se encontram tão poluídas que as doenças causadas pela contaminação por chumbo e outros metais pesados são habituais entre os residentes dessa área, um problema particularmente grave no caso das crianças (GAISO, 2014).

A mobilização social em torno das atribulações dos habitantes da bacia Matanza-Riachuelo teve um significado histórico para as lutas ambientais na Argentina, como vários autores frisaram. Após décadas de contaminação ambiental e vários anos de pressão sociopolítica, um grupo de residentes dessa bacia fluvial finalmente entrou com um processo perante o Supremo Tribunal da Argentina em 2004 contra a Cidade e a Província de Buenos Aires, o governo nacional e mais de quarenta empresas privadas: exigiram compensação por danos resultantes da poluição da área da bacia, bem como a cessação de atividades poluentes e uma solução para a contaminação ambiental. Vários grupos da sociedade civil — tanto organizações de ativistas quanto ONGs — foram responsáveis por colocar o setor estatal e as empresas sob tamanha pressão, entre elas a Asociación Ciudadana por los Derechos Humanos, a Asociación de Vecinos de la Boca, o Centro de Estudios Legales y Sociales (CELS) e a Fundación Ambiente y Recursos

Naturales. Quatro anos depois, em julho de 2008, o Supremo Tribunal da Argentina emitiu uma decisão em que exigia que a Cidade e a Província de Buenos Aires e o governo nacional desenvolvessem e implementassem medidas para remediar a contaminação ambiental e evitar futuros danos. O problema ainda está longe de ser resolvido até o presente momento (2018), mas a decisão do Tribunal foi, de toda sorte, um divisor de águas do ponto de vista institucional.

Conquanto a maior parte da literatura sobre injustiça ambiental nas cidades latino-americanas seja relativamente recente, alguns estudos de caso e reflexões surgiram já na década de 1980. Duas das fontes de inspiração mais importantes para essas discussões iniciais sobre problemas e conflitos ambientais nas cidades da América Latina foram as favelas Vila Socó e Vila Parisi, ambas na cidade de Cubatão, no estado de São Paulo. Vila Socó, construída sobre palafitas em um manguezal e perigosamente localizada muito perto de um oleoduto que transportava o petróleo do porto vizinho de Santos para uma refinaria de propriedade da Petrobras, experimentou um enorme incêndio industrial em 1984. A favela foi engolfada por uma bola de fogo; entre cem pessoas (de acordo com dados oficiais) e mais de quinhentas (de acordo com outras fontes) perderam a vida e, na sequência da catástrofe, 2.500 pessoas ficaram sem casa, já que suas moradias foram devoradas pelas chamas. No mesmo ano, o geógrafo brasileiro Carlos Walter Porto-Gonçalves publicou um livro que inclui um breve ensaio sobre a tragédia (PORTO-GONÇALVES, 1984).

Vila Parisi também experimentou uma tragédia. Uma enorme quantidade de gás amoníaco foi liberada após um acidente com um gasoduto em 1985, e oito mil moradores tiveram que deixar suas casas (GUTBERLET, 1996:89). No entanto, os problemas de Vila Parisi não se restringiram a esse acidente histórico. Como vários autores mostraram, Cubatão e especialmente a Vila Parisi foram, durante muitos anos, no Brasil e, na verdade, em todo o mundo, símbolos de uma poluição atmosférica intolerável e dos problemas de saúde causados por ela, de doenças pulmonares a anencefalia (SPEKTOR *et al.*, 1991; GUTBERLET, 1996).

A ligação entre poluição e segregação residencial encerra uma ironia do destino. Embora muitas pessoas que vivem em áreas segregadas (geralmente periféricas) sofram de desconforto ou doenças causadas pela contaminação da água, do solo e/ou do ar, alguns grupos sofrem de forma especialmente intensa: crianças, mães que ficam em casa (e outras mulheres que não trabalham fora de suas casas), idosos e pessoas com deficiência passam quase todo seu tempo em seus bairros, no contexto de circuitos restritos que incluem o lar, a escola e o comércio local; isso significa que eles são muito mais expostos à contaminação local do que os adultos que trabalham longe de casa. Trabalhar longe de casa certamente não é uma bênção, pois trabalhadores que vivem na periferia de grandes cidades e metrópoles costumam passar várias horas espremidos em veículos de transporte público que são, geralmente, de baixa qualidade. Ainda assim, no que diz respeito à saúde, eles não são as pessoas mais afetadas quando seus lares não são apenas segregados, mas também poluídos, como é frequentemente o caso.

• • •

De um ponto de vista socialmente crítico, "proteção ambiental" permanece sendo uma expressão perigosamente vaga enquanto não for esclarecida adequadamente a questão de *qual* ambiente deve ser protegido, *como* e *em benefício de quem*. Um exemplo carioca vem bem a calhar como ilustração dessa tese.

No Rio de Janeiro, uma aliança pró-ambiente e ao mesmo tempo claramente antipopular vem se formando desde a primeira década do século XXI. Localizadas no coração da cidade, as encostas do Maciço da Tijuca marcam a paisagem de muitos bairros do Rio de Janeiro — desde as áreas privilegiadas da Zona Sul até muitas favelas. De enorme relevância é o fato de que o Maciço da Tijuca compreende um parque nacional, o Parque Nacional da Tijuca, criado em 1961 (**Fig. 14**). Com uma área de 39,5 quilômetros quadrados, ele é a maior floresta urbana replantada do mundo, e é o parque nacional mais visitado do país. A faixa de terra que corresponde à porção mais densamente povoada da zona de amortecimento do parque é, portanto, um perfeito "laboratório" para observar a instrumentalização (geo) política do discurso ecológico por parte de agentes direta ou indiretamente interessados em algum tipo de "limpeza étnica".

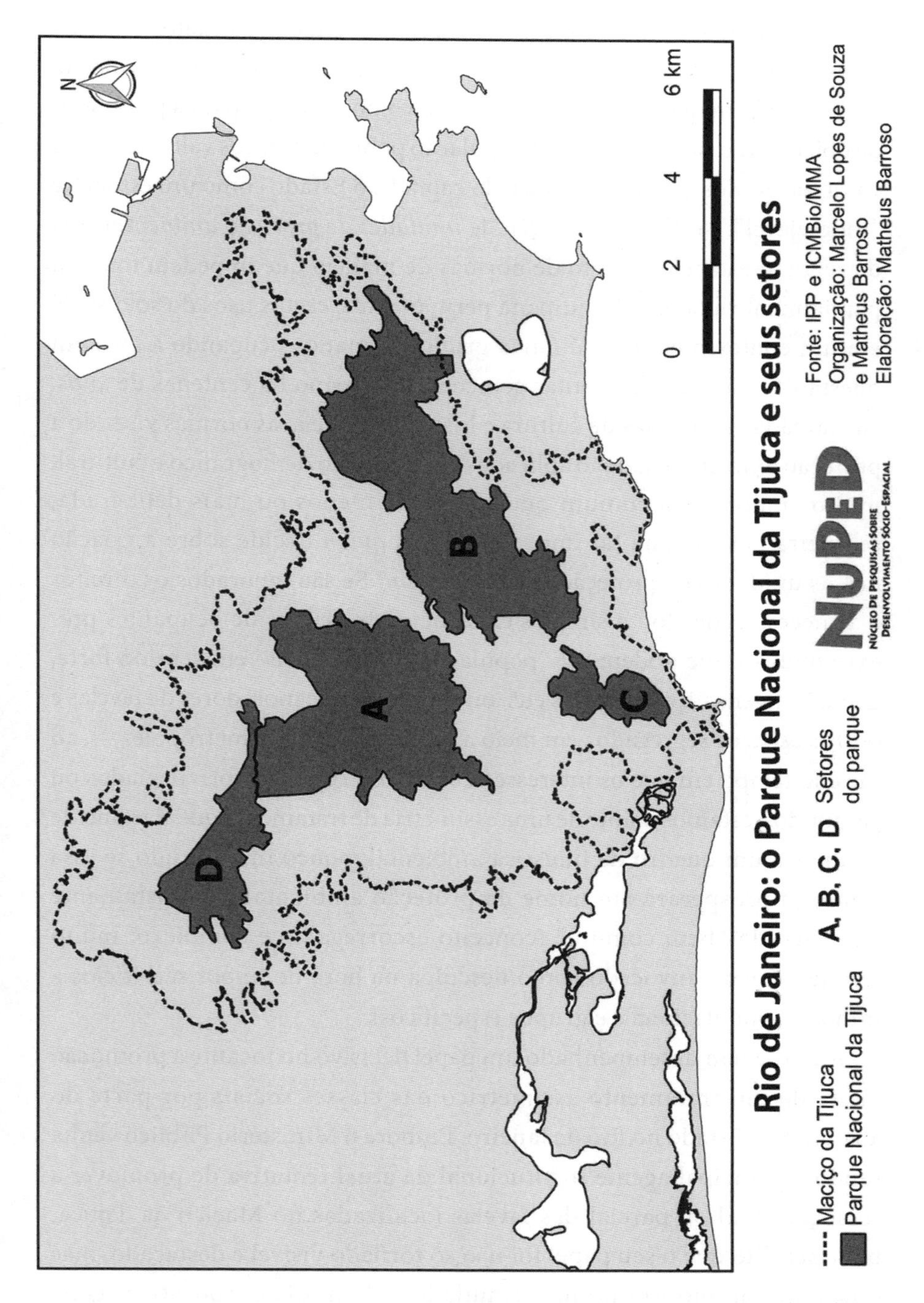

Fig. 14: O Maciço da Tijuca e, no seu interior, o Parque Nacional da Tijuca.

Um dos temas mais interessantes a serem discutidos no âmbito do debate a respeito da instrumentalização antipopular do discurso da "proteção ambiental", em que este passa a ser usado como desculpa para a promoção de objetivos como a remoção de população pobre de espaços valorizados ou valorizáveis nos quais ela é vista pelo capital e o Estado como um estorvo e "indesejável", é o tema da criação de *unidades de proteção ambiental*. Via de regra, o estabelecimento de normas de manejo que impedem total ou parcialmente a ocupação humana permanente e certos usos do solo se dá em um contexto em que *já havia* grupos humanos ocupando a área em questão — não raro há muitas gerações, ou mesmo há centenas de anos, em camadas sucessivas de cultura e história. Ou seja, as normas visando à proteção ambiental não são aplicadas em um vazio demográfico e cultural, muito embora seja comum que, de forma menos ou mais deliberada, se queira passar uma tal impressão. Ora, *quem* decide sobre a criação dessas unidades de proteção, e *com que fim*? Se são ignorados os direitos e as necessidades (ou a simples existência) de grupos de ocupantes pré-existentes — que podem ser "populações tradicionais" em sentido forte, como indígenas, quilombolas etc., ou simplesmente moradores de favelas e outros espaços segregados em meio a grandes cidades e metrópoles —, ao mesmo tempo em que os interesses de outros grupos são privilegiados ou garantidos, estamos diante de uma assimetria de tratamento que claramente configura um quadro de injustiça ambiental, pouco importando se essa injustiça prosperará em nome da proteção ambiental e supostamente a serviço do "bem comum" (conceito escorregadio e complexo, muito frequentemente invocado como desculpa na hora de impor sacrifícios a minorias populacionais e grupos específicos).

A mídia tem desempenhado um papel decisivo no tocante à promoção tácita de um tratamento assimétrico das classes sociais por parte do aparelho de Estado no Rio de Janeiro. Embora o Ministério Público venha sendo o principal agente institucional da atual tentativa de promover a remoção total ou parcial das favelas localizadas no Maciço da Tijuca, pode ser dito que o seu papel foi não só tornado visível e destacado, mas quiçá até mesmo um tanto estimulado pela mídia corporativa. Uma verdadeira cruzada tem sido empreendida pelo Ministério Público e pela mídia contra a permanência das favelas na zona de amortecimento do Parque Nacional da Tijuca, especialmente as pouco mais de dez que se localizam nos bairros tradicionalmente muito valorizados do Alto da Boa Vista e do Itanhangá.

Em 2006, o Ministério Público do Estado do Rio de Janeiro propôs uma Ação Civil Pública por improbidade ambiental (e pedido de reparação de danos), por considerar que o então prefeito do município do Rio de Janeiro, Cesar Maia, havia sido negligente no que tange às suas responsabilidades de zelar pela integridade do patrimônio ambiental da cidade. O documento que encaminha a proposição inclui comentários ao relatório técnico elaborado pelo GATE (Grupo de Apoio Técnico Especializado do Ministério Público), bem como trechos selecionados do referido relatório, além de menções a posicionamentos de outros órgãos públicos que, ouvidos pelo Ministério Público, supostamente corroborariam o diagnóstico e as recomendações do GATE e, por extensão, do MP-RJ (as vistorias teriam sido, aliás, acompanhadas por integrantes de órgãos como a Secretaria Municipal de Meio Ambiente, a Fundação GEO-Rio, que lida com risco geotécnico, e a Fundação Instituto Estadual de Florestas, entre outros). Um dos trechos extraídos do laudo técnico assevera que as vistorias realizadas em quatro dias do mês de novembro de 2005 "demonstram claramente a necessidade urgente de remoção das comunidades do Vale Encantado, João Lagoa, Açude, Fazenda, Biquinha, Ricardinho e a localizada na Estrada das Furnas, altura do nº 866", acrescentando, em seguida, que "[a]s comunidades existentes nas áreas vistoriadas apresentam o risco de se unirem, formando uma enorme ocupação irregular nos moldes da Comunidade da Rocinha" (MINISTÉRIO PÚBLICO DO ESTADO DO RIO DE JANEIRO, 2006:7).

O fato, de todo modo, é que os problemas não param aí. Várias outras afirmações, além de diversas lacunas, levam a que se possa dizer que a súmula das vistorias, segundo a análise do GATE, apresentada entre as páginas 8 e 29, prima pela superficialidade. Comentários sumaríssimos, paupérrima evidência técnico-científica pormenorizada, fotografias em geral pouco ou nada conclusivas: em suma, não se demonstra de maneira insofismável aquilo que se pretende provar, a saber, a necessidade de remoção total ou parcial das favelas supracitadas, além de algumas outras (Mata Machado, Tijuaçu, Agrícola, Furnas Estrada do Soberbo e Morro do Banco). Sobre o Vale Encantado, favela muito antiga e que se vem mostrando demograficamente estável há bastante tempo — em 2010, segundo o Censo Demográfico do IBGE, contava ainda apenas doze domicílios —, o documento afirma que "[n]o caso de não ocorrer o reassentamento destas famílias num curto espaço de tempo, poderá ocorrer a degradação deste vale e de grande extensão de Mata Atlântica" (pág. 9). Quanto à favela do Açude, um pouco maior (vinte domicílios em 2010), o documento, talvez diante da dificuldade de encontrar qualquer evidência sólida que pudesse ser usada para justificar o despejo das famílias residentes, socorre-se do argumento de que estaria a zelar pela própria segurança dos moradores locais, diante do fato de que uma árvore havia caído sobre uma casa dias antes da vistoria (um tipo de acidente que ocorre com frequência da cidade do Rio de Janeiro e em muitas outras, em dias de vendaval e ventos fortes); em face disso, a sintomática conclusão: "[a] comunidade possui aproximadamente quinze famílias, o que torna plenamente viável a sua remoção para comunidade consolidada no mesmo bairro". (Restaria saber o que se deveria entender por "comunidade consolidada no mesmo bairro", dado que todas as favelas, tidas por "ocupações irregulares", estavam e estão sob ameaça precisamente porque são indesejáveis no bairro.)

Já em fins de 2006, um "contralaudo", ou laudo técnico alternativo, assinado por um geógrafo e três arquitetos (um deles sendo, à época, vice-presidente da Federação Nacional dos Arquitetos, enquanto outro era vice-presidente do Sindicato dos Arquitetos e Urbanistas do Rio de Janeiro), chegou à conclusão de que o embasamento técnico utilizado para sustentar a referida Ação Civil Pública era bastante frágil:

> As várias ausências (de critérios, de método e de base conceitual) levaram o técnico responsável a perder-se em suas próprias iniquidades, formulando um conjunto de pré-julgamentos totalmente descolados da realidade social e desprovidos de elementos que permitam uma avaliação de viabilidade técnica e operacional, tanto dos eventuais processos de reassentamento, quanto de suas alternativas. Pela forma

como os argumentos são expostos, verifica-se que as comunidades foram simplesmente visualizadas e não vistoriadas. Afinal, qual é o critério para se remover ou reassentar casas ou comunidades inteiras em situação de risco ou dano ambiental? Como o técnico responsável conclui pelo maior ou menor grau de "consolidação" de uma comunidade, se não foi efetivado qualquer tipo de levantamento cadastral ou socioeconômico? O número de casas é um indicador adequado? Quantas famílias moram naquelas tantas casas? Quais relações sociais guardam entre si e com outras comunidades do bairro? Seria justo promover uma separação física de famílias que, muitas vezes, têm na proximidade um elemento de solidariedade que ameniza sua carência econômica? (FERREIRA *et al.*, 2006:11)

Conforme mencionado alguns parágrafos atrás, em 2006, de acordo com o Ministério Público, as favelas localizadas na zona de amortecimento do Parque Nacional da Tijuca, mais especificamente nos bairros do Alto da Boa Vista e do Itanhangá, estariam a expandir-se rapidamente, tendendo a coalescer e formar um único espaço, comparável à Rocinha (uma das maiores favelas do Brasil e a maior do Rio de Janeiro, cuja população, segundo dados do IBGE para 2010, seria de pouco menos de 70.000 habitantes, mas que já chegou a ser estimada em até 200.000 habitantes). Uma comparação de tais declarações e previsões com dados censitários e até mesmo com aqueles oferecidos pelo próprio Instituto Pereira Passos (IPP), da Prefeitura do Rio de Janeiro, deixa claro que o crescimento espacial de quase todas as favelas variou de nada a muito pouco ao longo de uma década e meia (1999-2013), conforme restou demonstrado por um monitoramento baseado em imagens de satélite realizado pelo IPP (ver SOUZA, 2016b:791-792). Não que inexistisse ou inexista qualquer desmatamento ou ameaça de desmatamento, e não que o assunto tenha de ser um tema-tabu para aqueles comprometidos com direitos humanos e justiça social; essa é, indubitavelmente, uma preocupação válida, inclusive porque a prudência ecológica e o aproveitamento das vantagens oriundas da presença da floresta podem beneficiar os moradores pobres. O que ocorre, para azar dos alarmistas, é que os dados disponíveis sugerem que a ideia segundo a qual as favelas da zona de amortecimento do Parque Nacional da Tijuca estariam a expandir-se rápida e calamitosamente equivale a um julgamento muito pouco realista, constituindo, pelo contrário, uma avaliação distorcida da realidade. Decorridos mais de dez anos desde que aquela previsão catastrofista foi proclamada, o cenário previsto está longe de se ter concretizado. Por isso, as "ameaças à biodiversidade" representadas por aquelas favelas, na sua maioria pequenas ou muito pequenas, parecem ser antes uma desculpa que um fato ou mesmo uma tendência inquestionável. Além disso, curiosamente, enquanto o Ministério Público e a mídia corporativa continuam sua cruzada antifavela, a ocupação residencial da classe média não é perturbada, mesmo nas situações em que ela ocorre perto de uma favela visada para remoção.

Uma vez que no Brasil, em contraste com os Estados Unidos, os promotores públicos não são escolhidos através de eleições, sendo, isso sim, funcionários de carreira selecionados através de concurso público, eles podem tentar responder basicamente apenas perante a própria consciência, embora não poucos deles tenham tentado atrair a atenção da mídia e da população por vários motivos. De sua parte, um prefeito ou governador deve levar em consideração de forma direta e forte, mesmo que apenas por puro cálculo político, os sentimentos, as necessidades e os desejos dos eleitores potenciais — e os habitantes das favelas são eleitores. À luz disso, não é difícil ver por que no caso do Maciço da Tijuca o Ministério Público tem sido recentemente um protagonista mais importante do que a própria Prefeitura no que diz respeito às pressões sobre os moradores das favelas, chegando ao ponto de pressionar e processar um (ex-)prefeito do município do Rio de Janeiro, o qual, de acordo com o Ministério Público, não fez o suficiente para proteger o meio ambiente da ameaça representada por assentamentos pobres e irregulares. No entanto, diversamente do que sugere essa interpretação, a Prefeitura vinha tentando, sim, conter a expansão das favelas, utilizando os altamente polêmicos "ecolimites" (cercas ou muros para cercar favelas) desde o início da última década, supostamente com a finalidade de proteger os remanescentes da Mata

Atlântica. O governo do Rio de Janeiro seguiu os mesmos passos, e sua tentativa de construir um muro em torno da maior favela do Rio de Janeiro, a Rocinha, terminou no que pode ser considerado um desastre de mídia e relações públicas para o então governador Sérgio Cabral em 2009: uma forte reação negativa veio não só da sociedade brasileira, mas também do exterior, por exemplo, das Nações Unidas. A lição que os políticos profissionais deveriam ter aprendido é que é necessária uma grande cautela na hora de discutir publicamente estratégias potencialmente percebidas como delicadas e polêmicas.

Decidi deter-me nesse exemplo carioca porque, segundo me parece, ele é didaticamente ilustrativo do problema representado pelo uso seletivo e até mesmo distorcido de argumentos e fatos para, em nome do "bem comum" — visto a partir de uma perspectiva eminentemente de preocupação com o "patrimônio natural", e dando-se atenção nula ou secundária a direitos humanos consagrados tanto constitucionalmente quanto em convenções internacionais das quais o Brasil é signatário, sem contar o próprio *Estatuto da Cidade*, a Lei Federal 10.257 de 2001 —, propor ações que apresentam nítida parcialidade, e que não conseguem esconder um conteúdo antipopular. Não se trata de julgar "reais intenções" ou interesses subjetivos, muitas vezes inescrutáveis, mas de ater-se às insuficiências e lacunas de linhas de argumentação e à falta de equilíbrio no momento de perseguir objetivos que, em si mesmos, podem ser legítimos (como a "proteção ambiental"), mas que devem ser avaliados em seu devido contexto, juntamente com outros objetivos que calibram ou qualificam os demais. Sem esses cuidados, a suspeita de tendenciosidade dificilmente poderia ser afastada.

O caso do Rio de Janeiro oferece um ótimo pretexto para que seja feito um breve excurso a respeito das "zonas de amortecimento" de áreas de proteção ambiental. O assunto da proteção ambiental e seu caráter eventualmente socialmente excludente e instaurador de situações de injustiça ambiental, de fato, nos remete às questões do propósito e da natureza das referidas "zonas de amortecimento" (*buffer zones* ou, simplesmente, *buffers*), que constituem tema importante e envolto em controvérsias.

Consta que as zonas de amortecimento fizeram seu aparecimento na década de 1940 nos Estados Unidos (KOZLOWSKY e PETERSON, 2015:79), e sua finalidade seria oferecer uma proteção adicional à área que se deseja proteger ambientalmente. Porém, ainda hoje se debate a respeito da função primordial de uma zona de amortecimento: fornecer uma camada protetora extra contra o "efeito de borda", amortecendo as influências negativas de processos exógenos, ou oferecer uma solução para o problema da transição de uso do solo que facilite conciliar as metas de proteção ambiental com os direitos e necessidades do entorno da área protegida? Nada impede que ambos os objetivos sejam perseguidos concomitantemente, mas tem sido comum que um ou outro seja posto em primeiro plano, com isso gerando-se uma polêmica. Isso tem a ver com o fato de que as visões de mundo que se aninham nos vários discursos ambientalistas ou ecologistas são múltiplas e às vezes antagônicas.

Consideremos a **Fig. 15**. A partir de uma perspectiva estritamente preservacionista, o exterior de uma área protegida representa ameaças, as quais podem ser amortecidas e filtradas mais eficazmente com o auxílio de um *buffer* **(15A)**. De um ponto de vista conservacionista convencional, tendente a ser flexível no que tange a conciliar necessidades humanas com proteção de espécies e (geo)ecossistemas, o próprio *buffer* será menos rígido, acompanhando o menor grau de proteção relativamente à área protegida em si **(15B)**.

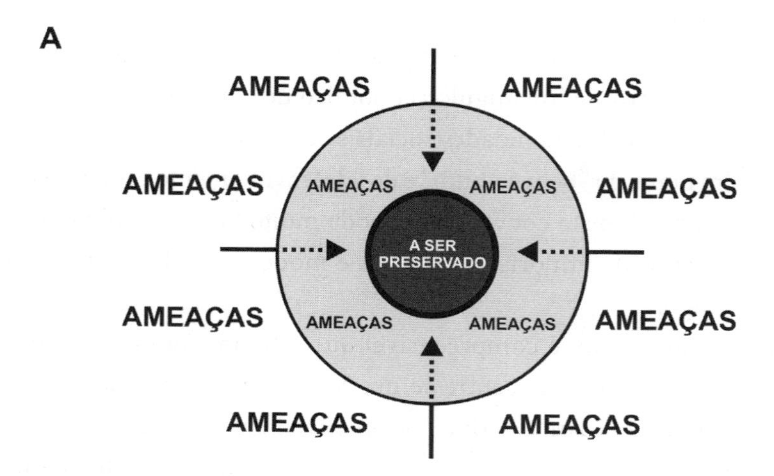

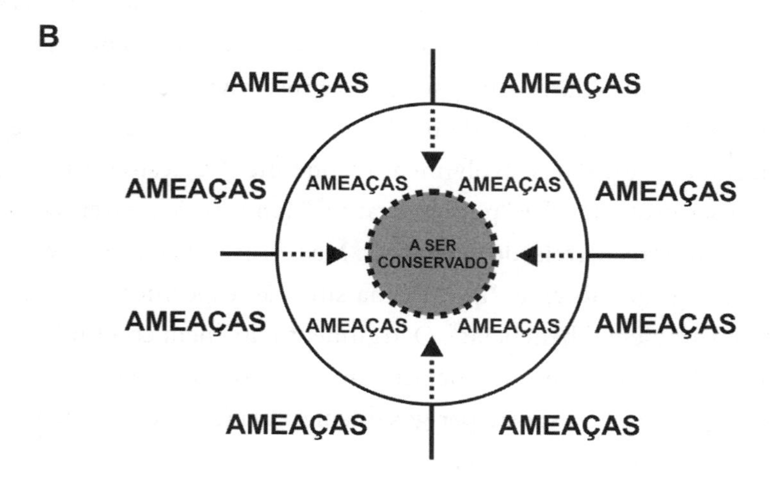

Fig. 15: Preservacionismo e conservacionismo: lidando de maneiras discordantes com as "zonas de amortecimento" de áreas ambientalmente protegidas.

Todavia, a própria visão conservacionista convencional apresenta sérias limitações. O conservacionismo convencional, "pinchotiano" ou ainda mais mercadófilo que isso,[76] vê na natureza recursos a serem protegidos

76. Gifford Pinchot (1865-1946), engenheiro florestal e político tido como o patrono do movimento conservacionista nos Estados Unidos, ao qual se credita, aliás, a cunhagem

e aproveitados para uso humano, mas o olhar costuma ser aquele que é típico do capital ou do Estado capitalista: "aproveitamento racional dos recursos" a partir de um ângulo econômico de considerações, sem que as necessidades e vulnerabilidades sociais sejam adequadamente levadas em conta. Em nome do "bem comum" e do "desenvolvimento econômico", uma ação conservacionista convencional pode muito bem agasalhar atentados contra direitos de minorias e culturas e modos de vida estabelecidos há muito tempo.

Em assim sendo, é compreensível que a literatura especializada em *buffers* e *buffering* se concentre acima de tudo nos *meios*, dentro de uma racionalidade instrumental: *como melhor proteger a biodiversidade e alcançar a preservação ou conservação?* Os problemas em torno dos *fins* tendem a ser trivializados e subestimados, já que a finalidade de uma zona de amortecimento seria ponto pacífico e já estaria ao menos implícita: dependendo do olhar, os fins seriam a preservação ou a conservação, no primeiro caso em nome da biodiversidade, no segundo em nome do "bem comum" e do "desenvolvimento econômico". Questões como "o que deveria ser protegido?" e "por qual razão?" tendem, por extensão, a soar quase incompreensíveis, de tão banais. Mas essas indagações se explicam à luz da seguinte dúvida: "*quem* cada situação específica e concreta de proteção ambiental beneficia?". O argumento do "bem comum", quando examinado de um ângulo socialmente crítico, mais parece um álibi conveniente e uma resposta perigosamente vaga (e às vezes ingênua) que uma justificativa convincente.

---

da expressão "ética da conservação" (*conservation ethic*), tem a sua imagem associada com frequência, atualmente, a um enfoque pragmático voltado para uma busca de compatibilização entre proteção ambiental e interesses capitalistas. Não obstante, o utilitarismo de Pinchot não guarda muita semelhança com a insensibilidade social tipicamente neoliberal de nossos dias: ele integrava a ala menos conservadora do Partido Republicano (que, durante muito tempo, foi menos reacionário que o Partido Democrata), tendo também ajudado a animar o Partido Progressista (*Progressive Party*) durante a curta existência deste (1912-1918). (A plataforma do *Progressive Party* incluía, entre outras medidas, o sufrágio feminino, a regulamentação do dia de trabalho de oito horas e o estabelecimento de um sistema de seguro social.) Gifford Pinchot, assim, pode ser talvez descrito como uma versão estadunidense de "social-liberal" com fortes preocupações ambientais.

As questões relativas aos *fins* do *buffering* nos remetem para além da *racionalidade* (mormente para além da racionalidade instrumental), levando-nos a abraçar a perspectiva mais ampla da *razão*. Esta abre espaço não somente para uma adequação entre meios e fins, mas para uma discussão política e ética em torno dos próprios fins.[77] Sem isso, ficamos como que desarmados, à mercê do tecnicismo e do racionalismo utilitarista mais estreito.

Os *buffers* foram sendo, em termos técnicos, concebidos de modo cada vez mais sofisticado. Como mostra a **Fig. 16**, alcançou-se a compreensão de que os fenômenos a serem protegidos não são entidades *discretas* (em sentido matemático), mas sim *contínuas*: ou seja, não há limites "cartesianos", lineares e abruptos (**16A**); o que há, em geral, são transições, nas quais as feições e os atributos de um (geo)ecossistema vão perdendo sua "pureza" e se enfraquecendo ou perdendo definição do centro para a periferia da área em questão (**16B**). Na realidade, as feições e os atributos de um dado (geo) ecossistema vão, aos poucos, se misturando ou intercalando com as feições e os atributos de outro (geo)ecossistema, gerando paisagens mistas ou de transição. Na Biogeografia, essas transições foram chamadas, como já se disse anteriormente, de ecótonos. Por isso, além de uma única camada de *buffer* (**16C**), tem sido proposta uma abordagem multicamadas, com um *buffer* interno (*inner buffer*) e um *buffer* externo (*outer buffer*), para melhor se garantir o amortecimento os efeitos das ameaças externas (**16D**).

Tudo isso é interessante e válido, do ponto de vista técnico-operacional. Mas a questão sobre quem, efetivamente, se beneficia da proteção ambiental, e até que ponto um *buffering* respeitará as necessidades e os direitos de populações que, não raro, possuem uma ligação ancestral com a área, preexistente à criação da unidade de proteção, permanece sem ser respondida — até o momento em que decidimos enfrentar a problemática da justiça ambiental sem tergiversações.

---

77. A distinção filosófica entre *racionalidade* e *razão* não atingiu, em português, o mesmo nível de aceitação e refinamento que se conseguiu, em alemão, mediante os termos que lhes correspondem: respectivamente, *Rationalität* e *Vernunft*. Assim como em alemão, tampouco em português a racionalidade precisa ser de tipo "instrumental" (*instrumentelle Rationalität*), mas a abertura para uma avaliação qualitativa e valorativa a respeito dos objetivos mesmos das ações se manifesta plenamente no conceito de *Vernunft*, do qual o vocábulo *razão* é um pálido equivalente. Para um tratamento especialmente extenso e profundo do conceito de *Vernunft*, consulte-se WELSCH (1996).

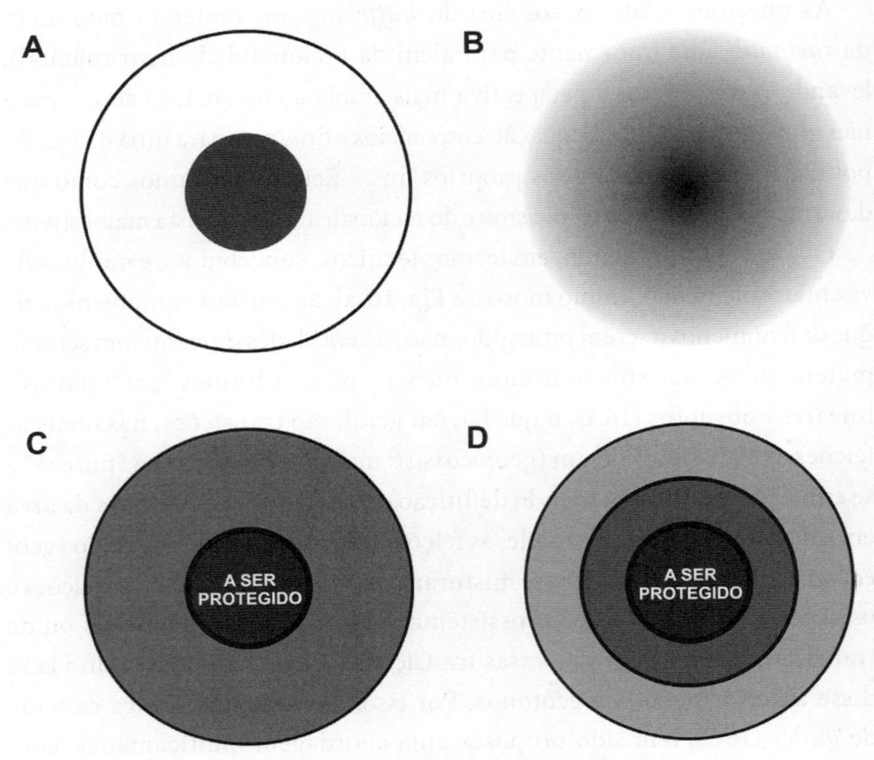

Fig. 16: As “zonas de amortecimento” de áreas ambientalmente protegidas e a questão das várias “camadas de proteção”.

Após esse breve excurso, seja retomado agora, de modo bem direto, o assunto das remoções de população em nome da “proteção ambiental”. Em um capítulo sobre “remoções verdes” (*green evictions*) em Nova Delhi, Asher Ghertner ressalta a “associação metonímica entre favelas e poluição” (“metonymic association between slums and pollution”: GHERTNER, 2011:146), o que pareceu legitimar para os tribunais indianos a “remoção de favelas como um processo de melhoria ambiental” (“slum removal as a process of environmental improvement”: GHERTNER, 2011:147). Aspectos como a desculpa ou alegação concreta em cada caso, o papel de órgãos específicos do aparelho de Estado e de outros agentes (mídia, residentes de classe média etc.) e a forma como as pessoas afetadas reagem às ameaças de remoção e “contenção” certamente irão variar de uma situação para a outra, mas uma coisa é certa: as "remoções verdes" ou os "despejos ecológicos" cada vez mais afligirão os espaços segregados e as comunidades pobres, muito particularmente nas cidades do assim chamado "Sul Global".

Um tipo interessante de "remoção verde" é o relacionado aos possíveis efeitos da mudança climática global. De forma semelhante ao que ocorre em relação aos problemas ambientais urbanos em geral, também no que concerne aos impactos presumíveis da mudança climática global nas cidades de continentes como América Latina, África e Ásia as conexões com a segregação residencial e a pobreza têm permanecido amplamente inexploradas por cientistas ambientais convencionais (e mais ou menos conservadores). Mesmo a Cidade do México, famosa por apresentar um dos piores quadros de poluição do ar no mundo (as Nações Unidas nomearam a capital do México "a cidade mais poluída do planeta" em 1992), foi às vezes analisada sem referência ao vínculo entre fábricas não regulamentadas, bairros pobres e doenças relacionadas com a poluição do ar na periferia da metrópole, enquanto o tráfego — indiscutivelmente um grande problema, o qual também merece considerações a partir de uma perspectiva mais ampla que a habitual — parece ser um pouco superestimado. Tais abordagens convencionais para problemas ambientais urbanos não se socorrem de um conceito adequado de *espaço social* (o espaço geográfico social e historicamente produzido) — e isso necessariamente inclui a (re)produção de desigualdade sócio-espacial. Como certamente se poderia esperar, também em relação aos cenários de mudança global o espaço geográfico não raramente tem sido levado em conta de um ponto de vista excessivamente abstrato em matéria de seu conteúdo social. No que se refere ao caso da Cidade do México, RODRÍGUEZ (2010) pode ser tomado como ilustração desse problema.

Independentemente da impressão dada pela "ciência da mudança global" de figurino despolitizado e tecnocrático, sempre houve uma conexão entre problemas sociais como pobreza e segregação residencial (ou em termos mais profundos, exploração e opressão devido à classe social ou "raça"/etnia), de um lado, e a vulnerabilidade social em face de desastres ambientais, como inundações e desmoronamentos e deslizamentos de terra, bem como problemas ambientais como a poluição ou a formação de ilhas de calor, por outro lado: quanto mais baixo o *status* social, maior a vulnerabilidade social perante os riscos ambientais. Sem mencionar o fato de que as catástrofes ditas "naturais" foram cada vez mais produzidas socialmente por meio do uso inadequado do solo, a superexploração de recursos, a falta de prudência ecológica, e assim sucessivamente. No entanto, no âmbito da mudança global aparentemente em curso, os chamados "eventos climáticos extremos" tornaram-se mais frequentes e graves, de modo que a vulnerabilidade, notadamente a dos pobres, tornou-se evidente como nunca antes. Esse tipo de ligação entre os problemas sociais e a mudança global induzida pelo ser humano é, todavia, *indireta*, e na verdade nunca podemos dizer com certeza quando e em que medida um fenômeno específico como um furacão ou tornado, uma inundação ou uma onda de calor está relacionado ao aquecimento global.

Uma conexão *direta* entre mudanças globais e uma maior vulnerabilidade social ou um maior sofrimento ambiental de grupos específicos é exemplificada pelo aumento do nível do mar e suas consequências potenciais. Em Xochimilco (um dos dezesseis distritos da Cidade do México), por exemplo, foram feitos planos para realocar os moradores de favelas cujas residências seriam supostamente afetadas por enchentes como consequência da mudança climática — só que, curiosamente, apesar do discurso a respeito da "vulnerabilidade em face da mudança global", apenas os chamados assentamentos irregulares seriam transferidos (CLIMATE HOME NEWS, 2015). A efetiva execução de tais medidas de remoção e relocalização corresponderia a uma violação inegável dos princípios de direitos humanos e justiça ambiental.

• • •

Embora possamos listar todo um conjunto de recursos ambientais facilmente definíveis como "vitais" a partir de algum ponto de vista, existe uma diferença entre os recursos que são vitais principalmente do ponto de vista dos governos e das grandes empresas e cuja importância geopolítica tem sido enfatizada há muito tempo — como o *petróleo* — e aqueles que o são do ponto de vista da população de uma maneira muito mais direta — como a *água*. A escassez de petróleo, obviamente, pode afetar a vida de milhões ou dezenas de milhões de pessoas de todas as classes sociais, se os sistemas de transporte e distribuição entrarem em colapso e o fornecimento de energia for cortado em um país específico, mas a maneira como o fardo dessa escassez é distribuído de acordo com as classes sociais seguramente mostrará sempre uma clara desigualdade: o petróleo tem sido diretamente relacionado aos interesses dos grandes negócios e dos agentes envolvidos com a "segurança nacional" (governos em geral e militares em particular), de modo que uma escassez aguda de petróleo não pode ser simplesmente tolerada; isso para não mencionar o fato de que, no caso de uma escassez acentuada de combustíveis derivados de petróleo, as pessoas ricas provavelmente seriam menos afetadas, pois podem pagar por alternativas a curto prazo, de uma forma que os trabalhadores pobres que dependem do transporte público simplesmente não podem. Em contraste com isso, a escassez ou a falta de água potável é um problema que atormenta muitos bairros pobres nas cidades dos países periféricos e semiperiféricos, uma situação que tem sido tratada com indiferença por parte do aparato estatal e das elites urbanas. Pelo menos até que ocorra um grave conflito, como a *Guerra del Agua* em Cochabamba em 1999-2000, e em El Alto (Grande La Paz) em 2005. Em outras palavras, enquanto a escassez de petróleo é geralmente apenas hipotética ou episódica, a escassez de água tem sido um problema crônico para os pobres.

O neoanarquista Murray Bookchin defendeu a tese de um "anarquismo pós-escassez", título de um esplêndido conjunto de ensaios que corresponde a um dos seus livros mais importantes, *Post-Scarcity Anarchism*. A seu ver, é uma possibilidade histórica a "perspectiva de abundância material para que todos possam usufruir — uma suficiência nos meios de existência sem a necessidade de trabalho diário extenuante"[78] (BOOKCHIN, 2004a:12), tanto quanto a escassez é um produto histórico: nenhum deles é um fato "natural".

78. Em inglês, no original: "prospect of material abundance for all to enjoy — a sufficiency in the means of life without the need for grinding, day-to-day toil".

De acordo com sua perspectiva, as tecnologias modernas poderiam libertar a humanidade do trabalho e do sofrimento, desde que fossem reestruturadas e recontextualizadas de uma maneira que as convertesse de tecnologias desenvolvidas pelo capitalismo em tecnologias verdadeiramente *liberatórias*, capazes de permitir espaço para relações sociais autenticamente humanas e vínculos equilibrados entre a sociedade e a natureza. No entanto, no contexto da heteronomia e especialmente em um mundo onde os eventos climáticos extremos induzidos pela ação humana provavelmente ocorrerão com frequência crescente e com efeitos cada vez mais devastadores, o espectro da escassez ainda nos assombra.

O neoliberalismo inaugurou um novo capítulo da muito antiga e longa história da escassez socialmente produzida. O acesso concreto a recursos vitais, como a água, tem sido cada vez mais mediado pelo "mundo da mercadoria". A *Guerra del Agua* em Cochabamba ocorreu quando a empresa municipal de abastecimento de água municipal foi privatizada, o que acarretou taxas de água mais caras para os cidadãos; essa "guerra" durou vários meses.[79] Em El Alto, como já foi dito, esse tipo de "guerra" ocorreu alguns anos depois. Na realidade, muitos protestos semelhantes ocorreram em todo o mundo (especialmente nas cidades do "Sul Global") como resultado de "programas de ajuste estrutural" impostos pelo Fundo Monetário Internacional e pelo Banco Mundial aos países (semi)periféricos, e para eles também concorreu a hegemonia da agenda neoliberal em geral. Dentro ou fora do contexto dos "ajustes estruturais", a privatização das empresas estatais é sempre um dos pilares das reformas neoliberais. E enquanto "mais eficiência" (argumento central da ideologia neoliberal) é um resultado muito incerto de tal processo, os custos mais elevados para os pobres são quase uma certeza.[80]

Na América Latina, a "era das privatizações" começou no final dos anos 1980 e início dos anos 1990. Um caso precoce e muito representativo foi o da privatização do abastecimento de água de Buenos Aires, em 1993. Depois

79. Uma excelente análise da situação de conflito em Cochabamba, bem como das estratégias comunitárias alternativas desenvolvidas pelos cochabambinos para o abastecimento hídrico, pode ser encontrada em LINSALATA (2015).
80. Vale a pena ver, quanto a isso, o sóbrio estudo de FURLONG (2010).

que a firma Aguas Argentinas (subsidiária da Suez, um dos gigantes globais da "indústria da água") se tornou proprietária da antiga empresa estatal, houve um enorme impacto sobre o preço da água: 88,2% de aumento entre 1993 e 2002, enquanto a inflação foi de tão somente 7,3% durante o mesmo período de tempo. Em Cochabamba, os preços mais altos após Aguas del Tunari (subsidiária da Bechtel, outro gigante do setor da água) assumir o controle do abastecimento de água em 1999 levaram à revolta popular acima mencionada. TOBÍAS (2016) forneceu uma análise interessante dos problemas relacionados ao acesso à água, como exemplificado por Buenos Aires, mostrando como a frustração com a privatização eventualmente levou à re-estatização do abastecimento de água. Seja como for, sua discussão sobre esse caso possui uma importância geral que vai muito além da situação específica de Buenos Aires, incluindo a conclusão de que a (re-) estatização não garante que o direito humano à água potável possa ser adequadamente protegido.

Não podemos negar que o desperdício de recursos, a corrupção e a ineficiência tenham sido muitas vezes — embora de forma alguma sempre — características de empresas estatais, particularmente em países (semi) periféricos. No entanto, a alternativa ainda pior (pelo menos para os pobres) representada pela privatização não é a única opção, e a hegemonia ideológica de uma esquerda estatista (sociais-democratas, marxistas etc.) nesse tipo de debate nos tornou cegos para o fato de que existem outras possibilidades para a gestão dos bens comuns além da oposição propriedade/gestão estatal *versus* propriedade/gestão privada. Além de formas mais antigas de propriedade e gestão comunal (ainda encontradas nas áreas rurais em muitos países e regiões), uma alternativa interessante tanto à privatização quanto à "nacionalização" (isto é, estatização) é o que Murray Bookchin chamou de "municipalização" (*municipalization*), entendida como uma forma não autoritária, radicalmente democrática de coletivização e controle popular sobre o fornecimento de infraestrutura e serviços (BOOKCHIN, 1995). A coletivização de baixo para cima tem sido parte do programa da esquerda não autoritária por gerações; disso dão testemunho, por exemplo, as coletivizações implementadas com sucesso pelos anarquistas na Espanha após a revolução de 1936. Em nossos dias, a "municipalização", pensada por Bookchin tendo em mente a realidade das grandes cidades e metrópoles contemporâneas, se afigura uma opção factível. Tudo dependerá, como sempre, da correlação de forças na sociedade, que pode ou não ser capaz de patrocinar essa solução.

De qualquer modo, se tomássemos a expressão "Guerra da Água", metonimicamente, como sinônimo de conflitos ambientais, poderíamos dizer que ela está em toda parte. A história se repetiu muitas vezes e em muitos lugares diferentes. Apesar disso, nem todos os *problemas* ambientais levaram ou conduzem a *conflitos* ambientais. De fato, as queixas e até as tensões relacionadas a problemas ambientais objetivos muitas vezes não provocam lutas sociais em um sentido forte, ainda que não sejam encaradas de maneira fatalista. A **Fig. 17** busca resumir essa situação complexa. A dinâmica básica mostrada na figura se aplica a outros tipos de conflitos sociais, mas as lutas ambientais apresentam uma peculiaridade: nem todos os conflitos que compreendem aspectos ambientais — por exemplo, mobilizações populares e comunitárias por saneamento básico e melhores condições sanitárias (parcialmente) deflagradas pelo aumento da incidência de doenças infecciosas e epidemias como a dengue — são automaticamente percebidas e classificadas como "conflitos ambientais".

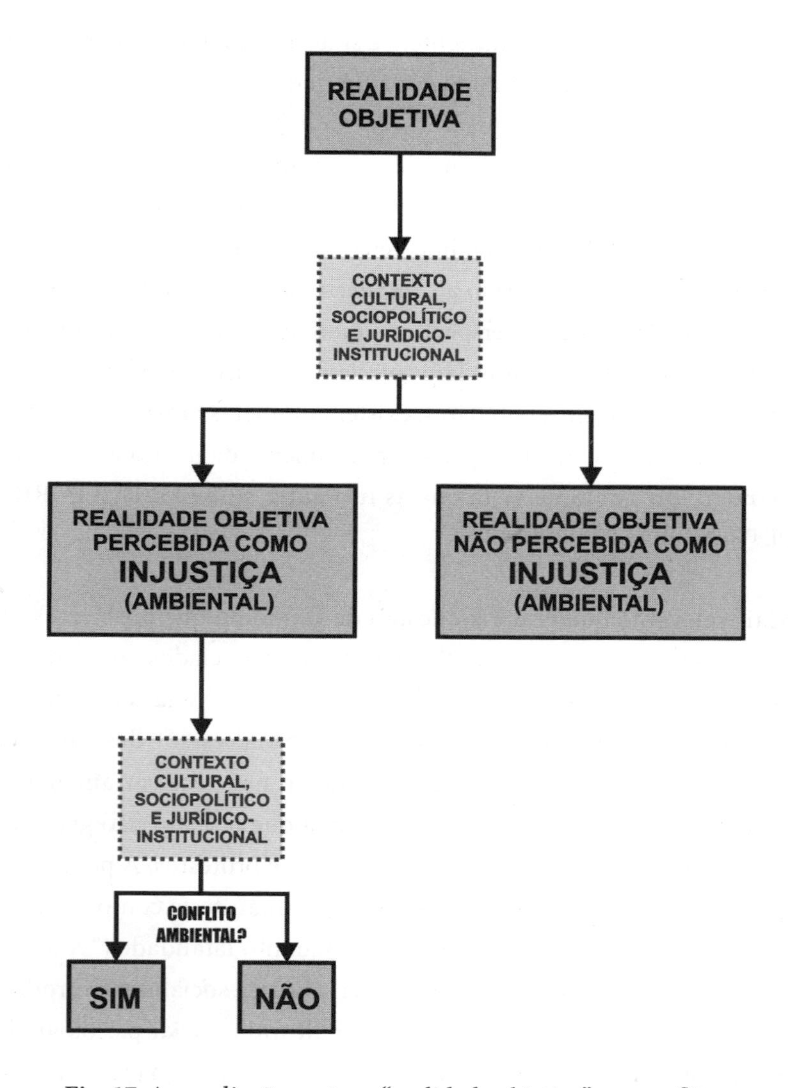

Fig. 17: As mediações entre a "realidade objetiva" e o conflito: transcendendo o objetivismo vulgar e o subjetivismo culturalista.

Acrescente-se, ademais, que um debate sem ambiguidade em torno da injustiça ambiental não é uma consequência necessária dos conflitos, nem mesmo naqueles casos em que estes são percebidos como "ambientais". A despeito do incremento de mobilização ao redor do tema na América Latina, conforme se verifica inclusive por sua visibilidade e sua repercussão acadêmicas para além do continente,[81] é sintomático que uma organização ativista argentina tenha afirmado em 2015 que

> [e]m nível regional, o horizonte da justiça ambiental teve um desenvolvimento desigual. Alguns autores apontam que "continua sendo um conceito político não totalmente estabelecido" (...). Conquanto na América Latina tenham sido alcançadas reformas constitucionais em conformidade com essa perspectiva, como nos casos do Equador e da Bolívia, elas não tiveram um claro correlato empírico. Por outro lado, da parte dos movimentos populares, existem inúmeras organizações que, mesmo que não se reivindiquem explicitamente da justiça ambiental, mantêm um ponto de vista que as liga entre si. (OBSERVATORIO PETROLERO SUR, 2015:12)[82]

Mais relevante que isso é a questão de fundo de que problemas objetivos e concretos, de algum modo sentidos e vivenciados como tal pelos indivíduos em seu quotidiano em função da incidência de doenças, do aparecimento e da persistência de sensações de mal-estar e desconforto, da ocorrência de tragédias, e assim sucessivamente, não necessariamente serão imputados a algum tipo de injustiça; e ainda que o sejam não gerarão, de maneira automática, indignação, mobilizações e protestos. A percepção de um problema ou conjunto de problemas que se manifesta como sofrimento e deterioração da qualidade de vida não enquanto fatalidade ("vontade de Deus", "destino" etc.), mas sim como uma injustiça socialmente produzida e evitável, depende de todo um contexto cultural e social-psicológico. Da mesma forma, uma vez havendo um sentimento de indignação, a tradução

---

81. Seja citada, para exemplificar, a coletânea *Environmental Justice in Latin America*, organizada por David Carruthers (CARRUTHERS, 2008).

82. Em espanhol, no original: "[a] nivel regional el horizonte de la justicia ambiental ha tenido un desarrollo desigual. Algunos autores señalan que 'continúa siendo un concepto político no plenamente establecido' (...). Si bien en América Latina se han logrado reformas constitucionales concordantes con esta perspectiva, como es el caso de Ecuador y Bolivia, estas no han tenido un claro correlato empírico. Por otro lado, desde los movimientos populares, hay un sinnúmero de organizaciones que, aunque no se embanderan detrás de la justicia ambiental, sostienen una perspectiva que las emparenta."

da indignação popular e das tensões em conflitos manifestos dependerá de vários fatores, com destaque para a cultura política, a conjuntura, o papel das instituições e o nível de organização da sociedade civil. Não há determinismo, seja econômico ou de qualquer outro tipo.

Vários autores (LOPES, 2004; ACSELRAD, 2010) argumentaram que a "ambientalização" dos conflitos sociais tem sido uma tendência no contexto da qual os problemas já existentes e até mesmo os conflitos são às vezes recontextualizados por diferentes motivos. Quanto à "injustiça ambiental", ela igualmente é uma construção social e histórica. Trata-se, em última instância, de uma dimensão da injustiça social em geral, conforme se argumentou no início deste capítulo, e nessa qualidade situações anteriormente vistas "meramente" como exemplos de injustiça social podem ser especificadas e classificadas como ambientais de acordo com as necessidades ou a conveniência política.

Uma vez que já roçamos várias vezes os conflitos ou lutas ambientais, sem que se oferecesse sequer o esboço de uma aproximação conceitual, está mais do que na hora de se fornecer um conciso esclarecimento sobre o ponto de vista adotado neste livro. Considerando que os conflitos serão enfocados, no próximo capítulo, sobretudo a partir de um ângulo metodológico, não há mal algum em se adiantar o assunto. O tema é mais espinhoso do que talvez pareça à primeira vista. Mas conquanto não poucos autores o evitem, não há como contorná-lo sem deixar uma séria lacuna.

São vistos, aqui, como ambientais em sentido forte, aqueles conflitos ou lutas *que envolvem a (re)apropriação social da natureza (no sentido de "natureza primeira"), incluindo a sua transformação material, o controle dos recursos e a sua valoração e ressignificação.* À luz disso, e para exemplificar, gargalos no sistema de transporte e tráfego, por possuírem uma evidente dimensão espacial, não deixam de ser, *lato sensu*, ambientais — dado que, como vimos no **Cap. 1**, o ambiente não deve ser reduzido ao "meio ambiente" —, mas em sentido estrito só o serão em certas circunstâncias, notadamente quando houver nítidas interfaces com desafios como a contaminação do ar e as ameaças à saúde. Isto posto, somos forçados a aceitar, como decorrência, que existem dois tipos de conflitos (e problemas) ambientais: *stricto sensu* e *lato sensu*.

De qualquer maneira, as fronteiras entre conflitos estrita e não estritamente ambientais podem ser bem fluidas. Podemos assumir que um debate sobre a segregação residencial não necessariamente é ambiental, estritamente falando, mas se torna assim ao ser a segregação associada à poluição e aos riscos à saúde da população. Igualmente podemos assumir que uma disputa sobre o uso do espaço e a manutenção de uma área verde no interior de uma metrópole se converte mais claramente em ambiental ao ser conectada com a qualidade de vida (incluída aí a saúde física e psíquica) dos usuários reais e potenciais, em vez de ter como foco único o direito de utilização do espaço para, digamos, a realização de atividades culturais e artísticas.

É lícito o leitor se indagar, agora, sobre a precisão de uma tal interpretação, desconfiando haver, nessa distinção entre o estrito e o amplo, alguma arbitrariedade. Afinal de contas, na própria realidade, em ambos os exemplos oferecidos no parágrafo anterior, o que observamos não é um ambiente complexo, uma "natureza segunda"? Além do mais, não estaríamos prestando excessivo tributo à faceta da "natureza primeira", e por extensão à desajeitada noção de "meio ambiente", ao nos aferrarmos a uma conceituação em sentido forte? *Sim* para a primeira pergunta, mas *não* para a segunda. A questão é que, sem uma certa demarcação, por mais cônscia de seus limites e de sua historicidade que seja, é fácil ver que *todo* conflito (ou problema) que tivesse uma evidente expressão espacial seria, logicamente, também "ambiental" — e essa qualificação perderia então qualquer especificidade, tornando-se um mero sinônimo de (sócio-)espacial. A partir de uma perspectiva que valorize não apenas a sofisticação intelectual, mas igualmente a inteligibilidade e a comunicação com o público, para não dizer a eficácia política, o resultado disso tenderia ao fiasco. A força do debate propriamente ambiental reside, exatamente, em *poder articular o processo de produção social do espaço à problemática da transformação material da "natureza primeira" em "segunda", da interferência (benigna ou maligna) nos "ciclos da natureza" e nas dinâmicas e nos processos geoecológicos, e, a partir daí, estabelecer os vínculos entre tais transformações e a qualidade de vida e a justiça social.* "Ambientalizar" um conflito ou luta, a rigor, significa, portanto, perceber ou enfatizar esse tipo de conexão. Deve ser notado e sublinhado, apesar disso, que preferir uma conceituação forte ou estrita a uma fraca ou ampla não implica qualquer concessão ao "naturalismo", pois mesmo na conceituação forte ora advogada não se reduz, claro está, o ambiente ao "meio ambiente" ou à "natureza natural".

Principalmente em contextos culturais fortemente ocidentalizados (mas não só!), enquanto existir injustiça ambiental, agressões contra os ecossistemas e os bens comuns e ameaças de esgotamento e degradação de recursos prejudiciais a maneiras de viver intimamente conectadas com um sentido de lugar e comunidade, os conflitos ambientais serão inevitáveis, seja em forma latente, seja de modo manifesto. As lutas ambientais abertas podem ser adiadas por meio da repressão e/ou da ideologia, mas elas acabarão ocorrendo mais cedo ou mais tarde. A única maneira estável e eticamente justificável de evitá-las é erradicar suas causas estruturais. Como Murray Bookchin argumentou há algumas décadas (vide BOOKCHIN, 1995), mesmo no "Norte Global" a *urbanização* capitalista foi e tem sido a antítese de genuínas *cidades*, uma vez estas sejam compreendidas como espaços que são símbolos de vida política e cultural densa e livre e também de diversidade cultural, e que, portanto, obviamente, não podem ser confundidas com as metrópoles e megalópoles atuais — gigantescas aglomerações demográficas, antiecológicas e geradoras de alienação, em benefício da produção e do consumo de massa capitalistas. O que é interessante é que, por outro lado, em continentes como a América Latina, a margem de manobra cultural para desenvolver alternativas à urbanização capitalista é provavelmente muito maior que na Europa ou nos Estados Unidos, apesar de os problemas e desafios materiais serem também muito maiores e mais agudos. Esse trunfo não deve ser subestimado.

4. Impactos e conflitos ambientais

O capítulo que ora começa é de natureza teórico-metodológica. Na verdade, acima de tudo *metodológica*; o componente teórico (e conceitual) aparece antes como suporte e contexto que como ênfase principal. Reflexões desse tipo, de cunho eminentemente operacional, não são muito frequentes quando se trata do estudo de conflitos e ativismos (socio)ambientais, e sugestões práticas a propósito de técnicas de análise e representação orientadas por uma perspectiva socialmente crítica podem ser tidas como escassas. Estas páginas procuram colaborar para preencher essa lacuna.

Enfrentar certas imprecisões e desafiar uns tantos silêncios (não raro, omissões deliberadas) teórico-conceituais e metodológicos exige uma dose de ousadia. O risco de mal-entendidos é grande, e a chance de algumas conversas terminarem antes de começar é ainda maior. Estamos diante de um campo minado. Ainda mais coragem é necessária para aqueles que, como os técnicos de órgãos estatais responsáveis pelo licenciamento ambiental, fazem face, no dia a dia, ao dilema de se contrapor a interesses poderosos, arriscando a carreira e o emprego, ou ser complacente, violentando a própria consciência.

A fim de exemplificar com uma situação brasileira, tomemos o modelo dos Estudos de Impacto Ambiental (EIAs) e Relatórios de Impactos Ambientais (RIMAs). Quem esperar encontrar nos EIAs e em seus documentos de comunicação e divulgação, os RIMAs, radiografias nítidas de *quem ganha* e *quem perde* com as atividades geradoras de impactos e com os efeitos dessas atividades, com menção clara a contradições sociais e a classes e frações de classe (ou a outros grupos sociais, definidos por outros critérios e tipos de clivagem, como etnia), quase sempre perderá seu tempo. Os EIAs/RIMAs são elaborados por firmas privadas de consultoria sob encomenda das próprias grandes empresas interessadas nas atividades presumivelmente geradoras de impactos negativos, o que por si só embute uma fragilidade, não sendo exagero, diante disso, prenunciar uma tendência de processos viciados desde a base. Quem arca com os custos gozará de uma capacidade de ingerência que não é difícil de imaginar. A isso se acrescentam outros tantos obstáculos nada infrequentes, como escassez de divulgação pública e participação popular minimamente consistente e pressões políticas para que os organismos estatais encarregados do licenciamento ambiental deem sua anuência e façam vistas grossas perante situações que o bom senso mandaria reprovar e sustar. Os profissionais sérios que acompanham de perto esse quotidiano têm, volta e meia, revelado o que se passa nos bastidores das negociações e dos trâmites formais, e há um bom tempo vêm se tornando disponíveis trabalhos que arrolam didaticamente, conquanto usualmente de maneira demasiado sucinta e/ou com restrita contundência, os percalços e as arapucas esperáveis nos processos de regulação e licenciamento ambiental (p.ex., SALVADOR, 2001; BASSO e VERDUM, 2006; ACSELRAD *et al.*, 2008:34-35, 119-120).

Constatar as crassas limitações da nossa realidade político-institucional e aceitar extrair as devidas lições não significa, porém, que o conteúdo deste capítulo possui um valor meramente "acadêmico", no sentido de um entretenimento intelectual inútil em termos práticos. Um livro como *Grande Carajás: planejamento da destruição*, publicado em 1989 pelo geógrafo Orlando Valverde (VALVERDE, 1989), é um caso deveras *sui generis*, pois, ainda que tenha tido origem em um relatório encomendado por uma grande empresa (Companhia Vale do Rio Doce/CVRD), não edulcora a realidade, não varre para baixo do tapete os principais problemas e não tenta minimizar os empecilhos, por mais que a linguagem seja sóbria e nada tenha de panfletária. A utilidade potencial de trabalhos desse tipo é imensa, conquanto não possamos esperar, em sã consciência, que os principais destinatários e usuários de exames aprofundados e propostas metodológicas ousadas, de um ponto de vista socialmente crítico — vale dizer, exames e propostas nos quais, com desassombro, se põe o dedo na ferida —, sejam o capital e, em condições normais de temperatura e pressão, os governos. Os principais destinatários e usuários hão de ser aqueles indivíduos e organizações interessados não em manter as coisas como elas são, mas sim em mudá-las radicalmente: os ativistas da sociedade civil, algumas vezes auxiliados por pesquisadores que são eles mesmos, em alguns casos, ativistas. A estes podem ser acrescentados, aqui e ali, dentro de determinados limites (como a defesa de leis que, por mais que relativizem certos privilégios em nome de um vago princípio de "função social da propriedade" e de uma suposta garantia de respeito aos direitos humanos, como na Constituição brasileira e no Estatuto da Cidade, amparam, em última instância, a propriedade privada e os demais pilares de uma sociedade capitalista), até mesmo alguns agentes do Estado, como muitas vezes os defensores públicos e eventualmente até mesmo promotores públicos e juízes, ou ainda, mormente em conjunturas políticas bastante favoráveis (que tendem a ser raras), uns tantos técnicos de certos órgãos do Executivo. Não há dúvida de que esses agentes do Estado, por excepcionais que sejam, haverão de estar antes orientados por um espírito de reforma que de revolução; ainda assim, os principais destinatários e usuários hão de ser, com certeza, espíritos valentes, estejam onde estiverem.

Trabalhos sobre "impactos ambientais", de relatórios técnicos a ensaios metodológicos, passando por estudos de caso com preocupações acadêmicas, obviamente lidam com o tema dos interesses divergentes e dos objetivos conflitantes; e é evidente que eles são numerosíssimos, vindo se acumulando já há várias décadas. Entretanto, desde que Luna Leopold e colaboradores publicaram, no início da década de 1970, sua já clássica sugestão metodológica para a avaliação de impactos ambientais, simbolizada pela famosa e universalmente empregada Matriz de Leopold (LEOPOLD *et al.*, 1971), trabalhos desse tipo quase sempre padecem de um grave defeito: mesmo quando detalham as atividades e os efeitos, tratam a sociedade como algo homogêneo ou, pelo menos, excessivamente simplificado. Assim como a literatura de algumas ciências da natureza (Geomorfologia, Geologia, Biologia etc.) costuma generalizar as referências às relações e influências sociais sob as rubricas "fator antrópico" e "ação antrópica" (bem como "o homem" e "a população"), da mesma forma os estudos de impactos ambientais, muito frequentemente coordenados por cientistas naturais e engenheiros, se utilizam de categorias vagas para se referir às relações e aos agentes sociais. Não se presta tributo, por desconhecimento teórico-conceitual ou enviesamento ideológico (presumivelmente, por uma mistura variável dessas duas coisas), ao fato de que estamos sempre diante de uma sociedade complexa e fraturada, com assimetrias estruturais de poder. Assim, em vez de classes e frações de classe, em vez de grupos sociais definidos e função de clivagens e linhas identitárias de cunho étnico-cultural, em vez de grupos de pressão e *lobbies*, os agentes sociais são representados por meio de algumas atividades localmente relevantes quanto aos impactos em questão. Com isso, os conflitos essenciais, que constituem o pano de fundo da situação local, são mascarados e terminologicamente diluídos. No lugar da luta de classes (com ou sem consciência de classe) e de sérios conflitos socais, surgem tensões cuja gravidade é artificialmente suavizada ao serem destacadas, de maneira mais ou menos asséptica, algumas atividades, em vez de *agentes* e seus *interesses diretos e indiretos*, suas *responsabilidades imediatas e mediatas*, as *conexões entre agentes locais e supralocais*, *a intensidade variável e mutável dos conflitos sociais*. O olhar técnico e submisso ao *status quo* substitui, assim, a análise exigente e não ingênua das relações sociais. Convertido em atividade técnico-econômica de cuja positividade econômico-social já se parte como premissa implícita ou explícita (restando somente proceder a possíveis "ressalvas"), o estudo de impactos ambientais, mesmo quando não é escandalosamente tendencioso, porque atrelado promiscuamente aos interesses do promotor das atividades geradoras dos impactos, muito frequentemente desempenha uma função ideológica ao despolitizar os conflitos ambientais e tratar de modo tecnicista e tecnocrático algo que não raro remete a lutas sociais profundas.[83]

---

83. A chamada "Avaliação de Equidade Ambiental" tem sido encarada como um instrumento alternativo à avaliação de impacto ambiental convencional (no Brasil, concretamente, os EIAs [Estudos de Impacto Ambiental] e RIMAs [Relatórios de Impacto Ambiental]), devido aos fartamente conhecidos defeitos e limites desta (LEROY *et al.*, 2011:13, 15; ACSELRAD *et al.*, 2008:34-35). Sua vinculação aos propósitos e ao espírito de defesa da justiça ambiental é evidente. Em última análise, de qualquer maneira, é de avaliação de impactos que se trata, também aqui — com a diferença (que faz toda a diferença) que não se faz de conta que os efeitos negativos de grandes intervenções no ambiente tenham

Assim como não é "o homem" ou "a sociedade", genericamente, que devasta e degrada os (geo)ecossistemas, mas sim agentes sociais específicos cujos papel econômico, *status* social, poder e influência são muito variáveis, também as disputas pelo uso do solo não são disputas entre atividades: são contendas entre grupos sociais. Tratá-las como meros atritos entre atividades seria tomar a forma pelo conteúdo, a aparência pela essência. Seria fetichizá-las. Lamentavelmente, o emprego das técnicas mais comuns para a avaliação de impactos costuma apresentar essa grave limitação. Mesmo que não se trate sempre de um defeito inscrito nos pressupostos operacionais de todas elas, quando examinamos as técnicas mais comuns, entre as quais a Matriz de Leopold é quiçá apenas a mais ilustre e difundida, constatamos que, do antigo e simples *checklist* até os procedimentos onerosos e/ou complicados como os modelos de simulação e o chamado Método Batelle, passando pela superposição de mapas e outros tantos instrumentos, quanto mais sofisticada a técnica, maior tende a ser a dificuldade de lidar com variáveis qualitativas, o que restringe bastante a possibilidade de utilização para uma adequada estimativa dos efeitos sociais. O *design* de várias técnicas é, ele mesmo, um bom indício da mentalidade tecnicista que a maior parte do tempo preside o seu uso efetivo, o que não significa que, uma vez recontextualizadas, não possam ter utilidade. Serão apresentadas, neste capítulo, algumas ferramentas comparativamente simples, mas que podem se provar valiosas para lidar com o aspecto social dos impactos de um modo que não sonegue informações sobre as relações de poder, os ganhadores e os perdedores.

Um primeiro problema, antes mesmo de esquadrinharmos conceitos e procedimentos metodológicos, já surge na hora de escolhermos nossa terminologia: impactos e conflitos *ambientais* ou, como preferem alguns, *socioambientais*? Principiemos pelos conflitos; um raciocínio análogo, mas com as suas especificidades, será depois empregado para discutir a ideia de impactos.

---

repercussões socialmente homogêneas. Seja lá como for, muito resta ainda por ser feito, em matéria de discussão e avanço metodológico de detalhe a esse respeito. Ainda que o aspecto da "avaliação de equidade" esteja incluído, nestas páginas, em um rol de preocupações teórico-metodológicas um pouco mais amplo, o cerne deste capítulo não almeja outra coisa que não colaborar para essa finalidade.

Um pouco de rigor e reflexão já deveria ser capaz de nos mostrar que a expressão "conflitos socioambientais", tão em voga no Brasil,[84] é *duplamente redundante*: em primeiro lugar, porque *todo conflito é social*; em segundo lugar, *porque a dimensão social já está embutida no conceito de ambiente, que não deve ser confundido com a sua redução "naturalista" a um "meio ambiente"*.[85] Ambas as afirmativas demandam, porém, explicações.

Quando se sublinha que "todo conflito é social", não se ignora que, em qualquer sociedade, há conflitos e atritos que são, na realidade, estritamente interpessoais, por mais que as atitudes e os comportamentos dos envolvidos (e seus desdobramentos) não possam compreendidos sem que se leve em conta o contexto macrossocial (econômico, cultural, político e jurídico), para além de aspectos propriamente psicológicos e individuais. Da mesma maneira, contudo, como nem toda ação é uma "ação social" (o ato de abrir um guarda-chuva quando começa a chover seria um reflexo individual até mesmo "instintivo", ainda que influenciado pelo comportamento dos outros, e não uma "ação social" [WEBER, 1995:416]), igualmente não é "social" o conflito entre dois adolescentes que se desentendem durante uma partida de futebol em um campinho, ou uma briga entre frequentadores de um bar por motivo de ciúmes. O conflito social, em sentido forte, nos remete à luta

84. Mas não de todo ausente de outras línguas, como o inglês (*socio-environmental conflicts*) e o espanhol (*conflictos socio-ambientales*).

85. Integro e sou cofundador de uma rede de pesquisadores que se chama Rede de Pesquisadores em Geografia (Socio)Ambiental/RP-G(S)A, mencionada nos agradecimentos que faço no início deste livro. A escolha desse nome, com essa grafia esquisita e que parece pedante e pouco prática, com o prefixo "socio" entre parênteses, é um reflexo das dificuldades de comunicação que todos nós enfrentamos ou inevitavelmente enfrentaremos. Se falarmos de pesquisa/conflitos/impactos/etc. "socioambientais", isso equivalerá a endossar não somente uma redundância, mas, indiretamente, a mutilação do conceito de ambiente; porém, abdicar completamente de utilizar o prefixo provavelmente condenaria a rede, de antemão, a ser vítima de um mal-entendido, por parte daqueles que não se dessem ao trabalho de se informar sobre seus princípios e propósitos: o de ser vista como um agrupamento de pesquisadores interessados apenas no "meio ambiente" e na "agenda verde", quando não adeptos de um preservacionismo tacanho. A fórmula "(socio)ambiental" foi um recurso escolhido para causar uma certa estranheza inicial, sugerindo-se, implicitamente, que há algum tipo de ressalva a ser feita a propósito do uso do prefixo em questão. Em todo o caso, recorrer a esse expediente estilístico nem sempre será possível, sendo desejável nos conscientizarmos de que apelar para o adjetivo "socioambiental" corresponde, na melhor das hipóteses, a uma postura defensiva, que acaba, desavisadamente, por endossar algo que deveríamos combater.

pela capacidade para agir ("agência" [*agency*], como gostam os anglo-saxões) em uma sociedade; ele gira, portanto, em torno do *poder* e de seu exercício (que não se restringe à dominação ou ao *poder heterônomo*, podendo ser, também, um poder exercido ou que se tenta exercer de maneira horizontal e radicalmente democrática, um *poder autônomo*). O conflito social, mesmo tendo a ver com indivíduos, e sendo por meio destes concretizado, consiste, em última análise, em um conflito entre grupos sociais (classes, etnias etc.) ou organizações.

A questão é que, na análise de problemas ambientais, suas causas e seus efeitos, os conflitos que realmente interessam serão, sempre, sociais, em sentido forte. Uma escaramuça por causa de um manancial de água ou situação de contaminação ambiental não nos interessará, primariamente, sob o prisma das peculiaridades psicológicas dos envolvidos, mas sim enquanto expressão de relações de poder na sociedade — por exemplo, de injustiça ambiental. Acrescentar o prefixo "socio" ao adjetivo "ambiental", por isso, é supérfluo, e equivale a gerar um pleonasmo: a dimensão social sempre está ali, pois o conflito não é outra coisa, ele mesmo, que não social.

Quanto à ideia de *ambiente*, por conta dela o qualificativo "socioambiental" adquire uma dimensão adicional de redundância. Não será demais, a esta altura, repetir o que foi dito no **Cap. 1**. Sabemos que é muitíssimo comum, nas línguas neolatinas ibéricas (espanhol/castelhano, português, catalão e galego), tomar "meio ambiente" e seus equivalentes (*medio ambiente* etc.) como sinônimo de "ambiente". Ocorre que "meio ambiente" é uma expressão que, tanto no âmbito do senso comum quanto do discurso técnico-científico, se refere à "primeira natureza" (a *physis* dos gregos antigos, a *erste Natur* da Filosofia da Natureza e do Romantismo alemães do início do século XIX), ou àquilo que o filósofo Cornelius Castoriadis chamou de "primeiro estrato natural" ("*première strate naturelle*": CASTORIADIS, 1975): uma realidade pré-social, no sentido de independer da sociedade humana e ser anterior a ela. Não que a sociedade e suas "mônadas biossociais", ou seja, cada espécime individual de *homo sapiens*, não seja também natureza; como bem disse o geógrafo anarquista Élisée Reclus, "o homem é a natureza tomando consciência dela mesma" ("l'Homme est la nature prenant conscience d'elle-même": RECLUS, 1905-1908: vol. 1, p. 4). A questão é que a "independência" e a "anterioridade" em tela se referem a dois fatos inegáveis: além de existir uma natureza não humana que é anterior ao *homo sapiens* e independe dele para existir (por mais que a sociedade capitalista, com sua tecnologia, venha transformando intensamente e extensamente a epiderme da Terra e até mesmo as suas condições atmosférico-climáticas, de maneira, aliás, altamente perigosa), há um "nível" ou "patamar" ontológico que exige dos sujeitos humanos cognoscentes estratégias de conhecimento desenhadas para analisar e compreender dinâmicas e estruturas físicas, químicas ou biológicas (ou, em outra escala, geoecológicas) que são ou devem ser, de vários modos, distintas das estratégias de conhecimento voltadas para a elucidação dos fatores, do significado e das implicações de relações sociais.

Entendido de maneira abrangente e rica, o ambiente vai muito além da "primeira natureza", do "meio ambiente": ele abarca a Terra como *morada humana* (e de todas as outras espécies vivas também, claro), e portanto inclui, não como simples "apêndice" ou "nota de rodapé", mas sim como traço fundamental, de um ponto de vista humano, a "segunda natureza" (o *nómos* dos gregos, a *zweite Natur* da Filosofia alemã), que é a natureza transformada e incessantemente retransformada pelas relações sociais — materialmente pelo processo de trabalho, mas nos marcos de uma cultura (ou imaginário) e de relações de poder. Por tudo isso, o "ambiente" que está em jogo, ao falarmos em conflitos, sempre é, sem sombra de dúvida, um ambiente menos ou mais hominizado. A *Pachamama* (= Mãe Terra, *Madre Tierra*) dos povos andinos precede a sociedade, mas, como se não bastasse ser ela mesma, enquanto ideia, uma criação social, resta o fato de que, para uma sociedade concreta, os desafios colocados — degradação e devastação, aproveitamento e uso ecologicamente prudentes do solo e dos demais recursos, riscos e catástrofes — se colocarão sempre através da mediação da cultura e da história.

Por conseguinte, é imperiosa a conclusão: os conflitos são *ambientais*, e ponto. Por que, entretanto, se disseminou aquela dupla redundância? Por que, mesmo quando desconfiam de que a expressão "conflitos socioambientais" contém uma imprecisão, muita gente ainda hesita em livrar-se dela? A razão básica que se deduz é a seguinte: no frigir dos ovos, muitas vezes damos prioridade a evitar uma confusão, aceitando sacrificar o rigor. A temida confusão deriva de que, como para muitas pessoas, influenciadas por uma ideologia "naturalizante" (mito de uma "natureza intocada" que precisa ser defendida a todo custo dos seres humanos, de maneira mais ou menos indistinta) e por uma agenda ambientalista de cunho preservacionista (proteção de um "patrimônio natural" que parece se sobrepor, às vezes como mera desculpa, a interesses sociais e à defesa de direitos humanos elementares), o ambiente é quase sempre sinônimo de "meio ambiente", falar em "conflitos ambientais", simplesmente e sem as muletas do prefixo "socio", traria o inconveniente de levar muitos a pensarem que se está a incorrer em uma visão estreita. Não é à toa que, justamente nos círculos preocupados não com uma agenda preservacionista, mas sim com justiça ambiental, animados por um conservacionismo de figurino crítico (isto é, não meramente utilitarista e capitalistófilo), o qualificativo "socioambiental" tem prosperado. Se bem que seja compreensível, o recurso mais ou menos consciente ao pleonasmo tem um grave defeito: cada vez que fazemos essa concessão colaboramos, tacitamente, para reforçar o reducionismo terminológico-conceitual que se aninha na expressão "meio ambiente" e, de certo modo, deixamos de desafiar o "naturalismo" e o preservacionismo anti-humanistas em um rincão importante do universo teórico-discursivo. Não seria válido, finalmente, aceitarmos travar o combate à luz do dia? Se nossos argumentos são sólidos, não deveríamos deixar de registrar e insistir em nossa posição, mesmo tendo dificuldade para ganhar terreno no que concerne à eficácia da propaganda — circunstância que não depende tão somente de bons argumentos, mas do controle de canais e instâncias de comunicação e difusão de informações em uma sociedade estruturalmente assimétrica.

Por fim, os impactos. Estes, interessantemente, em geral são chamados, pura e simplesmente, de "ambientais", sem prefixo algum. A razão parece residir em que, diferentemente da análise de conflitos, que muitas vezes (mas nem sempre!) remete a um circuito político-filosófico comprometido com uma visão crítica da sociedade, as avaliações de impactos ambientais têm estado a cargo (ou à mercê...), quase sempre, de instâncias técnicas e tecnocráticas submetidas aos interesses e não raro aos ditames do capital privado e dos órgãos do Estado. Estes agentes, como regra, se valem de elementos discursivos e analíticos de corte conservacionista convencional (ou seja, menos ou mais "pragmático" e tão sensível às necessidades de proteção da fauna, da flora etc. quanto àquelas do "progresso" ou "desenvolvimento econômico") para dar uma impressão de valorização de preocupações "ambientalistas" enquanto escamoteiam determinados problemas de fundo, ligados a contradições sociais e a conflitos de base. Correspondem a leituras superficiais dos desafios e dilemas que as famosas "agendas" "verde", "azul" e "marrom", símbolos do *mainstream* ambientalista, costumam simplificar em excesso. Nesses marcos, os impactos são, acima de tudo, vistos como efeitos deletérios sobre a "natureza primeira", a partir de um olhar bastante "biologizante", mesmo que não se trate, típica ou estritamente, de um olhar preservacionista. Seria impreciso e injusto dizer que todas as interpretações sobre impactos ambientais padecem, no mesmo grau, de um enviesamento "biologizante" ou "naturalizante"; não faltam enfoques que, tomando por base um correto entendimento da ideia de "ambiente" como algo que vai além da "natureza primeira", preconizam uma análise sistemática do que se costuma chamar de o "meio antrópico". Isso é compreensível, dado que seria difícil ou mesmo impossível simplesmente ignorar que os impactos, comumente, não afetam apenas os meios abiótico e biótico não humano. No Brasil, o pormenorizado manual de SÁNCHEZ (2013) constitui um exemplo de uma tal abordagem-padrão. Seja lá como for, justamente por ser ilustrativo de um padrão, o livro em questão se revela convencional e socialmente pouco crítico em seu manuseio dos conceitos, teorias e métodos. A sociedade não está ausente do "ambiente", mas ela é tratada quase que demograficamente, como "população" em que os grupos específicos não são discernidos a partir de clivagens fundamentais, mas sim de parâmetros conjunturais mais ou menos frouxos e epidérmicos. Em vez de interesses divergentes entre agentes separados por assimetrias muitas vezes estruturais e conflitos que não são puramente episódicos, o que se oferece são "fontes de impactos" que afetam "elementos do meio" — tudo categorizado de modo tão técnico quanto politicamente vago. No que tange à influente literatura em língua inglesa, GLASSON *et al.* (2012 [1994]) consiste em uma exemplificação das mesmíssimas limitações.

E quem se preocupa verdadeiramente com os impactos sobre os grupos humanos? Enquanto empresas de consultoria e órgãos públicos procedem às suas avaliações presumidamente "neutras", porquanto "técnicas" — as primeiras não raro orientadas e condicionadas por interesses particulares, e os segundos com muita frequência cedendo aos apelos e às pressões para fazer concessões em nome do "desenvolvimento econômico" —, e ativistas ambientalistas se mobilizam contra os possíveis danos a esta ou aquela espécie ameaçada, à paisagem, a um ecossistema ou à biodiversidade, assim granjeando a simpatia de setores da classe média urbano-metropolitana, populações inteiras (de ribeirinhos, caboclos, indígenas, pescadores e agricultores, mas também de moradores de favelas etc.) têm seus protestos, suas demandas e seus clamores subnoticiados pela imprensa. Muitas vezes, "operações de salvamento" de espécimes e uma ou outra ação compensatória conseguem apaziguar os ambientalistas biocêntricos, ao passo que o destino de populações pobres e vulneráveis permanecerá invisível. Uma vez removidas e desterritorializadas, pouco ou nada importarão para a "opinião pública" de classe média — porque, na realidade, nunca importaram.

Doravante neste capítulo, portanto, não será mais feita alusão a conflitos "socioambientais", mas sim a conflitos *ambientais*, sabendo-se, contudo, que esta qualificação é tomada, aqui, em sentido bastante amplo, irredutível a acepções "naturalizantes" e inconfundível com enfoques tecnocráticos. Dentro do mesmo espírito, ao discutirmos os impactos ambientais, sabe-se que por "ambiente" não se compreenderá apenas o "meio ambiente". Aqui, interessa, sim, também o que pode ocorrer com as espécies não humanas, com os (geo)ecossistemas e mesmo com a beleza cênica. Mas tudo isso importa, sobretudo (mesmo que não *exclusivamente*, sob um ângulo bioético que relativize o antropocentrismo), em função da preocupação com o bem-estar dos seres humanos, em particular dos mais pobres e vulneráveis, nos marcos da defesa de direitos e liberdades, da denúncia de injustiças e da crítica da heteronomia. Busca-se, em primeiro lugar, ao analisar e avaliar impactos ambientais, identificar os perdedores e os ganhadores, a dinâmica profunda dos conflitos e as possibilidades de sua superação (e não somente de sua "resolução" ou "mediação", tendo como horizonte último, efetivamente, a "paz social" em um contexto heterônomo), esquadrinhando as disputas pelo uso do solo e os papéis de seus agentes. Longe de ser uma simples previsão legal (no caso brasileiro, para começar, com a Resolução CONAMA nº 001, de 23 de janeiro de 1986) ou um mero exercício técnico, a avaliação de impactos ambientais está no cerne do exame de muitos dos conflitos mais importantes e emblemáticos do mundo contemporâneo, cujos fatores e consequências afetam as vidas de tantos e tantos milhões de pessoas ao longo do planeta. Se, como disse o presidente francês Clemenceau, a guerra seria um assunto sério demais para ficar nas mãos dos militares, a avaliação e discussão de impactos ambientais é um assunto por demais sério para ficar entregue aos tecnocratas da assim chamada "área ambiental".

Quando o (ou a) cientista crê poder envergar o manto da neutralidade axiológica, empunhar o cetro da racionalidade e definir, em nome de todos (ou do "bem comum"), quais objetivos se complementam ou conflitam entre si no tocante a algum tipo de intervenção que se planeja, ele (ou ela) incorre em autoengano e comete um tipo de falácia. Em uma sociedade dividida em classes e/ou fraturada étnico-culturalmente, a percepção da complementaridade e do conflito entre objetivos sempre se dará segundo uma perspectiva específica. Compreensivelmente, grupos sociais com interesses que são objetivamente diversos ou até mesmo antagônicos entre si segundo sua posição de classe e/ou seu pertencimento a determinada etnia não deveriam ver os processos de escolha e priorização de objetivos (de investimentos públicos a sacrifícios exigidos pelo alegado "bem comum") da mesma maneira. É óbvio que grupos dominantes podem, em maior ou menor grau, convencer os integrantes dos grupos dominados de que os valores e interpretações hegemônicos em uma dada sociedade são os únicos verdadeiros — mas aí estamos no terreno da mistificação ideológica.

Em face disso, o melhor que se pode fazer não é tentar pairar acima dos interesses particulares, agindo como se fosse possível e razoável ignorá-los olimpicamente, mas sim refletir sistematicamente sobre os conflitos de interesses, tendo a sociedade concreta (com suas fissuras, suas lutas e suas contradições) como um contexto, na hora de examinar se e com que intensidade determinados objetivos (de projetos ou planos de "desenvolvimento urbano", "desenvolvimento regional", "conservação ambiental" etc.) são complementares ou conflitantes. O fato, a meu ver inquestionável em nome da liberdade intelectual, de que o pesquisador acadêmico (ou, com mais estreita margem de manobra, o técnico a serviço de um órgão estatal) deveria ter o direito e o dever de apontar eventuais inconsistências ou contradições no interior das narrativas e interpretações produzidas por um dado grupo social, não elimina outro fato, do qual tampouco se deveria duvidar: o de que ninguém consegue pensar a sociedade e suas lutas "de fora" e de maneira inteiramente imparcial. A exigência de *honestidade intelectual* é diferente da quimérica neutralidade com relação a valores, e pressupõe, justamente, que as diferentes perspectivas dos agentes e a relatividade de cada uma delas sejam analisadas sistematicamente e da maneira mais detalhada possível. Ainda que, ao esmiuçarmos os conteúdos ideológicos, possamos constatar empiricamente que as perspectivas dominantes, para desempenharem a sua função de reproduzir os valores e as ideias que sustentam a heteronomia, terminam por acobertar e mistificar continuamente aspectos da realidade, seria conveniente não esquecer que as narrativas produzidas pelos dominados não estão isentas de subjetividade e não são imunes à parcialidade. Inclusive porque, não é demais frisar, há diferentes maneiras de se conceber os caminhos da emancipação humana.

Uma *"matriz de objetivos conflitantes"* constitui um exercício de buscar identificar, para além daquela camada "objetiva" da realidade em que julgamos perceber "fatos" (de desmoronamentos e deslizamentos à valorização econômica de certos espaços, passando pela incidência de doenças e a presença ou não de infraestrutura de saneamento básico), igualmente a camada "intersubjetiva" que nos remete às várias maneiras de se "construir socialmente" a realidade. Em outras palavras, precisamos estar atentos para os processos de produção de discursos e de construção de problemas sociais, com sua relatividade histórica e cultural e sua "situacionalidade" com relação a grupos sociais concretos e seus interesses, tanto quanto para os componentes factuais e materiais da realidade nos quais, precisamente, as interpretações (supostamente) se ancoram, e que, em última análise, nos informam algo (ou muito) sobre as razões pelas quais um espaço é cobiçado, uma (des)territorialização é implementada ou a criação de uma área protegida é sugerida.

A **Fig. 18** ilustra, de maneira totalmente abstrata (isto é, sem dar nenhum exemplo concreto, mesmo que apenas hipotético), uma tal matriz. Apesar do nome, nem todos os objetivos são, na realidade, conflitantes entre si — pelo contrário, muitos se reforçam ou podem preparar o terreno para outros. Nas linhas e nas colunas identificaremos os mesmos objetivos (a, b, c... g), e para cada um deles definiremos o tipo de relação que estabelece com os demais: o objetivo "a" colabora com a realização do objetivo "b", atrapalha essa realização ou, até onde a vista alcança, é essencialmente indiferente? E quanto ao objetivo "b", por sua vez: como ele se relaciona com o objetivo "a"? E assim sucessivamente. Necessitaremos definir uma classificação ou tipologia, escolhendo as palavras mais adequadas; e podemos, também, detalhar, com base em uma escala a ser definida, a *intensidade* ("colabora pouco", "colabora muito" etc.) e outros atributos da relação entre dois objetivos. Mesmo que não seja possível quantificar nada, lidando, assim, no plano de uma escala de mensuração puramente ordinal (em que sabemos identificar relações de "maior" e "menor", mas não conseguimos estabelecer *quanto*), o ganho heurístico e também didático que podemos auferir ao construir uma matriz assim pode ser grande: ela nos ajuda a organizar o pensamento e a visualizar melhor o panorama das relações, e também nos auxilia a comunicar de forma elegante os conteúdos.

	a	b	c	d	e	f	g
a							
b							
c							
d							
e							
f							
g							

Fig. 18: Visão simplificada e abstrata de uma "matriz de objetivos conflitantes".

Uma "matriz de objetivos conflitantes", todavia, traz os agentes de maneira total ou parcialmente implícita (encontramos em SILVA *et al.* [1988:62 *et seq.*] uma interessante exemplificação disso, instrutiva tanto por suas qualidades quanto por suas limitações e seus defeitos). Com isso, algumas informações básicas a respeito da dinâmica e das causas dos conflitos permanecem na sombra. Com essa matriz, os conflitos são, pelo menos de forma direta, entre *objetivos*, e não entre *agentes*. Ela precisa ser complementada ou até mesmo precedida por um tratamento menos indireto dos agentes e suas relações — relações essas que poderão ser, elas próprias (e para além de objetivos específicos, que podem ser conjunturais), estrutural e tendencialmente de conflito ou, inversamente, de aliança (podendo ser, também, em um momento no tempo e em dado lugar, de indiferença). Adentramos, assim, o terreno dos conflitos sociais. É chegada a hora de expormos os problemas, sem rodeios, eufemismos ou tergiversações, em termos de *ganhadores* e *perdedores*, sem perder de vista o quanto uma condição depende e se alimenta da outra.

Se não houvesse quem se beneficiasse de um impacto ambiental negativo, nem chegaria a existir o impacto em questão. Acidentes e consequências não premeditadas certamente existem, mas até mesmo eles remetem a agentes e processos em que há, em uma ponta, ganhadores bem evidentes. Especialmente no que concerne a acidentes ou a quadros de aparente irracionalidade (desperdício, por exemplo), é comum ouvirmos explicações em que se recorre a lugares-comuns como "descaso", "corrupção", "falta de planejamento" e "insensibilidade" (ecológica ou social). É enorme o risco de resvalarmos para o moralismo, em vez de se fazer uma análise rigorosa de fatores diretos e indiretos e responsabilidades imediatas e mediatas. Daí para apelos retóricos e vazios a *slogans* como "maior responsabilidade social e ecológica das empresas" e "maiores eficiência e transparência dos órgãos públicos", é um pulo. Ignora-se, sob o signo do moralismo, que a falta de prudência ecológica e a "insensibilidade social" não são problemas basicamente morais ou culturais, mas sim decorrências (decerto que filtradas de maneira variável por quadros culturais e político-institucionais específicos) de fatores essencialmente impessoais e gerais, a começar pelo imperativo da acumulação (reprodução ampliada) de capital, motor do modo de produção capitalista. Nem mesmo um santo poderia realizar o milagre de fazer com que um capitalista coloque o bem-estar das coletividades acima dos lucros da empresa. Supondo, apesar disso, que tal milagre ocorresse, o nosso capitalista poderia ir para o Céu em outra vida — mas, *nesta* vida, acumularia dívidas e inevitavelmente iria à falência.[86]

Quanto a imaginar, como os teóricos e crédulos da "modernização ecológica", que a economia capitalista se tornará cada vez mais "verde", por paulatinamente se desmaterializar mediante o uso de menos matéria-prima e se concentrar em atividades mais "limpas", ligadas à informação e às comunicações, é algo que carece de sólido suporte na realidade. Se prestarmos atenção ao que se passa em escala planetária, será possível ver que as indústrias mais "*clean*" e as tecnologias mais "doces", que fazem a glória dos arautos da ecomodernização nos países capitalistas centrais, prosperam em grande medida porque os países da periferia do sistema se tornaram repositórios de lixo tóxico, inclusive eletrônico, e os países semiperiféricos, adicionalmente, destinatários de indústrias "sujas". A redução dos impactos de longo prazo em alguns lugares não se dá fora de uma geopolítica global caracterizada por brutais assimetrias econômicas e de poder. Isso sem falar que, na economia capitalista real do mundo globalizado, o ciclo de vida dos produtos se encurta mais e mais em uma espécie de obsolescência programada, com consumidores seduzidos pelas máquinas publicitárias sendo persuadidos a adquirir novos equipamentos e eletrodomésticos cuja qualidade e consequentemente também a vida útil vêm tendendo a diminuir com o tempo. Observadores honestos e pesquisadores criteriosos têm sustentado, por tudo isso, que a expectativa de uma "modernização ecológica" não é realista (PELLOW, 2007:185 *et seq.*).

---

86. Nada disso quer dizer que a "responsabilidade social e ambiental das empresas" seja uma preocupação inútil, ao menos para os próprios empresários. Graças a um selo de "responsabilidade ecológica" ("verde") ou de "responsabilidade social", as vendas podem até mesmo aumentar; às vezes, muito. A quadratura do círculo pode ser um problema insolúvel, mas o que realmente importa não é resolvê-lo, e sim persuadir e dar a impressão de que se pode resolvê-lo.

Situações do tipo "*win-win*", em que todos ganham e ninguém perde, são certamente possíveis, mas tendem a ser raras, pelo menos quando se examina a realidade a partir de um ponto de vista que considera as escalas espaciais e temporais de modo alargado. Quando transcendemos o limitado ponto de vista que isola uma situação específica, um pequeno espaço e um curto período de tempo, rapidamente começam a aparecer os conflitos, as divergências, as fricções latentes ou manifestas, os interesses objetivos ou (inter)subjetivos antagônicos e incompatíveis. Em suma, somos arrostados com a realidade de que há ou tende a haver ganhadores e perdedores, e de que os ganhos de alguns se dão, direta ou indiretamente, à custa das perdas de outros.

A **Fig. 19** traz um exemplo, abstrato como o da figura anterior, de uma tabela muito simples, em que constam alguns agentes (**A, B, C... I**) e uma lista, que vai de **1** a **13**, com custos e benefícios. Pode-se empregar uma tabela desse tipo para localizar as perdas ou os custos e os ganhos ou benefícios de agentes com um determinado processo — por exemplo, uma atividade ou empreendimento que gere um impacto sobre um dado ambiente. Poderemos, ali, tentar incluir toda uma sorte de informações: *quem* se beneficia com *o que*, e *quanto*? Com a ajuda de mapas (mas mesmo sem eles) devemos buscar precisar isso tudo no espaço e no tempo: *onde*? *Por quanto tempo*? Por último, mas não com menor ênfase, faz-se mister tentar obter o máximo de clareza a respeito das externalizações de custos e das fontes de benefícios: quem ganha, ganha *graças ao sacrifício imposto a outros*? *De que forma* e *com que intensidade*?

	A	B	C	D	E	F	G	H	I
1									
2									
3									
4									
5									
6									
7									
8									
9									
10									
11									
12									
13									

Fig. 19: Quem *ganha*, quem *perde*? (Como? Onde? Quanto? Quando? Por quanto tempo?) Representação abstrata de uma matriz que permite a visualização dos agentes/atores sociais e seus ganhos ou perdas associadas.

Quanto ao uso de mapas, insista-se sobre a sua utilidade. Muitos dados e informações podem ser apresentados sob a forma de planos de informação mapeáveis, e o cotejo dessas informações (combinando-as, cruzando-as e ponderando-as) pode servir para ajudar a visualizar com detalhes concretos e espaciais a necessidade de escolhas e do estabelecimento de prioridades. Em matéria de custos e benefícios (população beneficiada ou atingida, custos econômicos etc.), que prioridades deverão ser eleitas, e em que ordem? (Levando-se em consideração outras informações, que podemos obter com a ajuda da análise de objetivos e de "efeitos de encadeamento à montante" e "à jusante", como se diz na Geografia Econômica e na Economia Regional, é possível, adicionalmente, tentar verificar o quanto um objetivo contribui para alcançar outros, sendo esse um dos possíveis critérios para a definição de prioridades.) Só que essa discussão não é puramente técnica; ela não é axiologicamente asséptica. Ou, para dizê-lo de outro modo: ela não é imune a sérias controvérsias e a graves dilemas de ordem ética e política, que uma ética utilitarista não poderá nos ajudar a enfrentar de modo satisfatório. De um ponto de vista utilitarista, ainda mais se aplicado de maneira ingênua, sacrifícios impostos a uma parte da população (por exemplo, remoções de famílias) poderiam ser justificados em nome do "interesse público" e do "bem comum" — afinal de contas, os interesses de muitos devem prevalecer sobre os interesses de poucos. O que parece lógico, não obstante, abriga toda uma série de polêmicas, objeções e ressalvas: quem garante que se está, de fato, a tratar do "bem comum"? (Quem o define, quem o mensura, e com quais parâmetros?) Quem demonstrou (e como o fez) que determinada ação que implica impactos ambientais negativos e custos sociais é imperiosa ou a mais aconselhável? Mais: alguém se preocupou em, pelo menos, compensar de maneira razoavelmente adequada e construída de forma minimamente dialógica as perdas daqueles que porventura venham a ser diretamente atingidos e prejudicados? Por fim, se os ônus forem distribuídos de maneira assimétrica, configurando um quadro de injustiça ambiental, cabe, evidentemente, também perguntar: como algo assim poderia ser defensável? Em uma sociedade heterônoma, um debate transparente ao redor desses pontos nada tem de trivial e óbvio.

A dimensão espacial implica muitas coisas, aninhadas em um "onde?" que, à primeira vista, parece bem simples. Essa simplicidade é enganosa. Para compreendermos quem são os ganhadores e os perdedores, e o que (e como, quanto etc.) ganham ou perdem, bem como as relações que constroem entre si, devemos levar em conta características como a *escala de ação* e as *práticas espaciais*.

A escala de ação é de suma relevância. Alguns agentes se acham tão fixados localmente que sua ação (por exemplo, de resistência) pouco ou nada transcende, ao menos em um primeiro momento, essa escala local. Outros agentes podem ser, por sua origem e sua dinâmica, "externos" ao lugar, tendo uma atuação que abrange uma escala que pode transcender a (micro) local, podendo ser mesolocal (municipal), sub-regional (estadual, provincial), nacional ou até mesmo internacional, mas cujo envolvimento com os conflitos de um lugar, seja por competência legal e institucional (Prefeitura, Ministério Público, algum órgão público estadual ou federal, alguma agência do sistema ONU...), seja por opção política e ativista (uma ONG ou organização de movimento social), se mostra forte e potencialmente relevante. Por fim, outros tantos agentes, por seus interesses e papel econômicos, podem atuar em escalas supralocais abrangentes (nacional e até mesmo global) e ter seu centro de gestão principal fora do próprio país, ao mesmo tempo em que, com a anuência oficial de atores outros, exercem significativos impactos ambientais em dado local, podendo ser os deflagradores de situações que ensejarão o aparecimento de grandes conflitos ambientais. As escalas de ação são mutáveis: um agente localmente enraizado e cuja ação se restringe a um nível local pode, mediante uma "política de escalas" (*politics of scale*) inteligente e bem-sucedida, adquirir visibilidade, granjear simpatia e obter apoio e aliados em escalas supralocais, inclusive internacional. As escalas de ação, além disso, são plurais: os agentes costumeiramente atuam em mais de uma escala ao mesmo tempo, pois cada um deles sofre constrangimentos, pressões ou influências que emanam de diversas escalas, podendo, em contrapartida, recorrer a canais legais, institucionais, midiáticos etc. situados ou que operem igualmente em escalas as mais variadas.

Um aspecto adicional a ser levado em conta na análise de conflitos e impactos ambientais são as práticas espaciais dos agentes envolvidos. Uma prática espacial é uma prática social cuja espacialidade é forte e direta; uma "política de escalas" é um exemplo de prática espacial. As práticas espaciais podem ser classificadas ou tipologizadas de distintas maneiras, conforme as finalidades do estudo. Ações de territorialização, desterritorialização ou reterritorialização; refuncionalizações e reestruturações do substrato material; tentativas de influenciar imagens de lugar e redefinir um dado "sentido de lugar" (*sense of place*), uma certa "topofilia" ou uma determinada identidade sócio-espacial; a formação de redes de ativismo, articulando esforços em várias escalas: tudo isso são ilustrações de práticas espaciais. A análise das práticas espaciais nos ajuda a compreender a agenda de atuação de um agente, os limites da sua atuação, as suas estratégias e táticas.

É preciso, agora, dar mais um passo: é necessário construir um quadro claro e direto acerca das relações de poder. Precisamos raciocinar em termos de quem são (ou se tornaram), em um determinado momento e em determinado espaço, adversários ou, pelo contrário, aliados, para que seja possível pensar nos desdobramentos e elaborar cenários.

O estudo dos conflitos ambientais pressupõe lidarmos com dois tipos de níveis históricos fundamentais: o das *estruturas* e o das *conjunturas*. Ambas, estruturas e conjunturas, transformam-se com o tempo; mas as primeiras são extremamente duradouras, existindo no plano da "longa duração" (muitas gerações, alguns séculos), ao passo que as conjunturas são, quase que por definição, efêmeras, desvanecendo-se em questão de anos ou meses (ou até de semanas), dependendo daquilo a que estamos a fazer referência. (Note-se que nem sempre a efemeridade é imprescindível para definir uma conjuntura. Pode-se fazer uso de uma expressão como "conjuntura larga" ou "macroconjuntura", a qual pode abarcar muitos anos e, talvez, algumas décadas. Macroconjunturas dizem respeito, por exemplo, a regimes políticos, como o Estado Novo ou o Regime de 64, no Brasil.)

Alguns conflitos derivam de maneira menos ou mais direta e evidente de fissuras e contradições que existem no plano estrutural de uma sociedade: é o que ocorre com as classes sociais e suas lutas, mas também com clivagens outras que têm a ver com a permanência de preconceitos e animosidades que igualmente se observam no plano da "longa duração", como o racismo e determinados conflitos interétnicos. De sua parte, outros tantos conflitos são, basicamente, conjunturais, e assim o são, também, as alianças e inimizades: formam-se e desfazem-se em questão de meses ou poucos anos, no máximo.

Há um tipo de discurso-padrão que constrói narrativas nas quais as tensões e os conflitos são tratados como sendo meras fricções entre distintos "grupos de interesse" ou *lobbies* no interior de uma sociedade, fricções essas que se esgotariam no plano da conjuntura. As estruturas e contradições estruturais, quando são mencionadas, o são como uma espécie de pano de fundo informativo, mas causalmente secundário, uma vez que tudo não passaria de organizações e de protestos com "ciclos de vida" mais ou menos curtos e cujo horizonte são exigências e demandas que podem ser satisfeitas *no interior* da ordem sócio-espacial vigente (a sociedade capitalista), com a mediação de seus agentes — a começar pelo Estado capitalista. Várias teorias dos movimentos sociais (ou, antes, de ativismos sociais, mais amplamente), especialmente (mas não só) de procedência estadunidense, amesquinham dessa forma o escopo da análise dos conflitos, recusando-se a examinar o quadro sócio-espacial de modo mais profundo e a articular mobilizações locais e conjunturais com fatores supralocais e escalas temporais e dinâmicas supraconjunturais. Decerto que entre problemas objetivos (incluídas aí as assimetrias e desigualdades estruturais) e a sua percepção (inter)subjetiva na qualidade de "injustiça social" (ou especificamente ambiental) medeiam numerosos fatores culturais, social-psicológicos, econômicos, (socio)políticos e institucionais. Não há automatismo entre a "classe em si" e a "classe para si", ou entre o racismo como fato objetivo e a consciência identitária antirracista. Além do mais, protestos de pequeno alcance podem se dissipar na esteira da satisfação de algumas demandas, da cooptação de agentes ou da repressão, sem que tenham a chance de evoluir para mobilizações e conflitos mais ambiciosos. Porém, nada disso elimina a importância de não se limitar, aprioristicamente, o significado e as consequências de um ativismo ou conflito.

Relembrando o que já foi dito no **Cap. 3**, quando focalizei a problemática "objetividade *versus* (inter)subjetividade", um quadro "objetivo" de problemas (ou que o estudioso ou pesquisador interpreta como tal), como graves disparidades de renda, uma marcada segregação residencial e uma grande variabilidade espacial de situações de contaminação ambiental, não dará margem, automaticamente, a sérias tensões sociais, ainda que se verifique a existência de um significativo sofrimento ambiental. A **Fig. 20**, que funde as informações constantes das figuras **11** e **17**, estabelece uma ligação entre uma fonte de perigo (por exemplo, a presença de contaminantes da água, do ar ou do solo) e o risco (a chance ou probabilidade de ocorrência de um fenômeno negativo, como a incidência de doenças e mal-estar), entre o risco e a vulnerabilidade (pois, como visto anteriormente, somente o risco não é suficiente para explicar as tragédias ambientais ou, de modo mais amplo, o sofrimento ambiental) e, por fim, entre a vulnerabilidade e o sofrimento ambiental. A partir daí, contudo, constata-se uma bifurcação: o sofrimento pode ser entendido como derivado de uma realidade que, em última instância, é socialmente injusta, mas também pode ser compreendido de maneira fatalista ou com resignação, por razões religiosas ou outras. A rigor, para que tenha lugar um conflito ambiental manifesto, e não apenas latente, é imprescindível que haja algo mais que apenas um sentimento de indignação e a capacidade de entender o que se passa como resultado de processos históricos (em parte impessoais, isto é, sistêmicos e estruturais) e escolhas e decisões políticas concretas: faz-se necessário que existam condições para que as pessoas deem vazão à sua indignação no espaço público, mobilizando-se, organizando-se, resistindo e protestando. Caso contrário, as tensões podem existir apenas na qualidade de conflito latente, e podem se dissipar ou ser canalizadas de maneiras que não contribuirão para o enfrentamento das causas dos problemas ou nem mesmo de seus sintomas, em alguns casos.

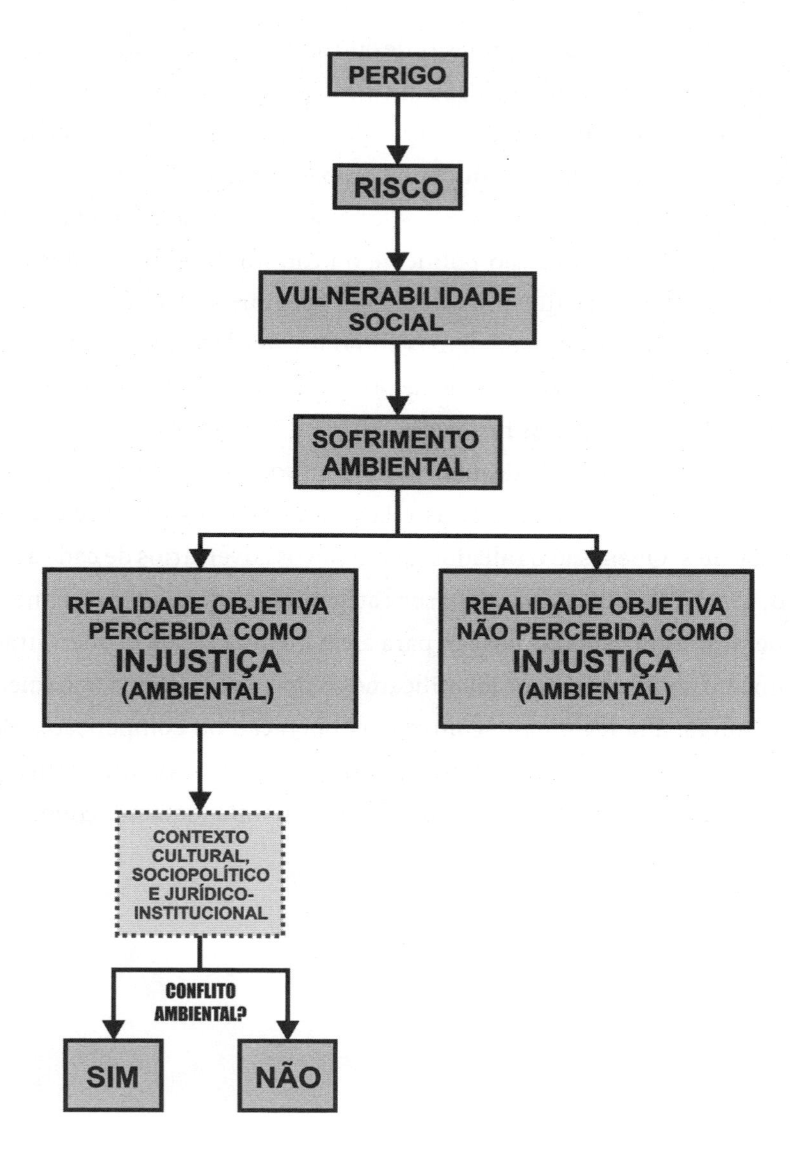

Fig. 20: Do *perigo* ao *conflito ambiental*: encadeamento de fenômenos e mediações sociais.

O conflito própria ou fortemente ambiental é somente um tipo de conflito social entre muitos, mas exemplifica aquilo que igualmente se aplica aos demais tipos: existem condicionamentos, mas não há determinismo de espécie alguma. Entre fatores como pobreza (em meio a outros componentes da vulnerabilidade social) e sofrimento ambiental, de um lado, e a constituição de ativismos e dinâmicas de protesto, de outro, temos uma mediação exercida por fatores de ordem cultural, social-psicológica, sociopolítica e jurídico-institucional. As formas de percepção popular e o grau de consciência a respeito das origens de determinados problemas, o acesso à informação, as tradições de luta e a memória das lutas sociais passadas, a margem de manobra para a organização política e o protesto: tudo isso influencia o quanto uma população (um grupo social) conseguirá se definir não somente como um agente ou ator social, mas como um verdadeiro sujeito político, que busca desempenhar um papel de protagonista e não só de coadjuvante ou figurante nos processos históricos.

A **Fig. 21** é um exemplo de matriz também aqui ilustrado de modo assaz abstrato — que ajuda a retratar as relações de poder, atrito e cooperação entre agentes. Quem são os aliados, quem são os adversários de cada agente (**A, B, C... I**)? As relações podem ser categorizadas de distintas maneiras, e podemos, similarmente, buscar, para além de uma escala de mensuração puramente nominal (em que identificamos o tipo básico de relacionamento: por exemplo, aliança ou antagonismo, cooperação ou competição), identificar atributos segundo uma escala ordinal (em que identificamos, por exemplo, diferentes intensidades de aliança ou antagonismo, cooperação ou competição).

	A	B	C	D	E	F	G	H	I
A									
B									
C									
D									
E									
F									
G									
H									
I									

Fig. 21: Artifício matricial para representação simplificada das relações entre aliados e adversários em uma situação de conflito ambiental (latente ou manifesto).

Um complemento útil e elegante para a matriz da **Fig. 21** é o diagrama ou modelo gráfico ilustrado, uma vez mais de modo bastante abstrato, pela **Fig. 22**. Um tal diagrama nos auxilia a visualizar as *redes* de relações (sempre mutáveis no espaço-tempo) que os agentes estabelecem entre si. A liberdade gráfica, dentro dos limites da legibilidade (ou seja, devemos evitar um excessivo adensamento de informações), é bem grande: é possível expressar, por meio de símbolos diferentes para representar os nós (círculos de vários tamanhos e cores ou tons de cinza, como na **Fig. 22**, ou ainda outras figuras geométricas), as diferenças de papel e peso entre os agentes, ao passo que as linhas que representam os arcos da rede, ao terem espessuras, cores (ou tons de cinza) e formatos diferentes, se prestam muito bem para expressar a diversidade de relações que se desenvolvem entre os agentes, quantitativa e qualitativamente.

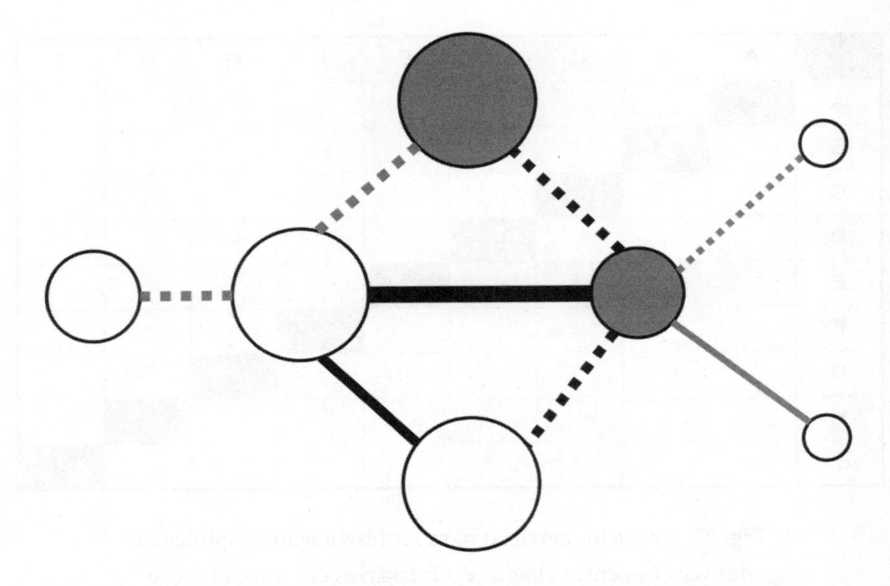

Fig. 22: Exemplo de sistemograma para a representação simplificada das relações entre aliados e adversários em uma situação de conflito ambiental (latente ou manifesto).

Uma considerável parcela da literatura sobre conflitos ambientais e, indiretamente, também daquela sobre impactos ambientais, ao mesmo tempo em que não "patologiza" os conflitos, argumentando, pelo contrário, que confrontos, dissensos e protestos são "parte do funcionamento normal de qualquer sociedade", procura fazer crer que, exatamente por serem (potencialmente) antes positivos que negativos, os conflitos precisam ser "adequadamente geridos", pelo bem da "democracia". De maneira consciente ou não, o horizonte político-filosófico (visão de mundo) é o de que os conflitos devem ser saudados como uma lufada de ar fresco e um fator de revigoração da "democracia", *desde que* não sejam ameaçadores em demasia, diruptivos. Conflito bom é o conflito "construtivo", ou que possa ser tornado "construtivo" (leia-se: que colabore, ainda que por vias transversas e não premeditadas, para o "aperfeiçoamento das instituições" e para o "melhor funcionamento da sociedade"). Ético-politicamente, a premissa tácita é a de que rupturas (revoluções, dir-se-ia) são perigosas e indesejáveis. Epistemológica e teoricamente, um tal pensamento opera nos marcos de uma ou outra espécie de funcionalismo, preocupado em preservar um "equilíbrio dinâmico" que, uma vez rompido, tende a ter consequências traumáticas e catastróficas. À luz dessa opção preferencial ou exclusiva por "*conflitos: use com moderação*", os conflitos latentes e de fundo estrutural tendem a ser antes escamoteados que explicitados, dando-se total prioridade a exames de fôlego mais curto, voltados para atritos conjunturais, "resolvíveis" (melhor dizendo, atenuáveis ou esvaziáveis) dentro dos limites do *status quo*. Adicionalmente, esse tipo de análise é um bom coadjuvante para provar que eventuais danos ambientais podem, via de regra, ser devidamente compensados mediante um "ajustamento de conduta", como se diz na linguagem jurídica brasileira.[87]

A gestão (*management*) de conflitos ambientais é o tema de uma crescente bibliografia — uma vez que os conflitos proliferam pelo mundo inteiro —, cujo apanágio é aprimorar estratégias para amortecer choques e tornar as tensões "manejáveis" e "construtivas". Eis as palavras-chave: *mediação*, *comunicação*, *conciliação* e *colaboração*. Da identificação e nomeação conjunturalista dos principais interessados (*stakeholders*) às técnicas de incremento da comunicação entre eles, chegando até às propostas de ponderação de argumentos e busca de consenso, não passa pela cabeça que muitos interesses sejam, em ultimíssima instância, *inconciliáveis*. Inicialmente no planejamento e na gestão urbanos (vide, p.ex., HEALEY, 1997), chegando depois ao planejamento e à gestão ambientais (vide, p.ex., CLARKE e PETERSON, 2016), toda uma escola de "planejamento colaborativo" (*collaborative planning*), useira e vezeira (pelo menos no seu começo, nos anos 1990) em invocar de forma diluída e um tanto distorcida princípios inspirados nas densas reflexões filosóficas de Jürgen Habermas sobre o "agir comunicativo" ("*kommunikatives*

87. "Termo de Ajustamento [ou Ajuste] de Conduta" (TAC) — ou ainda "compromisso de ajustamento" — é o nome que se dá, no Brasil, ao título jurídico extrajudicial que é tomado, no contexto de uma ação civil pública, por órgãos do Estado, a começar pelo Ministério Público. Por meio do TAC, um órgão público legitimado à ação civil pública exige, do causador de um dano ambiental que fira interesses difusos ou coletivos (ou ainda individuais homogêneos), ações de "ajustamento" com a finalidade de compensar, mitigar ou fazer cessar o dano gerado.

Handeln"), tem feito da "manejabilidade" de conflitos e da "construção de consenso" (*consensus building*) a sua razão de ser. É o reino do *consensualismo*, para usar a expressão de Henri Acselrad (ACSELRAD, 2004). *A quem isso interessa?* Se simpatizar *a priori* e irrefletidamente com fricções sociais, quaisquer que sejam elas, é algo que poderia atrair a acusação de postura infantil e irresponsável, que qualificativo mereceria a assunção de que conflitos *precisam* ser, no sentido normativo, "gerenciáveis" e "administráveis", ou o pressuposto de que o consenso é algo quase que intrinsecamente positivo?

As sugestões que foram feitas nas páginas precedentes não têm a vocação de estimular os analistas e pesquisadores a colaborar com o "amansamento" ou a "domesticação" de agentes e protestos. De espíritos valentes se deve esperar que aceitem o ônus de chamar a atenção para causas estruturais, clivagens profundas e conflitos que, sem uma eliminação ou superação dos fatores de injustiça, não poderão ser "solucionados". Neutralizar um protesto ou cooptar um agente não é o mesmo que superar uma causa básica de conflito. Explicitar os conflitos do jeito mais preciso e pormenorizado que for possível, acreditando que nem sempre é viável ou desejável reduzir as lutas sociais a um estado de "gerenciabilidade", é uma tarefa que seguramente não concorre apenas para "aperfeiçoar as instituições" — em última análise, pelo contrário, pode colocar em xeque o significado essencial e a autorrepresentação das instituições existentes —, sendo, por isso mesmo, uma tarefa arriscada e, aos olhos de muitos, antipática e censurável. Não faltarão os que desejarão desqualificar esse esforço como "ideológico", como se fosse "neutra" e "científica" somente a escolha de *não* duvidar do modelo social em vigor como horizonte teleológico. Sem dúvida, podemos convir em que tampouco se pode afastar a hipótese de que uma perspectiva crítica não precisa se furtar a valorizar pequenos ganhos, inclusive porque pequenos ganhos aqui e agora podem, dialeticamente, se avolumar, gerar sinergias e se desdobrar em grandes ganhos amanhã (do mesmo modo, aliás, como ganhos significativos podem se dissipar ou dar margem a deturpações as mais inesperadas...). O que importa é que, teórico-conceitualmente e metodologicamente, estudar e elucidar conflitos e impactos ambientais não deveria ser um empreendimento apequenado ao ponto de não ser nada mais que um suporte menos ou mais intencional ao "funcionamento normal da nossa sociedade" (ou, como tantos gostam de dizer, da sua "governança"). Em uma sociedade heterônoma e injusta, contribuir para o "funcionamento normal da sociedade" e para o mero "aperfeiçoamento das instituições" equivale, ao fim e ao cabo, a dar uma sobrevida e uma injeção de ânimo em um modelo social opressivo e antiecológico.

5. Ambientalismos e ecologismos, ativismos e movimentos

A respeito do assunto deste capítulo, uma das poucas coisas que podem ser afirmadas com segurança é que não há *um* movimento ecológico (ou ambientalista). Haveria, então, *vários*? *Talvez* — ou melhor: *depende do ponto de vista e das circunstâncias*. Isso, que parece uma série de evasivas e até mesmo uma brincadeira, apenas evidencia, de partida, a complexidade do tema.

Como seria de se esperar, a confusão costuma reinar a propósito dessa discussão. Para começo de conversa, há quem fale em *ambientalismo* e há quem fale em *ecologismo*; há quem tome ambientalista como sinônimo de ecologista (não confundir com ecólogo, que é o biólogo especializado na subdisciplina denominada Ecologia) e ambientalismo como sinônimo de ecologia, assim como há quem estabeleça diferenças — e das mais diversas maneiras, segundo os mais diversos critérios. Ao que parece, existe uma enorme dose de arbitrariedade nessas escolhas, uma vez que os termos, em si mesmos, admitem grande flexibilidade de acepções e interpretações. Contudo, não é que não haja qualquer critério, no estilo "vale tudo" ou, como se diz em inglês, *anything goes*: a história dos debates políticos e da constituição dos ativismos em torno do ambiente e da ecologia, assim como as relações entre ativistas, cientistas e mídia, têm variado de acordo com o país e sua cultura política.

Quase tão complexo e variável quanto o debate acerca das convergências e diferenças na utilização dos termos *ecologismo*, *ambientalismo* e congêneres é o ambiente de discussão política e acadêmica em torno dos *ativismos* e *movimentos* sociais. Há uma tradição (não homogênea internamente) que usa o termo *movimento* de modo indiferenciado para tipos muito díspares de ação coletiva; e outra (idem), que busca guardar alguma diferenciação conceitual entre aqueles dois termos. Por sua complexidade, cabe fazer uma pausa para, antes de adentrarmos o nosso assunto específico, aplainarmos o terreno quanto a esse problema conceitual.

• • •

A ambição sugerida pela própria expressão *movimento social* parece indicar a necessidade de alguma distinção, conforme venho insistindo há três décadas. Qual seria, afinal de contas, a razoabilidade de enfiar na mesma gaveta conceitual uma ampla movimentação da sociedade, geralmente puxada por diversas organizações e com um nível de profundidade que, mais ou menos explicitamente, questiona os próprios fundamentos (ou alguns dos fundamentos) da ordem sócio-espacial, juntamente com, digamos, um grupo de pessoas formado com a finalidade de mover uma campanha para denunciar e evitar a iminente extinção de uma espécie animal e uma associação de moradores de um pequeno bairro de classe média fundada para impedir a deterioração cênico-estética (ou o que é assim percebido) do lugar? Os dois últimos exemplos seriam, seguramente, ativismos; seriam, contudo, *movimentos sociais*? Até intuitivamente, algo parece sugerir-nos que não. Isso não quer dizer que, de partida, devamos desaprovar ou menosprezar ativismos cujas ambição, profundidade e escala não sejam condizentes com o *status* de movimentos, em sentido forte; ou seja, não se trata de, aprioristicamente, lhes negarmos legitimidade. Apenas desejo enfatizar ser aconselhável vermos a categoria *ativismo social* como sendo mais abrangente que a de *movimento social*.

Se esquadrinharmos a literatura sobre movimentos sociais em diversos países, veremos que, para não poucos autores, "tudo é movimento": para eles, as coisas se passam como se a expressão "movimento social" e seus equivalentes nas mais diversas línguas (*social movement, soziale Bewegung, movimiento social, mouvement social*...) pudesse recobrir sem inconvenientes tipos de ação coletiva os mais diferentes, independentemente do nível de ambição, do grau de organização e da escala temporal. Desde o começo houve, porém, autores para os quais a expressão "movimento [social]" deveria ser reservada para ações coletivas organizadas, de caráter público e relativamente duradouras que sejam, igualmente, *particularmente ambiciosas*.[88]

Forçado a tomar partido, o autor destas linhas se viu arrostado, desde os anos 1980, com a necessidade de cultivar um leque variado de conceitos operacionais. Em especial, se mostrou imprescindível apontar um conceito que fosse intermediário entre o de *ação coletiva* e o de *movimento social*. A meu ver, esse conceito é o de *ativismo social*. Desse modo, assim como todo ativismo é uma ação coletiva, mas nem toda ação coletiva é um ativismo, todo movimento social constitui um ativismo, mas nem todo ativismo é, automaticamente, um movimento social. Conforme já frisei em outras ocasiões (p.ex., SOUZA, 2009:10), *movimento social* é um subconjunto de *ativismo*, que por sua vez é um subconjunto de *ação coletiva*, vasto conceito que inclui também os *lobbies*, grupos de pressão, vandalismos de protesto, saques de estabelecimentos comerciais e muitas outras coisas.

De modo um pouco mais sistemático, podemos dizer que um "autêntico" movimento social possui, de forma explicitamente programática (mediante manifestos e outros documentos) ou não (*práxis* concreta: ações públicas de protesto, operações de sabotagem, campanhas, e assim sucessivamente) um elevado senso crítico em relação ao *status quo*, "revelando capacidade de levar em conta fatores 'estruturais' e de articular isso com análises de conjuntura, e procedendo à denúncia de problemas profundos como exploração de classe, racismo, opressão de gênero etc." (SOUZA, 2009:10). Nisso, aliás, ele se distinguiria, por exemplo, "de ações coletivas coordenadas por organizações clientelistas e com um horizonte reivindicatório pouco

88. Como, de maneiras distintas e em parte até mesmo divergentes, TOURAINE (1973), CASTELLS (1972 e 1983) e eu próprio (vide, p.ex., SOUZA, 1988, 2006a, 2008 e 2009).

exigente (ou até mesmo manipuladas por políticos profissionais), como tem sido o caso de muitas associações de moradores" (SOUZA, 2009:10). Os ativismos sociais (aí incluídos, por óbvio, os movimentos em sentido estrito) se diferenciariam de outras formas de ação coletiva, como quebra-quebras, saques de estabelecimentos comerciais e *lobbies*, por serem relativamente duradouros e organizados (características que quebra-quebras e saques não apresentam, ou só muito fracamente) e por possuírem um caráter público (requisito que exclui os *lobbies*, os quais apresentam um caráter em grande parte não público).

A tarefa de proceder a uma distinção entre aqueles ativismos sociais "que não chegam a ser (nitidamente) movimentos", de um lado, e os "movimentos sociais em sentido forte", de outro, é tudo menos trivial *na prática da pesquisa empírica*, como tenho de bom grado admitido (SOUZA, 2009:10). Vários são os fatores que concorrem para esse busílis: os processos vivos que constituem os ativismos evoluem às vezes muito rapidamente, e a fronteira entre uma origem amiúde modesta e o surgimento de dinâmicas e horizontes mais profundos e ambiciosos nem sempre é fácil de detectar; os dados e a informações de que dispomos podem ser insuficientes para um julgamento mais preciso ou justo; um ativismo pode apresentar algumas características que denotam uma dinâmica mais arrojada, ao passo que outras sugerem a permanência de limitações como paroquialismo ou tibieza. A essas causas de dificuldade se acrescenta mais uma, ao menos a partir de uma perspectiva libertária, da qual não tenciono fazer segredo: o aparente autoritarismo que reside em "decretar", como um ato volitivo e intelectual do pesquisador, que tal ou qual ativismo é ou não é um "movimento". Uma vez cônscios de nossas próprias limitações e da provisoriedade de tudo o que dizemos (e da própria realidade), todavia, creio que o problema ético(-político) não deve ser exagerado ou convertido em um dilema que conduza à paralisia ou à suspensão de qualquer juízo analítico. Afinal de contas, estamos, o tempo todo, lançando mão, com maior ou menor felicidade e maiores ou menores lucidez e discernimento, de classificações e tipologias, termos técnicos e conceitos, enfoques e avaliações. Se há algum tipo de distinção que seja relevante, não considerá-lo, ainda que com cautela intelectual e humildade política, seria uma deserção.

Com tantos obstáculos, por que dever-se-ia insistir em guardar uma tal distinção conceitual? Seria, com certeza, mais cômodo e menos arriscado não fazê-lo. Entretanto, esse tipo de distinção é um importante elemento de orientação, para que certas diferenças relevantes possam vir a ser percebidas e, mais que isso, teórico-conceitualmente digeridas e incorporadas à análise. Indubitavelmente, deve-se tomar muito cuidado para não incorrer em juízos de valor peremptórios ou apressados, que sirvam para converter o momento da análise em um "tribunal político--intelectual": é necessário renunciar à tentação de utilizar a categoria "movimento social" como se ela fosse um critério de qualidade política a ser empregado despreocupadamente ou mais ou menos dogmaticamente, critério esse que serviria para separar, sem grande sensibilidade político--cultural e histórica, as ações coletivas "dignas de figurar no panteão da história das lutas sociais" (por sua presumida relevância do ângulo da luta de classes ou segundo qualquer outra justificativa) daquelas outras que seriam tidas por "historicamente irrelevantes" (por exemplo, como diria o Manuel Castells de *La question urbaine* [CASTELLS, 1972], devido ao fato de não serem "estruturalmente importantes", por "diluírem-se no quotidiano" e por lidarem com outras questões que não [somente] as relativas à exploração na esfera da produção). Em resumo: a distinção em questão não deve ser usada indiscriminadamente, e precisa ser ajustada à realidade na base de exames detalhados e avaliações conscienciosas e cautelosas.

A despeito de todas essas ressalvas, vale a pena repetir algumas perguntas, na verdade provocações, que formulei alhures. Peço desculpas ao leitor pela longa citação de mim mesmo:

> (...) não ficaríamos conceitualmente um pouco desarmados se, em nome de uma recusa de um determinado tipo de apriorismo conceitual rigidamente discriminatório, simplesmente aplainássemos o terreno e utilizássemos o mesmo termo técnico e o mesmo conceito para dar conta de coisas às vezes bem diferentes, no que se refere à sua dinâmica,

> aos seus propósitos explícitos, ao seu grau de questionamento deliberado do *status quo* e às suas implicações?... Não seria, talvez, uma ingenuidade simpática, ou talvez uma falta de coragem intelectual, evitar chamar a atenção para diferenças políticas, apenas para não correr o risco de desvalorizar apressadamente agentes e práticas que podem (vir a) ser relevantes, mas que ainda se acham bastante controlados pelas instituições da ordem social vigente e saturadas de seu imaginário?... Seria tolice pretender negar que ativismos grandes e marcantes muitas vezes começam pequenos e tímidos, e que mesmo os "pequenos e tímidos" podem, inclusive no longo prazo, e quando subsistem por tempo suficiente — ancorados talvez não em organizações de ativistas em sentido usual, mas sim em organizações mais fluidas, criando-se e recriando-se continuamente no quotidiano —, colaborar para transformações notáveis: nos modos de ser e de ver o mundo, nos vínculos com o espaço, nas formas de sociabilidade. Isso não elimina, de todo modo, a conveniência de, com inteligência, buscar identificar e elucidar as diferenças entre realidades diferentes. (SOUZA, 2009:10-11)

Há ainda uma outra precisão terminológico-conceitual que necessitamos fazer: para não poucos autores, "movimento social" quase que é sinônimo de "emancipação". A simples menção a essa expressão já suscita uma expectativa de que serão focalizadas dinâmicas "progressistas". Ocorre, porém, que nem todo movimento social é emancipatório. Isso é demonstrado à saciedade por exemplos como o do nazismo nos anos 1920 na Alemanha (que teve, sim, características de movimento de massas, sobretudo antes de serem as energias populares cada vez mais capturadas pela e canalizadas para a instância de poder do Partido Nacional-Socialista dos Trabalhadores Alemães e, depois de 1933, pelo e para o próprio aparelho de Estado), o do movimento pela derrubada do xá Mohammed Reza Pahlavi e pela instalação de um regime teocrático no Irã (que culminou com a revolução vitoriosa em 1979) e o do Tea Party Movement, surgido em 2009 nos Estados Unidos, muito próximo da ala mais conservadora do Partido Republicano, mas que não se reduz inteiramente a ela.

Os movimentos sociais emancipatórios são fundados sobre princípios e valores como liberdade, justiça e igualdade, e é aí que se distinguem dos movimentos não emancipatórios, os quais, se bem que também almejem uma superação ou transformação do *status quo*, o fazem embebidos em valores passadistas/nostálgicos e/ou ultrarreacionários, como no caso do romantismo reacionário laico e do fundamentalismo religioso. Os movimentos emancipatórios encarnam, pode-se dizer, uma verdadeira *práxis* — tomando este vocábulo como sinônimo de ação política prática orientada ou vocacionada para a superação da heteronomia. No caso dos movimentos emancipatórios em sentido forte ou estrito, o questionamento profundo da ordem sócio-espacial vigente e a luta por sua ultrapassagem, ao menos em aspectos fundamentais, é o horizonte de pensamento e ação, e é isso que os diferencia de ativismos de tipo "paroquial", os quais se circunscrevem a demandas, em geral endereçadas ao Estado, perfeitamente manejáveis no interior do *status quo*: contentamento com um "reformismo desfibrado" e com medidas "cosméticas" e paliativas; extrema vulnerabilidade em face de tentativas de cooptação; práticas clientelistas. No frigir dos ovos, tais ativismos "paroquiais" contribuem para a perpetuação desse mesmo *status quo*. A *práxis*, entretanto, não é alguma coisa da qual um único grupo social (ou, para sermos mais exatos, uma única classe social), guiado por uma estrutura organizativa "vanguardista", notadamente um partido em estilo bolchevique, possa pretender ser o portador em caráter exclusivo. (Isso sem contar o fato de que, tantas e tantas vezes, tais estruturas contribuíram antes para *solapar* a *práxis* do que para propriamente para fomentá-la, malgrado as reivindicações exclusivistas e arrogantes das "vanguardas revolucionárias" de figurino leninista.) Conforme eu já havia salientado em outro trabalho, "[é] na miríade de formas de organização e práticas sociais (incluídas aí, claro, as práticas diretamente espaciais) dos diversos grupos oprimidos, articuladas em diferentes escalas e esferas da vida e atinentes a agendas distintas, mas potencialmente complementares, que se devem procurar os processos e as dinâmicas de contestação do que existe e de criação real ou propositiva daquilo que ainda não existe — mas que é desejável, que é até mesmo necessário, que é justo, *e que poderia/ poderá vir a existir*." (SOUZA, 2009:12)

• • •

Após essa um tanto longa, mas útil, digressão pelos meandros do conceito de "movimento social", é possível retomar o fio da meada no que diz respeito aos ativismos ecológicos ou ambientalistas. Mal acabamos de sair de uma discussão envolvendo a variabilidade e as arbitrariedades na utilização de termos técnicos para, no entanto, perceber que elas não se detêm na utilização do conceito de "movimento social". Outros termos que nos são caros padecem da mesma inconstância semântica. Até mesmo a distinção entre *preservação* e *conservação* (e consequentemente entre *preservacionismo* e *conservacionismo*), inicialmente marcada por um debate estadunidense, mas que depois ganhou o mundo, não é consensual, pois há quem use aqueles dois vocábulos indistintamente e os tome como sinônimos, empregando qualquer um deles de forma genérica.

A maneira como uma agenda de luta e mobilização será construída e politicamente contextualizada, de modo a ensejar que uma ação coletiva se comporte e/ou seja vista como um ativismo mais ou menos paroquial (não muito diferente de um *lobby*) ou, pelo contrário, como um movimento social profundo e ambicioso, variará de país para país ou de região para região, assim como poderá, também, apresentar fluidez e variabilidade ao longo do tempo. A história dos debates ecológicos ou ambientalistas nos Estados Unidos não é idêntica a essa história na França ou no Brasil. Dadas as grandes diferenças culturais e políticas, estranho seria, na verdade, se fosse. Tais diferenças, inclusive, ajudam a informar sobre as distinções e discrepâncias de conteúdo, *timing* e percepção pública que se aninham nas expressões *political ecology*, *écologie politique*, Ecologia Política, e assim sucessivamente — expressões que, conforme já vimos anteriormente, apenas na aparência podem funcionar como sinônimos perfeitos uma da outra.

Quando olhamos, por exemplo, para os Estados Unidos, constatamos a existência de uma cultura política e de um processo histórico que levaram ao surgimento de uma polarização entre um preservacionismo (simbolizado por John Muir, com seu culto à *wilderness*) e um conservacionismo utilitarista (simbolizado por Gifford Pinchot e a por ele preconizada exploração "racional" da natureza), sem que, por outro lado, houvesse muita margem de manobra para que desabrochasse um amplo movimento social capaz de levar a uma politização profunda da "ecologia". É bem verdade que foi justamente naquele país que viveu e militou o personagem mais emblemático da Ecologia Política libertária, o neoanarquista Murray Bookchin; contudo, fez parte do destino um tanto trágico de Bookchin o fato de ele ter tido de lutar durante décadas em um meio político-culturalmente muito hostil, imprensado entre uma *deep ecology* não raro racista e eugenista (descendente da misantropia de um John Muir)[89] e manifestações de ecologismo místico em estilo (neo-)*hippie*.[90] É bem verdade, igualmente, que os Estados Unidos foram o principal palco do surgimento de um dos mais interessantes e influentes movimentos ambientais da atualidade, o movi-

89. Ver, sobre essas disputas e desavenças, em que raramente logrou-se alguma convergência, a coletânea *Defending the Earth: A Debate Between Murray Bookchin and Dave Foreman* (BOOKCHIN *et al.*, 1991).

90. Sobre o ecologismo espiritualista ou "*new age*", que costumeiramente anda de mãos dadas ou entrelaçado com a "ecologia profunda", Bookchin não poucas vezes se expressou em termos nada abonadores: "As maiores diferenças que estão emergindo no chamado 'movimento ecológico' situam-se entre uma coisa vaga, amorfa, muitas vezes contraditória e invertebrada chamada 'ecologia profunda' e um corpo de ideias que vem sendo desenvolvido de longa data, coerente e socialmente orientado, que melhor pode ser chamado de 'ecologia social'. A 'ecologia profunda' recentemente caiu de paraquedas em nosso meio, oriunda da mistura bizarra, verificada no Cinturão do Sol [na Califórnia], de Hollywood e Disneylândia, temperada com homilias extraídas do taoísmo, do budismo, do espiritualismo, do cristianismo renascido e, em alguns casos, do eco-fascismo, enquanto a 'ecologia social' se inspira em pensadores descentralistas tão radicais quanto Piotr Kropotkin, William Morris e Paul Goodman, entre muitos outros que avançaram um sério desafio endereçado à sociedade atual com o seu vasto aparato hierárquico, sexista, classista e estatista e sua história militarista." (BOOKCHIN, 1987:4A) (Em inglês, no original: "The greatest differences that are emerging within the so-called 'ecology movement' are between a vague, formless, often self-contradictory, and invertebrate thing called 'deep ecology' and a long-developing, coherent, and socially oriented body of ideas that can best be called 'social ecology'. 'Deep ecology' has parachuted into our midst quite recently from the Sunbelt's bizarre mix of Hollywood and Disneyland, spiced with homilies from Taoism, Buddhism, spiritualism, reborn Christianity, and in some cases eco-fascism, while 'social ecology' draws its inspiration from such outstanding radical decentralist thinkers as Peter Kropotkin, William Morris, and Paul Goodman, among many others who have advanced a serious challenge to the present society with its vast hierarchical, sexist, class-ruled, statist apparatus and militaristic history.")

mento por justiça ambiental; entretanto, não é por demais sintomático que, como declaram Phaedra Pezullo e Ronald Sandler na Introdução de uma importante coletânea (PEZULLO e SANDLER, 2007:1-2), "a relação entre o movimento ambiental e o movimento por justiça ambiental nos Estados Unidos tem sido muitas vezes caracterizada como de divisão e até mesmo hostilidade, em vez de cooperação"?[91]

Se dirigirmos, agora, o nosso olhar para a França, veremos uma paisagem político-cultural distinta, ainda que não necessariamente muito mais promissora. Enquanto nos Estados Unidos a organização político-partidária dos ambientalistas sempre foi incipiente, na França, ao contrário, observa-se há décadas uma profusão de "partidos verdes": *Les Verts*, *Génération Écologie*, *Mouvement Écologiste Indépendant*, *CAP21*... Se nos Estados Unidos a inscrição da problemática ecológica nos marcos da discussão das estruturas sociais mesmas nunca foi tarefa trivial (como atestaram as vicissitudes enfrentadas por Bookchin, que às vezes teve mais facilidade para encontrar interlocutores e conquistar a atenção de audiências na Europa que nos EUA), na França ela se beneficiou do intenso cruzamento entre diversas agendas menos ou mais radicais desde o final dos anos 1960 e início dos anos 1970 — a antimilitarista, a antinuclear, o questionamento do consumismo etc. —, coisa que também ocorreu nos EUA, mas por menos tempo e em "ilhas geográfico-culturais" específicas. (O que não impediu, de toda maneira, a proliferação de enfoques ambientalistas conservadores e até mesmo reacionários também na França, bem como uma gradual perda de ferrão crítico e radicalismo por parte do ativismo ecológico mais progressista — sinal dos tempos...)

Quanto ao Brasil, em nosso país a abertura para enfoques mais críticos ou radicais foi significativa durante os anos 1980, em meio aos estertores do Regime Militar ou no início da "redemocratização", e também durante os anos 1990 (apesar dos efeitos do colapso do bloco geopolítico liderado pela União Soviética, mitigados devido à abertura de uma grande parcela dos

---

91. Em inglês, no original: "the relationship between the environmental movement and the environmental justice movement in the United States often has been characterized as one of division and even hostility, rather than one of cooperation".

intelectuais de esquerda para com versões menos ortodoxas do marxismo), que foram marcados pela ascensão do neoliberalismo com os governos de Fernando Collor de Mello e Fernando Henrique Cardoso. No Brasil, uma produção crítico-radical de figurino largamente neomarxista, capaz de articular as bandeiras da ecologia, da luta de classes e do anti-imperialismo — e, sobretudo no século XXI, também as bandeiras do anticolonialismo epistêmico-cultural e da luta contra o racismo e outras formas de opressão —, conviveu, desde a década de 1980, com esforços mais "bem-comportados", voltados para a criação de marcos legais e instrumentos técnicos, como a legislação sobre impactos ambientais e licenciamento ambiental. Chico Mendes foi o símbolo de um ambientalismo de fundo crítico e escopo socialmente amplo; ao mesmo tempo, foi uma figura extremamente interessante, por ter origem na esquerda mais tradicional e, ao encabeçar a luta dos seringueiros, fazê-lo com o bom senso de quem está envolvido com todas as dimensões de um combate real, incluindo a sua dimensão técnica e legal, sem a qual não se teria chegado às Reservas Extrativistas (RESEX), incorporadas como uma das categorias de área protegida do Sistema Nacional de Unidades de Conservação da Natureza (SNUC). O ambientalismo não preservacionista e mais progressista (muitas vezes chamado um tanto redundantemente de "socioambientalismo" para melhor demarcar uma linha divisória entre ele e os ambientalismos biocêntricos, preservacionistas e conservadores) desembocou, já no presente século, em um diálogo com a tradição estadunidense de mobilização ao redor da "justiça ambiental", ao passo que os setores mais reformistas (e em muitos casos nem sequer isso) foram, desde os anos 1990, se agrupando em torno do *slogan* do "desenvolvimento sustentável". Paralelamente, organizações e ativistas de figurino preservacionista, equivalentes tropicais da *deep ecology*, voltados exclusivamente para a preservação de espécies ou ecossistemas específicos e que possuem uma história relativamente longa também no Brasil, continuam a existir e atuar. Digno de nota é também o fato de que, em terras brasileiras, apesar da criação de um Partido Verde já em 1986, a esse tipo de agremiação faltaram, praticamente desde o começo, a expressividade política e a densidade de alguns de seus equivalentes de outros países — como o Partido Verde alemão (*Die Grünen*), alegadamente seu principal modelo inicial. À semelhança do que ocorreu com o Partido Verde na Alemanha, que gradualmente foi abrindo mão de um mínimo de coerência programática (pelo menos aos olhos quiçá inocentes de boa parte da base original) até, finalmente, aceitar a plena e desabrida composição com os partidos políticos do *establishment*, o Partido Verde brasileiro acabou, ainda nos anos 1990, por revelar-se capaz de abrigar os personagens mais díspares e participar das coalizões mais improváveis. Isso não o ajudou a salvar-se de uma melancólica inexpressividade — provavelmente, pelo contrário.

Os casos dos Estados Unidos, da França e do Brasil, muito brevemente examinados, ilustram o quanto é impossível discorrer sobre o conteúdo de referenciais como "movimento ecológico", "ambientalismo" etc. fazendo--se vista grossa às peculiaridades histórico-geográfico-culturais de cada país ou região. Como se isso não bastasse, as fronteiras, na realidade dos ativismos ambientalistas ou ecológicos, são particularmente nebulosas e nada lineares. Ativistas preservacionistas costumam atuar como agentes externos a um dado local, e não raro se chocam com os interesses e direitos de populações tradicionais; não por acaso, eles têm uma origem de classe geralmente distinta. Porém, um técnico que dá assessoria popular (por exemplo, para a construção de biodigestores populares em favelas e periferias) não deixa de ter, com seu engajamento, elementos de ativista em sua identidade e em seu comportamento, e ele também possui uma origem de classe que contrasta com a classe social dos indivíduos e grupos com os quais colabora, além de também ser um agente externo...

Todavia, nem tudo é ativismo, e muito menos movimento. As práticas podem se manifestar de jeitos variados, misturados e, ainda por cima, mutáveis. A esta altura, mostra-se útil introduzir outro conceito, que pode nos ajudar a lidar com o cipoal filosófico e ideológico que é o universo dos ecologismos e ambientalismos: o de *subcultura*. Tomo esta palavra em um sentido mais amplo do que aquele original, ou tal como ainda hoje comumente empregado por sociólogos e antropólogos, para quem as subculturas aparecem como grupos de indivíduos com hábitos comportamentais e estilos de vida "desviantes" em relação ao *mainstream* cultural ou cultura dominante. A mim importa registrar as diferenças discursivas e até de modo de vida, sem assumir *a priori* que se trata de algo "desviante" em comparação com alguma norma. O que cumpre é, isso sim, ressaltar a diversidade não só de interpretações, mas de maneiras de se comportar ativamente, ainda que nem sempre desemboquem em ativismos em sentido forte: fundando organizações e "comunidades", buscando ou recusando alianças, empregando em graus e modos variáveis a luta institucional e a ação direta.

Se a "subcultura" nos remete mais diretamente a uma dimensão — seja perdoada a obviedade — *cultural*, os conceitos de "movimento" e "ativismo" são eminentemente *políticos*. O que não quer dizer que não se entrecruzem e superponham parcialmente. Contudo, as implicações culturais de um ativismo podem ser negligenciáveis ou mesmo nulas, ainda que um ativismo jamais ocorra em um vácuo político (no caso de um efetivo movimento, sua profundidade e seu alcance sugerem que os pilares mesmos de uma mentalidade ou de um imaginário também devem estar sendo direta ou indiretamente questionados, quando não abalados). Similarmente, uma subcultura, mesmo sem jamais dissociar-se de um universo societário povoado por relações de poder, não precisa traduzir-se sempre ou cristalinamente em um ativismo organizado, e muito menos em um movimento social. No caso do ecologismo e do ambientalismo, com efeito, vemos de tudo: "estilos de vida" embalados por um grau maior ou menor de politização e contestação do *status quo*, organizações e ideologias partidárias e antipartidárias, estadocêntricas, estadocríticas e estadofóbicas, e assim sucessivamente.

Encontramos, pois, ecologismos ou ambientalismos menos ou mais próximos entre si, menos ou mais distantes, e não raro em conflito... Devemos, a todo momento, nos perguntar: estamos perante uma subcultura menos ou mais desafiadora e insurgente, menos ou mais desviante, menos ou mais de resistência?... Será um exotismo inofensivo aquilo que vemos aqui e acolá? Quando as críticas são capturáveis ou foram capturadas pelo mundo da mercadoria? Quando as dissidências contraculturais são incômodas e/ou difíceis de classificar e assimilar?

Uma das linhas de clivagem mais marcantes, mas de modo algum a única, é a fratura que coloca, de um lado, o antropocentrismo, e, de outro, o ecocentrismo e o biocentrismo. Mas essa classificação é ardilosa, e o problema já começa com o ecocentrismo e o biocentrismo: serão sinônimos ou, como sugerem vários analistas, posições próximas e largamente convergentes (sobretudo em sua oposição ao "ominoso" antropocentrismo), ainda que ligeiramente distintas? Para aqueles que propõem que se estabeleça uma diferenciação entre os dois conceitos, haveria uma distinção de escopo e atitude que, em algumas situações, conduziria a divergências irreconciliáveis (daí, aliás, a conveniência da diferenciação conceitual): enquanto os intelectuais, pesquisadores e ativistas ecocêntricos teriam por foco (geo)ecossistemas inteiros, seus contrapontos biocêntricos concentrariam seus esforços essencialmente nos organismos vivos, inclusive em espécies específicas e seus exemplares individuais, devotando-lhes uma reverência que, em alguns casos, beira ou mesmo atinge o plano do misticismo. Em decorrência dessa discrepância, enquanto um pesquisador ou ativista ecocêntrico é capaz de cogitar que, em certas circunstâncias, populações de espécies animais que proliferaram demais a ponto de se tornarem um risco para espécies ameaçadas de extinção possam ser objeto de controle mediante a caça, ativistas e intelectuais biocêntricos tendem a considerar uma tal hipótese como abominável, por razões éticas. Não é difícil presumir e constatar que, na prática, a linha divisória entre ecocêntricos e biocêntricos amiúde não é nítida: seja porque muitos ecocêntricos se acham também tão imbuídos de uma ética de respeito à vida que qualquer decisão que acarrete o sacrifício de organismos vivos, ainda que com justificativas ecológicas, não lhes será fácil de tomar, seja porque muitos biocêntricos não deixam de cultivar um determinado nível holístico de preocupação, não sendo, portanto, tão bitolados quanto poderiam parecer à primeira vista.

E os problemas não param por aí; isso é só o começo. Haverá um único antropocentrismo, como dão a entender alguns? A mesma indagação, aliás, vale para o ecocentrismo e o biocentrismo. Me parece insustentável postular que cada uma dessas correntes seja homogênea. Pelo contrário, cada uma delas é bastante heterogênea, abrigando ideologias, visões de mundo, subculturas e ativismos diferentes e, muitas vezes, antagônicos entre si.

O esquema da **Fig. 23** nos ajuda a visualizar a imensa gama de possibilidades de combinações de elementos ideológicos e influências culturais em matéria de ativismo ecológico ou ambientalista. A linha contínua representa um indivíduo (ou organização) comprometido com o conservacionismo, adepto de uma visão de mundo antropocêntrica, avesso a críticas antissistêmicas, pouco sensível em face de direitos humanos e necessidades sociais, não propriamente animado por valores místicos ou religiosos, extremamente individualista e basicamente adepto da "livre iniciativa", opondo-se firmemente à regulação e à intervenção estatais. Podemos imaginar, com esse perfil, alguém significativamente distinto do indivíduo (ou organização) representado pela linha tracejada, que se descortina diante de nós como preservacionista, adepto de uma visão de mundo ecocêntrica e essencialmente crítica em relação ao sistema capitalista, com forte sensibilidade em face de direitos humanos e necessidades sociais, ateu (ou agnóstico), bastante simpático a valores comunitários e cooperativistas e, ao mesmo tempo, capaz de esposar uma postura fundamentalmente antiestatista. A combinação de elementos ideológicos e influências culturais nos faz supor que, salvo situações de grande incoerência, certas convergências ou proximidades são, na verdade, mais aparentes que reais: as sérias ressalvas que o primeiro indivíduo parece ter quanto ao papel do Estado nos levam a imaginar alguém que se identifica plenamente com a sociedade de consumo capitalista e simpatiza com narrativas teórico-políticas que, como o neoliberalismo, idolatram o mercado supostamente "livre", ao passo que o pronunciado antiestatismo do segundo provavelmente tem muito mais a ver com uma postura libertária, seja anarquista ou autonomista. Por fim, a linha pontilhada representa uma terceira situação, em que o preservacionismo e o ecocentrismo ou biocentrismo convivem com limitada propensão a críticas antissistêmicas, escassa predisposição a se mostrar sensível em face de direitos humanos e necessidades sociais, forte identificação com valores religiosos ou místicos, evidente pendor comunitário e uma cristalina tendência a desconfiar do Estado. Poderíamos ter, aqui, um ativista de formato político-ideológico *deep ecologist*.

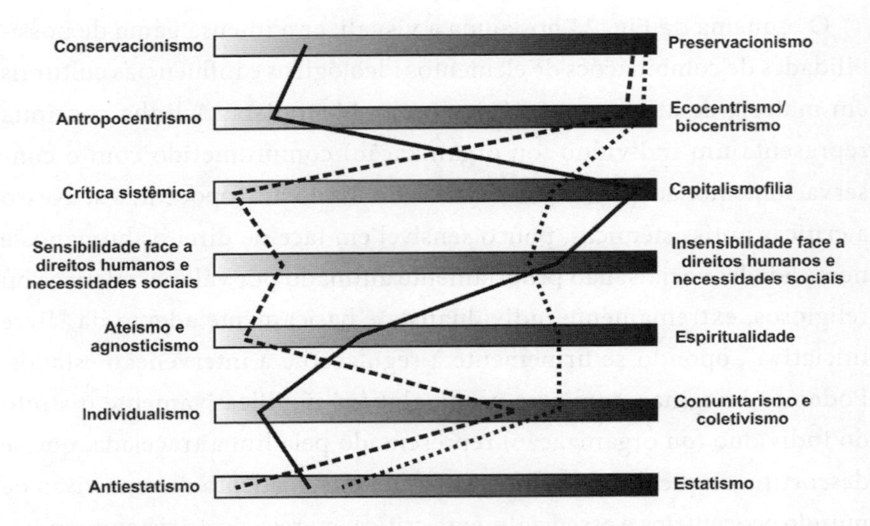

Fig. 23: Fontes ideológicas das correntes e posturas do ambientalismo/ ecologismo: incontáveis gradações e possibilidades de combinações de valores e princípios (e interesses).

Não é necessária muita imaginação para ver que há espaço para numerosíssimas combinações e virtualmente infinitas gradações, redundando em um sem-número de perfis possíveis. E dado que o valor de cada elemento ideológico ou influência cultural se define em parte à luz dos demais — ou seja, seu conteúdo é um pouco relativo, pois depende em certo grau do contexto —, até mesmo determinadas similitudes podem se revelar, como vimos, enganosas: as razões para se adotar um discurso hostil ao aparelho de Estado ou para se identificar com uma visão de mundo antropocêntrica podem ser incrivelmente díspares. Isso tudo evidencia o quanto, por trás de preocupações aparentemente comuns com o "meio ambiente" ou a "ecologia", abriga-se uma miríade de atitudes e ideologias, cada qual repleta de matizes. Como seria possível, nessas circunstâncias, cogitar a existência de um único "movimento ecológico" ou coisa que o valha? Valores e elementos ideológicos concernentes ao cuidado com o ambiente em que se vive — do bairro ao planeta — pululam e se infiltram aqui, ali e acolá, das páginas dos jornais e das telas de TV aos livros escolares e aos discursos de ONGs. Os interesses mais variados se sentem encorajados ou pressionados a tomar posição e dizer algo a respeito, e passam a também animar um cenário já saturado de atores e discursos: enquanto as universidades produzem conhecimentos técnico-científicos e análises às vezes críticas sobre os discursos dos vários agentes, os órgãos estatais nacionais e supranacionais patrocinam levantamentos e estudos e publicam seus relatórios e suas recomendações legislativas, as ONGs encampam causas como a "cidadania ambiental" e a "educação ambiental", as organizações de ativismos sociais denunciam injustiças e elaboram alternativas e contraplanos, e o capital privado descobre as virtudes e os benefícios da "responsabilidade ambiental das empresas" e do "selo verde". O "ambiental" e a "ecologia" tornam-se ubiquitários. A ironia é que tudo aquilo que está em todo lugar acaba não estando em quase lugar algum, ao menos com densidade e autenticidade.

6. Da governamentalização da natureza à securitização do ambiente

"O ecolimite, para mim, foi muito bom." Para alguém que não morava no Rio de Janeiro na época ou não acompanhou de longe uma controvérsia que teve seu momento de grande celeuma noticiada nacionalmente pela mídia em 2009, essa frase deveria soar enigmática — pelo menos, esse seria o caso de quem não tivesse lido o **Cap. 3**, no qual a polêmica estratégia dos "ecolimites", com a qual a Prefeitura do Rio de Janeiro (em seguida imitada pelo governo estadual) buscou conter, por meio de cabos de aço e muros, a expansão das favelas cariocas, a partir da década passada, foi já mencionada. Curiosamente, aquela declaração não saiu da boca de nenhum representante (direto) do Estado: são palavras ditas ao autor deste livro, em outubro de 2017, pelo presidente de uma das associações de moradores de favelas da zona de amortecimento do Parque Nacional da Tijuca. Com isso, presumo que até mesmo alguns que julgam estar bem informados sobre os tais "ecolimites" acharão a frase, ainda assim, enigmática, pelo talvez surpreendente "para mim, foi muito bom".

Ao contrário do que alguns (ou muitos) gostariam de acreditar, os "ecolimites", com toda a sua simbologia de segregação residencial e estigmatização e culpabilização das favelas, não foram homogeneamente rechaçados pelos moradores das favelas do Rio de Janeiro. Rogério Haesbaert, que acertadamente lê os "ecolimites", foucauldianamente, como um exemplo de "biopolítica" (HAESBAERT, 2014: 244), enfatiza, como outros autores aliás também o fizeram, a dimensão segregatória e estigmatizante daquele programa, mas deixa escapar o aspecto mais insidioso da questão: a criação de teias de consentimento *no interior dos próprios espaços segregados*. MACHADO (2013) já havia reportado, *en passant*, o apoio dado aos "ecolimites" por alguns presidentes de associações de favelas, como o famigerado "Nadinho" (Josinaldo Francisco da Cruz) de Rio das Pedras, ligado a milícias paramilitares e que conseguiu eleger-se vereador (tendo sido assassinado em 2009), e William de Oliveira, o "William da Rocinha" (condenado em 2013 a quatro anos de prisão por associação para o tráfico de drogas); mas a capilaridade do processo ideológico de aceitação dos "ecolimites" por uma parcela dos moradores de favelas é muito maior do que o seu estudo, baseado em acompanhamento de matérias da grande imprensa e exame de documentos oficiais, nos faz suspeitar. Ela se entrelaça com a própria capilaridade dos processos de reprodução e legitimação do aparelho de Estado em escala microlocal, por meio dos assim chamados "líderes comunitários" que, muito frequentemente, atuam como intermediários entre políticos profissionais (do Executivo e do Legislativo) e a base social constituída pelos residentes dos espaços segregados que representam, principalmente para os candidatos a prefeito, governador, vereador e deputado estadual, preciosos mananciais de votos.

Sintomaticamente, alguns presidentes de associações de moradores que defendem aquela estratégia de controle sócio-espacial, ou geoestratégia, chegam ao ponto de acusar um ou outro desafeto ocupando posição similar em alguma das outras favelas do entorno do Parque Nacional da Tijuca de fazer vista grossa à transgressão dos "ecolimites" e, em certos casos, de até mesmo ter um papel ativo para, literalmente, lucrar com isso. Graças a conversas travadas nos últimos anos, nos marcos de trabalhos de campo e interações diversas, pude ver que, a despeito da recusa indignada que, em 2009, cercou a denúncia do "Muro da Rocinha" e seus congêneres como uma aberração típica de uma sociedade ultraelitista e ainda hoje marcada pela herança escravocrata, processos de legitimação em certa medida endógenos tiveram e têm tido lugar nas favelas do Rio de Janeiro. Isso não suprime, obviamente, a existência de uma dialética entre o endógeno e o exógeno: a aceitação de uma tal política por segmentos da população pobre e explorada não é algo que brota espontaneamente no interior de seus espaços de moradia, mas sim um vetor ideológico que é em boa medida incutido a partir do exterior e por conta de interesses externos, que se valem de sua capacidade de comprar (des)lealdades internamente aos espaços segregados. De qualquer maneira, estamos diante de um panorama certamente perverso, seguramente desconcertante — mas nem por isso menos real.

O tema deste capítulo, ou o primeiro de seus dois temas (que formam, na verdade, uma espécie de *continuum*), é o que está por trás desse tipo de situação, do qual o caso do Rio de Janeiro e seus "ecolimites" é emblemático: a *governamentalização da natureza*. Debrucemo-nos um pouco sobre esse processo às vezes sutil, mas sempre cheio de implicações. Antes de prosseguirmos, esquadrinhando a construção da "governamentalização da natureza", esclareçamos, porém, o sentido que se atribui aos vocábulos "governamentalidade" e "governamentalização".

"Governamentalidade" é um termo tomado de empréstimo a Michel Foucault, conquanto não haja, nas presentes páginas, preocupações de fidelidade, até mesmo porque o próprio Foucault não parece ter sido sempre muito fiel a si mesmo. Passemos, quanto a esta provocação, a palavra a Thomas Lemke, exímio conhecedor da obra do filósofo: "o uso que Foucault faz dos termos 'governo' e 'governamentalidade' é marcado pela inconsistência, tendendo a mudar com o tempo"[92] (LEMKE, 2013:38)... Ainda que incontornável, a contribuição de Foucault será assumida, aqui, não mais que como um ponto de partida.

Introduzido por Michel Foucault durante seus últimos anos de vida, no âmbito de suas preleções no Collège de France a partir de 1977 (ver, especialmente, FOUCAULT [2008a e 2008b]), o termo "governamentalidade" (*gouvernementalité*) adquiriu, já com ele, uma multiplicidade de acepções. A mais geral e abstrata é "a arte de governar". Entretanto, o filósofo não designava, por esse termo, somente o governo no contexto do aparelho de Estado (governo estatal), mas sim a "condução das condutas", em um sentido muito amplo: o governo da casa e da família, e até mesmo o governo de si mesmo (o assim chamado "autocontrole"). "Governamentalidade"

---

92. Em inglês, no original: "Foucault's use of the terms 'government' and 'governmentality' is marked by inconsistency, tending to change over time."

também se refere às estratégias e "tecnologias de poder" (expressão caracteristicamente foucauldiana) através das quais uma sociedade se torna governável, à maneira de como melhor governar e à reflexão sobre as melhores formas de governo (o que é, evidentemente, uma questão de perspectiva). Para as finalidades do tema deste capítulo, uma acepção nos deve ser particularmente cara: aquela que liga a "governamentalidade" ao *modo como se tenta produzir "bons cidadãos"*, isto é, os cidadãos cordatos e colaborativos em face das políticas do Estado, mediante a introjeção de valores e a adoção de hábitos comportamentais que os tornem, por assim dizer, prolongamentos do Estado e apoiadores menos ou mais conscientes dos desígnios estatais.

A aplicação da ideia de governamentalidade à regulação das relações entre a sociedade e o "mundo natural" (tal como visto através das lentes de uma época, de uma cultura e de agentes específicos, notadamente o Estado, mas também os cidadãos que com este interagem) já foi objeto de alguns trabalhos importantes, como alguns dos ensaios incluídos em uma coletânea organizada por Éric Darier (DARIER, 1999) e, principalmente, o importante livro de Arun Agrawal, *Environmentality* (AGRAWAL, 2005). Arun Agrawal, em particular, nos oferece uma poderosa reflexão, inspirada pelas mudanças de atitude de moradores de áreas rurais da Índia no que concerne à conservação das florestas, em função de interesses do Estado já na época colonial (inicialmente ligados à demanda por madeira para a construção de navios para a Marinha britânica), com prolongamentos e desdobramentos após a independência. Acompanhando um longo arco temporal, ele documenta e investiga um processo de câmbio institucional, de comportamento e de mentalidade no transcurso do qual aldeões do norte da Índia mudaram sua atitude, passando do protesto contra regulamentações ambientais e de proteção das florestas (do que resultaram fortes conflitos nos anos 1920) para o papel de defensores das florestas — às vezes ao custo da introdução de novas e curiosas contradições sociais, como o cercamento dos *commons* (bens comuns) locais em nome da proteção ambiental. A governamentalização da natureza relatada por Agrawal equivale ao que Arturo Escobar apropriadamente qualificou de "colonialidade da natureza" (*coloniality of nature*), análoga e imbricada com a colonialidade do saber e do poder:

> Muito esquematicamente, as principais características da colonialidade da natureza, estabelecidas por inúmeros discursos e práticas na Europa pós-renascentista e além, incluem a classificação em hierarquias ("razão etnológica"), com os não modernos, os primitivos e a natureza bem lá embaixo na escala; visões essencializadas da natureza como estando situadas fora do domínio humano; a subordinação do corpo e da natureza à mente (tradições judaico-cristãs, ciência mecanicista, falogocentrismo moderno); ver os produtos da terra como apenas produtos do trabalho, subordinando assim a natureza aos mercados impulsionados pelo ser humano; localizar certas naturezas (natureza colonial e do Terceiro Mundo, corpos das mulheres, corpos escuros) fora da totalidade do mundo masculino eurocêntrico; subalternização de todas as outras articulações da biologia e da história com os regimes modernos, particularmente daquelas que estabelecem uma continuidade entre os mundos natural, humano e sobrenatural — ou entre ser, conhecer e fazer.[93] (ESCOBAR, 2008:121)

O caso dos "ecolimites" no Rio de Janeiro, de qualquer modo, provê igualmente uma ótima ilustração, não menos que o quadro descrito e analisado por Arun Agrawal, por mostrar como uma geoestratégia perversa, nitidamente segregacionista, elitista e autoritária, pode terminar obtendo aprovação por parte até mesmo de uma parcela dos moradores mais pobres e estigmatizados. Os "ecolimites" podem demonstrar que há vários fatores em ação, como o oportunismo de presidentes de associações de moradores

---

93. Em inglês, no original: "Very schematically, the main features of the coloniality of nature, as established by myriad discourses and practices in post-Renaissance Europe and beyond, include classification into hierarchies ('ethnological reason'), with nonmoderns, primitives, and nature at the bottom of the scale; essentialized views of nature as being outside the human domain; the subordination of the body and nature to the mind (Judeo--Christian traditions; mechanistic science; modern phallogocentrism); seeing the products of the earth as the products of labor only, hence subordinating nature to human-driven markets; locating certain natures (colonial and third world natures, women's bodies, dark bodies) outside of the totality of the male Eurocentric world; the subalternization of all other articulations of biology and history to modern regimes, particularly those that enact a continuity between the natural, human, and supernatural worlds — or between being, knowing, and doing."

fisiologicamente vinculados aos interesses de políticos profissionais e da administração estatal; mas também resta evidente que, na contramão de qualquer solidariedade de classe ou, como diriam os velhos marxistas, de uma "consciência de classe", muitos moradores de espaços segregados, induzidos talvez pelo medo mas também por sentimentos mesquinhos como egoísmo e indiferença, acalentam a esperança de que, estando eles já "garantidos" (porque dentro dos ecolimites de uma favela específica), talvez escapem de quaisquer ameaças e até se perfilem melhor como "cidadãos de bem e ordeiros" caso não deixem dúvidas de que não concordam com qualquer nova expansão do espaço que habitam. A racionalidade é aquela expressa por uma velha máxima popular brasileira, epítome da esperteza nada solidária: "farinha pouca, meu pirão primeiro!".

Para os marxistas tradicionais, a solidariedade de classe emerge quando a "classe em si" (*Klasse an sich)* se torna também "classe para si" (*Klasse für sich*), isto é, cônscia da exploração que sofre, de seus direitos e de seu "papel histórico". O problema é que esse esquema, sem dúvida sedutor e plausível à primeira vista, pressupõe que a constituição da própria materialidade da classe seja vista como processualmente descolável de tudo aquilo que incentiva o surgimento de uma identidade de classe. Como Edward P. Thompson, ele próprio vinculado à linhagem do pensamento marxista, há muito nos ensinou, a constituição da identidade de classe é inseparável das lutas e da experiência (inclusive quotidiana) de vida e trabalho que marcam as vidas dos integrantes de uma classe social. Para Thompson, a "classe social" seria irredutível a uma realidade puramente objetiva ou "estrutura": ela seria, antes de mais nada, uma *relação* (que é, aliás, a maneira como Marx compreende o próprio conceito de capital), e como tal historicamente construída e mutável. No seu entendimento, "(...) a classe acontece quando alguns homens, como resultado de experiências comuns (herdadas ou partilhadas), sentem e articulam a identidade de seus interesses entre si, e contra outros homens cujos interesses diferem (e geralmente se opõem) dos seus" (THOMPSON, 1987:Vol. I, pág. 10). Um passo adicional e constataremos que as classes, ainda que se definam, inicialmente, pelo papel que ocupam na esfera da produção, são produto de relações tanto econômicas quanto culturais-simbólicas e de poder. E mais: os quadros de vida e os locais de moradia podem ser espaços cruciais de (re)fazimento de identidades, alianças e perspectivas de classe, ainda mais em uma época e em países em que os trabalhadores pobres se acham em grande parte dispersos, tanto no espaço quanto funcionalmente (ambulantes e outros tipos de trabalhadores informais e "hiperprecários"). Muitas vezes, será não somente nas fábricas que serão forjadas novas identidades e serão experienciadas situações de solidariedade e luta, mas em ocupações de sem-teto, em favelas e em loteamentos irregulares, ainda que de modo embrionário ou "incompleto" — mas sem dúvida politicamente denso, ao menos em comparação com os assalariados de baixa remuneração mas pouco ou nada organizados de um *shopping center* ou do comércio em geral, em seus locais de trabalho.

No que diz respeito à "proteção ambiental", devemos sempre fazer a famosa pergunta de Cicero: *cui bono* (a quem isso beneficia?). Dentro do espírito dessa máxima latina, utilizada para sugerir que existe um motivo oculto para algo, em muitos casos podemos pressupor que por trás das preocupações quanto à "proteção ambiental" em nome do "bem comum" e "do interesse público" há, na realidade, interesses privados e governamentais que podem ser assaz contraditórios com a justiça social. Com efeito, sob a bandeira da "ecologia", o discurso da "proteção ambiental" é muitas vezes instrumentalizado contra os pobres. A maneira como os próprios pobres reagem diante de tais situações está longe de ser homogênea, muito menos heroica, porquanto o heroísmo — matéria sempre controvertida e suscetível de manipulações diversas — costuma tombar diante das vicissitudes de uma vida diária embrutecedora e da prioridade conferida à pura e simples sobrevivência individual ou familiar, mormente no interior de culturas intensamente modeladas pelo individualismo. Em um país periférico ou semiperiférico, a solidariedade quotidiana parece, indubitavelmente, estar bem mais presente entre os pobres que na classe média, com as teias de ajuda mútua substituindo parcialmente os equipamentos e serviços que os endinheirados adquirem no mercado e a classe média exige e obtém do Estado; mesmo assim, nenhuma classe e nenhum grupo social escapa incólume do aumento galopante do individualismo no mundo contemporâneo.

A introjeção de preocupações, excessivas ou não, com assuntos como separação e reciclagem de lixo, "selo verde" e evitar o desperdício de água e outros recursos por parte de consumidores e usuários, é em larga medida, independentemente de sua justeza em si mesma, também uma ilustração da eficácia de uma narrativa que, destilada sobretudo por instituições do Estado ou ainda de empresas privadas com vasto suporte da mídia e do sistema de ensino, representa acima de tudo a consolidação de uma determinada visão sobre a assim chamada "sustentabilidade". Não se trata, aqui, de menoscabar ou desqualificar, *a priori*, qualquer iniciativa, programa ou campanha que tenha por meta poupar recursos escassos. O que se deseja sublinhar é que se trata de *uma* narrativa/visão entre várias possíveis, e justamente uma narrativa/visão que deixa na sombra as causas profundas da *in*sustentabilidade *ecológica e social* do sistema capitalista, transferindo grandemente para a esfera do consumidor ou usuário individual (ou, quando conveniente, também das empresas individualmente consideradas), a responsabilidade pela "proteção do meio ambiente", na base de um discurso antes moral que político: "consumo consciente", "responsabilidade ecológica das empresas" e outras fórmulas do mesmo jaez.

E quanto à "securitização do ambiente"? A palavra "securitização" admite dois significados: o primeiro e talvez mais corrente diz respeito a um artifício de pulverização de risco financeiro, que consiste em agrupar ativos de vários tipos e proveniências (dívidas oriundas de empréstimos e faturas emitidas e ainda não pagas, entre outros), transferindo a dívida, sob a forma de títulos, para investidores. Muito embora a problemática ambiental, como brilhantemente analisou KEUCHEYAN (2016), venha crescentemente dando margem a uma "financeirização da natureza" em que os riscos climáticos, ou seja, os riscos referentes a eventos climáticos extremos e aos desastres a eles relacionados, são objeto de complicadas operações de contratação de seguros e outras formas de lucrar com o risco ambiental, de um modo bastante condizente com a era da globalização neoliberal, não é isso que irei abordar. A acepção que ora interessa é aquela que costuma transitar nas discussões geopolíticas e de relações internacionais, em que "securitizar" uma questão ou um tema significa convertê-lo em assunto afeto à "segurança" estatal — o que significa dizer que, a partir daí, medidas extremas, no tocante à mobilização e ao emprego de meios legais e mesmo militares, se tornam cogitáveis e justificáveis. "Securitizar" equivale, a partir de uma perspectiva socialmente crítica e radicalmente democrática, a abrir uma caixa de Pandora, porquanto bem pode representar um ótimo pretexto para restringir ainda mais liberdades e direitos. Seu sabor liberticida é, assim, irretorquível, por mais que uma espessa névoa cerque de dúvidas, hesitações e sofismas esse debate.

A declaração de Robert Kaplan, de acordo com a qual "o meio ambiente [é] *a* questão de segurança nacional do início do século XXI" ("the environment [is] *the* national-security issue of the early twenty-first century": KAPLAN, 1994:58), tem sido frequentemente citada desde que foi publicada há duas décadas e meia. Aliás, desde o final da década de 1980 e no início da década de 1990, o pensamento geopolítico criou um conceito de (e uma agenda para a assim chamada) "segurança ambiental". Ainda que a literatura sobre esse tema não costume dar atenção a Michel Foucault e seus conceitos, há um forte nexo de ligação tanto lógico-conceitual quanto e sobretudo político entre ela e a governamentalização da natureza.

As preocupações ambientais vêm ensejando uma crescente literatura proveniente de espaços intelectuais e institucionais que talvez pareçam surpreendentes a alguns: centros de pesquisa universitária, *think tanks* "independentes" e organismos e agências estatais voltados para a reflexão sobre a "segurança nacional" e a elaboração de um pensamento geopolítico. Porém, pensando bem, por que haveria de ser surpreendente? A Geopolítica, desde Mackinder e Haushofer, sempre valorizou a análise de tudo aquilo que representa, encerra ou serve para projetar continental ou mundialmente o "poder nacional", ou que potencialmente se constitua em alvo da cobiça de potências estrangeiras. Recursos naturais como minérios e petróleo são apenas as ilustrações mais óbvias. Em uma época em que a "biopirataria", as cada vez mais escassas reservas minerais estratégicas e o manancial de possibilidades representado pelos recursos dos oceanos ou das grandes florestas tropicais estão cada vez mais na ordem do dia, ao lado de espectros sempre temidos e conjurados como o aquecimento global e efeitos como a elevação do nível do mar e a maior frequência de eventos climáticos extremos, em tudo aquilo que diga respeito ao bem-estar e o futuro da humanidade, seria mesmo de se esperar que a agenda da "segurança" buscasse absorver também uma "pauta ambiental" — com ou sem implicações propriamente policiais e militares explícitas.

O que está em curso é a ascensão de uma "*ecogeopolítica*" com várias facetas, que abrange desde as já tradicionais questões envolvendo uma leitura geopolítica do problema do acesso e do controle das fontes de energia até uma emergente "ecogeopolítica urbana" (SOUZA, 2015b e 2016b). Cabe, entretanto, discorrer um pouco sobre a natureza da prática geopolítica e a geopolítica da natureza, até porque alguns dos empregos do termo "geopolítica" podem causar estranheza, notadamente a referida "ecogeopolítica urbana".

Alguns autores tentaram chamar nossa atenção para o fato de que a Geopolítica, enquanto campo de conhecimento apesar da maldição que parece acompanhar essa palavra desde o surgimento da Geopolítica nazista na década de 1920 ou mesmo logo depois de a palavra ter sido cunhada por Rudolf Kjellén na década anterior —, deveria ser entendida como um assunto mais amplo do que a usual associação "Estados-nação + relações internacionais + poder militar + condições geográficas" costuma fazer supor. Ao fazê-lo, eles defenderam, de diversas maneiras, a dupla tese segundo a qual 1) a temática da Geopolítica seria muito mais diversificada do que a maioria das pessoas imagina e 2) os conteúdos políticos da Geopolítica não seriam necessariamente conservadores.

Ambas as reivindicações foram feitas por Yves Lacoste na França, nas décadas de 1970 e 1980. Na edição ampliada de seu famoso livro *La géographie, ça sert, d'abord, à faire la guerre*, Lacoste ofereceu uma definição bastante sintética que é muito sintomática: considerando a palavra *géopolitique* em seu "sentido forte" (*sens fort*), "trata-se das relações entre forças políticas precisamente localizadas, sejam oficiais ou clandestinas: lutas sangrentas entre grupos étnicos ou facções religiosas, guerras entre nações, luta de um povo por sua independência, ameaças de conflito entre os principais Estados"[94] (LACOSTE, 2014:231). Ele acrescenta imediatamente que, "no sentido original do termo" (*au sense fondateur du terme*), ela compreende "as rivalidades entre poderes sobre um território, grandes ou menores, mesmo aqueles incluídos nas aglomerações urbanas"[95] (LACOSTE, 2014:231).

---

94. Em francês, no original: "il s'agit de rapports entre des forces politiques précisément localisées, qu'elles soient officielles ou clandestines: lutes sanglantes entre groups ethniques ou factions religieuses, guerres entre nations, lutte d'un people pour son independence, menaces de conflits entre grands États".

95. Em francês, no original: "(...) des rivalités de pouvoirs sur un territoire, qu'il soit de grandes ou de petites dimensions, y compris au sein des agglomerations urbaines".

No entanto, é importante lidar separadamente com essas duas reivindicações: em primeiro lugar, que o objeto da Geopolítica é muito mais diversificado do que a maioria das pessoas presume; em segundo lugar, que os conteúdos políticos da geopolítica não são necessariamente conservadores. Não é necessário que concordemos com essas duas afirmações ao mesmo tempo.

Em um plano bastante abstrato, é defensável, em princípio, a ideia de que a "Geopolítica" não é senão uma abordagem explicitamente política da análise sócio-espacial. Além disso, considerando que o "poder" e tudo o que é "político" pode ser tanto heterônomo quanto autônomo de acordo para as circunstâncias,[96] isso implicaria que as práticas espaciais de uma multiplicidade de agentes poderiam ser vistas como "geopolíticas", incluindo, por exemplo, movimentos sociais emancipatórios. Mas reconhecer a pluriescalaridade da análise geopolítica é uma coisa; pretender sustentar uma visão de que podemos cultivar algum tipo de Geopolítica "radical" ou "crítica" (da mesma forma que alguns pesquisadores anglófonos fizeram com outro campo "suspeito", a Criminologia), é outra bem diferente. Existem vários outros autores, especialmente entre os anglo-saxões, que recentemente sugeriram um tipo semelhante de reabilitação progressista da Geopolítica, chegando ao ponto de propor termos como "*alter-geopolitics*" (não deveríamos, aliás, esquecer, como os anglo-saxônicos frequentemente o fazem, de que Lacoste já usara a expressão *d'autres géopolitiques* três décadas atrás...). O que todos parecem subestimar é o peso do uso histórico efetivo das palavras. Ninguém pode se dar ao luxo de, pura e simplesmente, ignorar esse peso, sob pena de arremeter contra moinhos de vento ou acrescentar desnecessárias camadas de confusão a um debate que sempre foi tenso e difícil.

---

96. Ver, sobre isso, CASTORIADIS (1983 e 1990); consulte-se, para aplicações dessa abordagem no domínio da pesquisa sócio-espacial, SOUZA (2006a, 2012b, 2012c e 2017). No tocante ao conceito de *autonomia*, aliás, cabe esclarecer que ele nada tem a ver com ensimesmamento social ou isolamento territorial, e tampouco com uma autonomia puramente individual, de cariz kantiano. A autonomia, na obra de Cornelius Castoriadis, refere-se à *igualdade efetiva de condições de exercício do poder* (não sendo a mesma coisa, note-se, que uma simples *negação do poder*, como acontece na interpretação clássica da noção de *anarquia*), em que se parte da premissa de que o poder — a capacidade de influenciar as opiniões, os comportamentos e as ações de outrem — é uma dimensão inerente a qualquer sociedade. Sobre o conceito de autonomia, deve o leitor recorrer, em primeiro lugar, aos numerosos escritos de CASTORIADIS (1975, 1983, 1986d, 1990, 1996, 1997a e 1997b); complementações úteis e matizes foram por mim introduzidos em SOUZA (2006a), entre outros trabalhos.

Outros esforços com o objetivo de atualizar o estudo da Geopolítica foram menos flexíveis e, talvez, mais realistas. Mesmo um geógrafo como Gearóid Ó Tuathail, que elogiou Lacoste e reconheceu seu papel pioneiro, defende uma "*critical geopolitics*" mais como uma abordagem *crítica do assunto* do que como uma espécie de reabilitação progressista, mesmo que ele descreva suas obras como "obras de geopolítica com uma agenda radical" ("works of geopolitics with a radical agenda": Ó TUATHAIL, 1996:20). Não é acidental que ele enfatize o objeto da Geopolítica como sendo (e aqui ele cita um trabalho anterior, escrito em coautoria com John Agnew) "o estudo da política internacional por poderes centrais e Estados hegemônicos" (Ó TUATHAIL, 1996:60). Ao fazê-lo, ele liga inextricavelmente a Geopolítica com o governo estatal.

Definitivamente, não vou tão longe quanto Lacoste e outros geógrafos que tentaram reabilitar a análise geopolítica ou a palavra "Geopolítica", ainda que eu compreenda as suas razões e compartilhe alguns de seus argumentos. É no mínimo duvidoso que investir em uma "Geopolítica crítica" ou "*alter-geopolitics*" seja uma tarefa promissora, devido ao fato de que é extremamente difícil libertar o termo do seu significado conservador. O sucesso muito limitado dos esforços de Lacoste nessa direção, após várias décadas, é provavelmente uma forte evidência em favor do meu argumento. Por esta razão, penso, pragmaticamente, que devemos reservar o termo para situações em que deparamos com *intervenções e estratégias estatais visando ao controle sócio-espacial e/ou à expansão da influência política ou estratégico-militar.*

No entanto, devemos também admitir (igualmente por razões pragmáticas) que estamos testemunhando uma crescente interconectividade de vários níveis de ação. Assim como a "ecogovernamentalidade" contemporânea é essencialmente pluriscalar (os "cuidados com o planeta" costuram desde modestas iniciativas locais até a tentativa de despertar uma "consciência ecológica global" que dê respaldo a tratados, convenções e acordos internacionais), acabamos por descobrir ou perceber, mais cedo ou mais tarde, a relevância política *supralocal* do nível local para fins de "segurança nacional" e os efeitos políticos locais de agendas políticas e estratégicas nacionais e até mesmo internacionais/globais. Da mesma forma que a "biopolítica" — vocábulo cunhado por Rudolf Kjellén, ainda que o conceito tenha sido explorado sistematicamente e popularizado por Michel Foucault —, a Geopolítica não pode ser tornada refém de uma má compreensão do papel e da complexidade das escalas geográficas no mundo contemporâneo. Quanto a isso, uma abordagem como a de Ó Tuathail, que claramente privilegia a compreensão da "*geopolitics*" como uma "espacialização da cena política global" ("spatialization of the global political scene": Ó TUATHAIL, 1996:68), parece também estreitar demasiadamente o escopo analítico.

Faz sentido defender uma visão semelhante à proposta pela Escola de Copenhague em relação aos estudos sobre segurança, ao definir "segurança" e "securitização" não mais como algo circunscrito às questões militares e aos protagonistas tradicionais da agenda da "segurança nacional" (BUZAN *et al.*, 1998). De forma semelhante à "agenda alargada" (*wider agenda*) proposta pela Escola de Copenhague para os *security studies*, penso que é útil desenvolver uma "agenda alargada" também para a crítica da Geopolítica — uma agenda que, por exemplo, incorpore sem hesitar determinados problemas urbanos como assuntos importantes. Talvez pelo meu envolvimento pessoal com a interface entre estudos urbanos e Ecologia Política, mas principalmente por levar em conta a crescente relevância que os problemas ambientais urbanos vêm adquirindo a reboque dos processos de urbanização e metropolização, tenho sido levado a crer que se justifica darmos uma atenção especial a esse tópico.

Na verdade, as cidades e a urbanização sempre estiveram presentes como objetos de reflexão no contexto do pensamento geopolítico, desde o início. Já na década de 1930, vários artigos publicados na revista geopolítica alemã *Zeitschrift für Geopolitik* mostraram como o crescimento urbano e a crescente taxa de urbanização eram negativamente relevantes aos olhos dos geopolíticos do Terceiro Reich, que cultivavam uma abordagem claramente "urbanofóbica" das cidades no âmbito de sua visão de mundo reacionária (consulte-se, p.ex., BURGDÖRFER, 1933; HARMSEN, 1933a e 1933b; HAUSHOFER [Albrecht], 1933; HAUSHOFER [Karl], 1933; HELLPACH, 1936). No entanto, mesmo se algumas contribuições posteriores à análise geopolítica — muitas vezes de um ponto de vista crítico — prestaram grande atenção às cidades e à urbanização,[97] o termo "Geopolítica" manteve-se

97. Como o livro de José William Vesentini sobre Brasília e seu significado e papel geopolíticos (VESENTINI, 1987).

basicamente relacionado com escalas geográficas que não a local na imaginação pública e no discurso geral sobre questões e problemas geopolíticos.

A Geografia e a pesquisa sócio-espacial em geral têm comumente falhado em reconhecer que as alusões ao "planejamento urbano" e à "gestão urbana" provavelmente não são suficientes para explicar adequadamente o contexto de vários tipos de práticas de controle sócio-espacial em um crescente número de situações. O planejamento urbano quase sempre é orientado, ao menos em suas versões *mainstream*, para a neutralidade axiológica, reprimindo sua dimensão política e evitando assumir que incorpora determinados valores (para além, por óbvio, de vagas menções ao "bem comum"). Ocorre que, como o planejamento *sempre* tem a ver com relações de poder (planejar não é planejar apenas "coisas" e sua distribuição espacial, mas sim, em última análise, organizar *relações sociais*), há uma dimensão política relacionada ao espaço geográfico que é potencialmente uma dimensão *geopolítica*. Isso fica muito evidente no caso do planejamento promovido pelo Estado, que muitos tomam, equivocadamente, como sinônimo de planejamento urbano *tout court* (vide, a propósito, SOUZA, 2006a, 2006b, 2012 e 2017): o aparelho do Estado e seus planejadores, valendo-se de suas prerrogativas legais, institucionais e em matéria de meios econômico-financeiros e de controle social e repressão, estabelecem normas e padrões de uso do solo, regulação da circulação etc. que condicionam fortemente a vida social e, em última análise, colaboram decisivamente para a acumulação de capital e a reprodução capitalista do espaço, com todos os privilégios, desigualdades e iniquidades que estão aí embutidos. (Muitas vezes, aliás, o Estado influencia o desenrolar dos acontecimentos e as correlações de forças tanto ou mais mediante aparentes ou reais omissão ou inação quanto por meio de medidas e normas...) Embora o "planejamento urbano" e a "geopolítica urbana" geralmente possuam o mesmo referente empírico — a organização do espaço visando ao controle social e à consolidação e expansão do poder heterônomo por meio da produção de espaço de maneiras específicas —, os especialistas em planejamento urbano e as instituições estatais oficialmente vinculadas a atividades de planejamento não são, de modo algum, os únicos agentes que concebem ou patrocinam estratégias espaciais urbanas que poderíamos entender, em um sentido amplo, como "geopolíticas". Pelo contrário. Isso fica evidente quando consideramos casos como a interação entre remodelação do espaço urbano e estratégias relacionadas com o que foi chamado de "guerra urbana de baixa intensidade".

As primeiras tentativas de mostrar os vínculos entre as ações do Estado local e o controle sócio-espacial, prestando-se atenção, concomitantemente, a aspectos como o papel dos discursos e das preocupações militares e de "segurança nacional", foram feitas nos últimos vinte anos, seja em conexão com a análise da "militarização da questão urbana" no contexto de uma "guerra contra o crime" no "Sul Global" (SOUZA, 2000, 2008), seja em conexão com análises de contrainsurgência ou contraterrorismo em meio à "guerra urbana de baixa intensidade" ou aos "conflitos urbanos de baixa intensidade" no Norte Global ou em países ocupados por poderes imperialistas (GRAHAM, 2004, 2010). Nestes casos, é lógico que as tentativas governamentais de intervir na regulamentação do uso da terra, na acessibilidade urbana e até mesmo em aspectos do ambiente construído não podem ser reduzidas ao âmbito tradicional do planejamento urbano e, em especial, não podem ser limitadas às preocupações e aos esforços habituais das profissões ligadas ao planejamento urbano (sobretudo arquitetos) ou aos quadros de pessoal vinculados aos órgãos de planejamento das administrações locais. O nível local, obviamente, adquire uma relevância supralocal em tais casos. Uma *relevância geopolítica*.

Há, no entanto, outros exemplos menos dramáticos que o da "guerra urbana de baixa intensidade" e seus efeitos sobre o espaço das cidades. Uma etapa adicional de expansão do nosso entendimento do escopo da ideia de prática geopolítica, talvez ousada pelo seu cunho inusitado, é mais importante para os propósitos deste livro: não só em estratégias desenvolvidas para fins relacionados à "guerra contra as drogas" (ou contra a criminalidade violenta em geral) ou na luta contra a insurgência e o terrorismo (e mais cedo ou mais tarde contra os movimentos sociais emancipatórios, devemos acrescentar...), pode ser encontrada uma dimensão geopolítica. Não é difícil argumentar sobre a pertinência de se aventarem implicações e aspectos de ordem geopolítica quando consideramos situações em que as Forças Armadas estão diretamente envolvidas e os níveis nacional e internacional às vezes são explicitamente combinados com o nível local para produzir algum resultado específico em matéria de controle sócio-espacial, como foi o caso da "conexão Rio de Janeiro–Porto Príncipe" no âmbito da missão brasileira de "manutenção da paz" no Haiti, que perdurou entre 2004 e 2017 e durante a qual os bairros pobres de Porto Príncipe foram utilizados como "laboratórios" para as Forças Armadas brasileiras com o objetivo de melhorar suas habilidades, a serem usadas mais tarde nas favelas do Brasil (na verdade, as Forças Armadas já foram empregadas para combater o tráfico de drogas nas favelas do Rio de Janeiro numerosas vezes desde o início da década de 1990). No entanto, o que dizer das estratégias de controle sócio-espacial aparentemente projetadas "apenas" para evitar que pessoas (mais precisamente, pessoas *pobres* na maioria dos casos) "degradem o meio ambiente", sem qualquer ligação direta e clara com ações militares ou escalas supralocais? Mesmo que seja legítimo falar sobre práticas de "geopolítica urbana" em determinadas situações, não estaremos indo longe demais quando usamos um termo como "*eco*geopolítica urbana"?

Existem alguns bons motivos para argumentar, mesmo em relação aos problemas ambientais, que às vezes enfrentamos desafios que vão além da esfera usual ou normal do planejamento urbano. Do âmbito geopolítico clássico às práticas geopolíticas não convencionais, o assunto sempre gira em torno do duo *espaço & poder* (mais precisamente, poder heterônomo). A luta social e as intervenções estatais (incluindo aí as militares) relativas a problemas ambientais dificilmente seriam imaginadas como sendo estranhas ao domínio da "Geopolítica", hoje em dia; basta ver a importância da chamada "Geopolítica da Energia", do ponto de vista do Estado, e os conflitos ao redor de recursos vitais como a água, a partir da perspectiva dos movimentos sociais. Infelizmente, esses desafios foram explicitamente percebidos como ligados a estratégias geopolíticas apenas em um número limitado de escalas — a saber, mais ou menos os níveis tradicionais de estratégias geopolíticas, nomeadamente o nacional e o internacional. Por práticas "ecogeopolíticas" me refiro a determinados desdobramentos dos processos de governamentalização da natureza, em que cada vez mais se caminha do nível *soft* da estratégias de produção de consenso e adesão (campanhas educativas, esforços de sensibilização, narrativas que procuram despertar a "consciência ecológica" etc.) para o nível *hard* da judicialização e até mesmo da criminalização e repressão policial — quando não, no limite, da intervenção militar. Nessas situações, um traço comum é o uso dos argumentos da "proteção ambiental" e do "risco", e muitas vezes até mesmo o discurso da "segurança ambiental", como ferramentas de controle sócio-espacial. No âmbito da securitização do ambiente, como, de resto, também nos marcos da governamentalização mais *light* e benevolente, existem conexões crescentes entre as expressões de controle socio-espacial em nível local em nome da "proteção ambiental"/"segurança ambiental" (ou do "risco") e agências e agendas nacionais e internacionais. Quando encaramos o assunto dessa maneira, fica difícil não reconhecer o papel indutor de transformações espaciais que órgãos que não se confundem com agências oficiais de "planejamento urbano", como o Ministério Público e o Judiciário, têm tido um protagonismo inédito nessa seara. Poderíamos tentar entender suas decisões, as alianças que estabelecem, os canais que mobilizam e as intimidações que deles partem como ações "de planejamento", e não estaríamos propriamente errados; mas acredito que enxergaremos melhor o profundo sentido político de suas ações se as qualificarmos como geopolíticas. Aqui, a busca de um respaldo técnico-científico e de um discurso de "neutralidade racional" tende a não ter nem de longe a centralidade que isso assume no caso do discurso dos planejadores: as alegações e os raciocínios são diretamente jurídicos e ético-políticos.

As pessoas agem, raciocinam e se comunicam, no quotidiano, tipicamente com respaldo em ideologias e representações do senso comum, raramente se detendo para questionar a validade das simplificações de que se servem o tempo todo. Suas cabeças são povoadas por clichês, e tais clichês, se não são inteiramente desprovidos de ancoragem na realidade (caso contrário seriam insustentáveis), por outro lado limitam e empobrecem sua visão sobre o mundo. Aqueles que estão minimamente familiarizados com relações internacionais, quando ouvem falar em "Geopolítica"/"geopolítica", dificilmente deixarão de pensar, primordial ou exclusivamente, em esforços diplomáticos ou empreendimentos militares em escala internacional. Similarmente, os agentes que vêm à cabeça, quando se pensa em "planejamento urbano", são prefeitos (e vereadores) tomando decisões e urbanistas sentados defronte de seus computadores (ou, antigamente, debruçados sobre pranchetas), elaborando propostas de zoneamento. Em se tratando de "ecogeopolítica urbana", porém, os agentes que têm assumido um protagonismo não têm sido diplomatas, estadistas ou militares, mas sim órgãos do aparelho de Estado jamais associados à palavra "geopolítica", como o Ministério Público (como bem exemplifica o Rio de Janeiro) e o Poder Judiciário (conforme exemplificado pelo caso de Nova Delhi, mencionado no **Cap. 3**).

Mesmo com o uso de argumentos de proteção ambiental ou do discurso sobre risco como desculpa para implementar medidas que levem a uma maior discriminação social e segregação residencial não sendo um privilégio do Rio de Janeiro, essa cidade pode ser vista como possuindo um caráter "paradigmático" a esse respeito (SOUZA, 2016b), uma vez que ela corresponde a um exemplo típico de instrumentalização do discurso da proteção ambiental como um álibi para a remoção de favelas. Na verdade, podemos encontrar ali os elementos mais comuns de situações semelhantes, como a perspectiva antifavela adotada sem grande dissimulação pela administração pública e pela grande imprensa, além de algumas características que não são muito usuais, como o protagonismo subsequente por parte do Ministério Público. Dos muros construídos ou planejados pelos governos municipal e estadual no início da última década até os despejos que foram defendidos pelo Ministério Público, podemos encontrar no caso do Rio de Janeiro toda uma série de papéis e estratégias cambiantes.

Há, evidentemente, porém, muitas outras situações interessantes, e uma delas, que chama a atenção pelo protagonismo do Poder Judiciário, é aquela de Nova Delhi, retratada por Asher Ghertner e mencionada no **Cap. 3**. Ao introduzir a expressão "remoções verdes", ele fez uma feliz escolha de palavras para descrever um quadro real dos mais infelizes. Salientando o que denominou uma "metonímica associação entre favelas e poluição", coisa que parece, aos olhos de muitos — a começar pelas Cortes indianas —, justificar a remoção de favelas por supostamente consistir em um processo de "melhoria ambiental", Ghertner descortina uma forma especialmente perversa de ecogeopolítica urbana. Basta expandirmos a primeira observação um pouco mais, através da inclusão de aspectos como degradação ambiental e congêneres como parte do segundo termo daquela "associação metonímica", e facilmente chegamos à essência de numerosos casos concretos, incluído aí o do Rio de Janeiro.

Tentativas e processos de "remoção verde", como em Nova Delhi e no Rio de Janeiro, são, de maneira bastante abrangente, exemplos de ecogeopolítica urbana, mas também exemplificam, mais especificamente, uma situação que venho chamando de *conservacionismo gentrificador*. Se a gentrificação corresponde a uma mudança de conteúdo de classe de um determinado espaço, geralmente com a retirada, menos ou mais compulsória e forçada, de moradores pobres a fim de "requalificá-lo", "revitalizá-lo" ou "reabilitá-lo" (eis alguns dos eufemismos altamente ideológicos comumente empregados) a fim de torná-lo um espaço residencial e/ou comercial elitizado, o conservacionismo gentrificador equivale a um processo de gentrificação que se vale de argumentos de proteção ambiental para alcançar o intento de justificar a reestruturação sócio-espacial. No Rio de Janeiro, na área do Maciço da Tijuca, isso ainda é embrionário (e de futuro um tanto incerto, no momento em que estas linhas são escritas), ao passo que em Nova Delhi a mudança elitizadora almejada foi plenamente concretizada.

Há muitas situações interessantes de conservacionismo gentrificador que poderiam ser invocadas para dar testemunho das peculiaridades desse tipo de processo, e elas não se restringem ao "Sul Global". O caso da "Oak Ridges Moraine Battle" ("Batalha de Oak Ridges Moraine"), na Grande Toronto, analisado por SANDBERG *et al.* (2013), é ilustrativo da manifestação do conservacionismo gentrificador em um país capitalista central e, em especial, do papel muito ativo e direto (e não somente atuando nos bastidores) do capital imobiliário no que se refere à busca por persuadir a opinião pública a apoiar o crescimento urbano (o *urban sprawl*) e a produção de espaço vinculada a uma certa visão idealizada de "viver junto à natureza", ao mesmo tempo valendo-se de um discurso ambientalista para, no frigir dos ovos, promover a criação de espaços elitizados, que ironicamente pouco ou nada acrescentam em matéria de proteção ambiental efetiva. É no "Sul Global", todavia, que o conservacionismo gentrificador e as "remoções verdes" haverão de estar inextricavelmente ligados um ao outro, com o deslocamento maciço de pessoas pobres para longe de seus locais tradicionais de moradia e com o comprometimento de teias de relações de amizade e vizinhança, a destruição de vínculos afetivo-emocionais de pertencimento espacial (topofilias) e não raro o solapamento da possibilidade de manter o emprego próximo de casa.

Retornemos, agora, ao clichê que associa as palavras "Geopolítica"/"geopolítica" a esforços diplomáticos ou empreendimentos militares. Não é por encerrar uma simplicação excessiva que essa associação é irreal, e mesmo no invulgar caso da ecogeopolítica urbana isso não está condenado a ser uma imagem sem pé na realidade. Na verdade, as perspectivas, que parecem sombrias, nos arrostam com uma real possibilidade de "militarização" dos discursos e das práticas, ao menos no longo prazo. O vínculo entre "proteção ambiental" ou "segurança ambiental", de um lado, e "militarização da questão urbana", de outro, provavelmente ainda não está tão evidente e insofismável quanto os vínculos entre a "guerra ao terror" ou (como no Rio de Janeiro) a "guerra contra o crime" e interferências propriamente militares. No entanto, não acredito estar exagerando ao prever que perseguir o objetivo de "proteção ambiental" ou "segurança ambiental" (muitas vezes, mas não necessariamente, uma boa desculpa para promover segregação, gentrificação etc.) é algo que o aparelho do Estado, em um futuro talvez nem tão remoto assim, tentará concretizar não somente com a ajuda da força policial, mas eventualmente também mediante o emprego das Forças Armadas.

A designação de "ecofascismo", utilizada há muito tempo por Michel Bosquet e Murray Bookchin independentemente um do outro, poderia ter parecido, no passado, hiperbólica a alguns, menos exigentes no que tange ao exame da substância política de nossa época, ou ainda, quem sabe, menos afeitos a exercícios de especulação fundamentada. Afinal de contas, quem imaginaria, nos anos 1970, que o Exército e os fuzileiros navais estariam sendo empregados para reprimir traficantes de drogas no Rio de Janeiro, duas décadas depois? Na atual quadra da história, ninguém pode dar-se ao luxo de fingir desconhecer que o "ecofascismo" vai ganhando contornos cada vez mais nítidos. Um ingrediente de "proteção ambiental" ou "segurança ambiental" na "militarização da questão urbana" é um cenário perfeitamente plausível. E esse cenário, insista-se, nos obriga a ir além do planejamento urbano em seu sentido próprio e usual; ele carrega uma forte dimensão *geopolítica*.

Se retirarmos o adjetivo "urbano" da expressão "ecogeopolítica urbana", deixando de pôr em primeiro plano a escala local, então aí mesmo é que a conexão entre práticas ecogeopolíticas e um certo grau de envolvimento das

Forças Armadas ou militarização se evidencia inquestionavelmente, e não apenas como uma possibilidade para o futuro: isso é, já hoje, uma realidade bastante presente. É aqui que a associação do discurso da "segurança" com o discurso da "proteção ambiental" — associação que alguns ainda veem como espúria e ideologicamente forçada, mas que nem por isso deixa de se tornar real — se mostra com toda a sua pujança, ou em toda a sua triste exuberância. Das questões energéticas ao abastecimento de água, passando pelo acesso a matérias-primas diversas, pela "segurança alimentar" e pelos efeitos da elevação do nível do mar em decorrência do aquecimento global, muitos são os argumentos que têm sido acionados para legitimar uma maior atenção por parte dos "dispositivos de segurança" do Estado com relação à problemática ambiental. Os graus de alarmismo ou de sobriedade embutidos nas análises são variáveis, mas o resultado é um só: converter as preocupações ambientais em parte do arsenal discursivo dos círculos que discutem e implementam medidas voltadas para a "segurança nacional", círculos esses que vão de *think tanks* civis e grupos de pesquisa universitária aos Estados-Maiores das Forças Armadas e ministérios diversos.

E que ninguém pense que a ciência e os cientistas naturais, comumente tão ciosos de sua objetividade positivista, estão além do bem e do mal, pairando sobre tudo isso como árbitros neutros e sábios despojados e incorruptíveis. Em várias oportunidades foi feita referência, ao longo deste livro, ao "aquecimento global" e às "mudanças climáticas globais", posto que também o presente autor acompanha, em suas linhas gerais, o enorme consenso científico internacional a respeito desses assuntos, não estando nem um pouco propenso a fazer coro a qualquer negacionismo climático vulgar. É chegada a hora, apesar disso, de chamar a atenção do leitor para a circunstância de que o discurso científico *mainstream* a propósito do "aquecimento global" vem se constituindo em uma grande narrativa que traz à tona e consolida a supremacia de um enfoque geofísico e meteorológico bastante abstrato, capaz de obscurecer ao invés de realçar a imensa variabilidade de situações e experiências locais e regionais. A reboque disso, esse discurso-padrão tem colaborado, ainda que inadvertidamente, para alimentar e reforçar interpretações que, dotadas de conotações apocalípticas e excessivamente simplicadoras da realidade, parecem feitas sob medida para justificar, na melhor das hipóteses, soluções estreitamente técnicas (*geoengineering* ou *climate engineering*) para problemas sócio-espaciais, e na pior, medidas draconianas e coercitivas (racionamento de recursos, imposição de controle de natalidade etc.) que não prometem nada que se aproxime de um aumento de justiça social e uma redução de heteronomia. O geógrafo britânico Mike Hulme, ele próprio um dos maiores especialistas no tema *climate change* e já mencionado no **Cap. 2** (nota 55), tem, há vários anos, ajudado a revelar o labirinto de interpretações e interesses por trás do assunto, em que uma potencial polifonia e uma grande riqueza de questões são abafadas em favor de abordagens deterministas e reducionistas (consulte-se, p.ex., HULME, 2009 e 2017).

No início dos anos 1990, uma revista alemã estampava, na capa, uma foto de soldados camuflados em uma mata fechada situada em algum lugar dos Trópicos, trazendo a seguinte provocação como manchete: "Salvar a Terra com o uso da violência?" (*Mit Gewalt die Erde retten?*). Alguns poucos anos após o assassinato de Chico Mendes, ocorrido em dezembro de 1988, que teve bastante repercussão em um país que desde os anos 1970 e 1980 vem sendo vanguarda na discussão pública e implementação de medidas de proteção ambiental, dos esforços de despoluição do rio Reno ao combate contra a chuva ácida que causa danos às vezes irreparáveis às florestas, a controvérsia em torno do grau de força e coerção a ser empregado para garantir a proteção ambiental em várias escalas ganhava livre curso na Alemanha.

Um dos personagens de maior destaque era, naquela época, o jornalista e ensaísta Dirk C. Fleck, que temerariamente — ao menos é o que poderíamos pensar, uma vez que estamos falando do país que abrigou o mais odioso regime totalitário da história da humanidade — chegou ao ponto de elaborar uma obra de ficção em que se acha esboçado o cenário de uma "ecoditadura" (*Öko-Diktatur*) (FLECK, 2013). Para quem pudesse pensar que o livro, cuja primeira edição é de 1993, foi deliberadamente concebido, sem vacilação ou ambiguidade, como uma apavorante antiutopia, no estilo do *1984* de Orwell ou do *Admirável mundo novo*, de Huxley, eis a má notícia: ledo engano. Apesar de destilar seus próprios valores de maneira sinuosa, Fleck escreveu o que é uma mistura de literatura com ensaio programático, na qual o autor não consegue disfarçar algum nível de simpatia por aquele cenário. Por mais que a ideia de uma "ditadura" não deixe de adquirir, para um leitor genuinamente democrático, contornos repulsivos também no livro de Fleck, uma leitura feita com atenção e uma pitada de malícia revelará que, para o autor, a "ecoditadura" é vista como uma espécie de mal menor. Em palestras ministradas posteriormente, principiando ainda na década de 1990, ele, de fato, propôs com cristalina franqueza uma "ditadura ecológica" (*ökologisches Diktat*), diante da incapacidade do *status quo* "democrático"--representativo e liberal em prover, em tempo hábil, a salvação do planeta. Para quem tinha ainda alguma dúvida, não poderia, doravante, restar mais nenhuma. Dirk Fleck passou a desvelar uma alma torturada entre o desejo de apegar-se a valores democráticos e iluministas, compreensível para quem arrasta o peso de ser alemão depois de 1945, e a irresistível sedução que, para um ecologista de índole ecocêntrica ou biocêntrica e profundamente pessimista, medidas autoritárias acabam por ter. Interessante e para muitos surpreendentemente, uma proposta dessas não foi generalizadamente repudiada e tida por desabrida. Na realidade, o livro de ficção científica em que essa proposta originalmente ganhou corpo recebeu, no ano seguinte à sua publicação, o Deutscher Science Fiction Preis, o grande prêmio literário alemão no campo da ficção científica.

Dirck C. Fleck não foi, contudo, o primeiro na Alemanha a avançar uma tal tese. No mesmo ano de 1993 em que Fleck publicou seu livro falecia Herbert Gruhl, ex-parlamentar da CDU (Christlich-Demokratische Union, ou União Democrata-Cristã) que, em 1978, abandonou o partido para fundar uma organização chamada "Ação Verde Futuro" (Grüne Aktion Zukunft, GAZ), a qual tomou parte na fundação, em 1980, do Partido Verde (Die Grünen). Dois anos após Hans Magnus Enzensberger trazer à luz sua vigorosa e lúcida radiografia das contradições e dos perigos embutidos em um certo ecologismo neomalthusiano e míope (conforme visto no **Cap. 2**), Gruhl, então ainda na CDU, publica um livro que antecipou em quase dois decênios a proposta travestida de ficção científica assinada por Fleck: *Um planeta é saqueado: O terrível balanço de nossa política* (GRUHL, 1975). Nesse livro, malthusiano até a medula e repleto de subtons autoritários e demofóbicos, Herbert Gruhl destila uma proposta que não poderia merecer outra qualificação que não a de ecofascista. Mais uma vez, como no caso de Dirk Fleck, enganar-se-ia redondamente quem imaginasse que Gruhl foi, por causa desse livro infame, tratado como um pária pela sociedade alemã da segunda metade do século XX, com sua cultura política presumidamente desnazificada e democrática: entre outras honrarias e distinções, o "Pai da Política Ambiental Alemã" recebeu, em 1991, das mãos da Secretária de Meio Ambiente (*Umweltministerin*) da Baixa Saxônia, Monika Grifahn, a Bundesverdienstkreuz (a Ordem do Mérito da República Federal da Alemanha) por seu legado e suas realizações no campo da proteção ambiental.

Conforme bem demonstraram Janet Biehl (companheira de muitos anos de Murray Bookchin, até sua morte em 2006) e Peter Staudenmaier em um estudo aparecido em meados dos anos 1990 (BIEHL e STAUDENMAIER, 1995), o ecofascismo não era, então, novidade na Alemanha, onde proeminentes figuras do Terceiro Reich, a começar por Hitler, Himmler, Goebbels e Heß, eram vegetarianas, amavam os animais e tinham preocupações "ecológicas", bem dentro do tradicional espírito alemão do "amor pela floresta" (*Liebe zum Wald*).[98] Não que reservas e objeções não tenham sido endereçadas a propostas como as de Gruhl e Fleck; as ressalvas levantadas a propósito do livro de Fleck por Rudolph Bahro, ex-dissidente da antiga República Democrática da Alemanha (Alemanha Oriental) e que se tornou personagem importante da "cena verde" alemã na década de 1980, estão entre as mais conhecidas. Ocorre que as ressalvas nem sempre foram muito melhores que o objeto da crítica. Sintomaticamente, Bahro fora já antes acusado de cultivar, ele próprio, uma mentalidade ecofascista, acusação que não parece estar muito distante da realidade. No final das contas, o que impressiona é como as vozes mais indignadas quase invariavelmente terminam ignoradas ou isoladas no tecido social alemão (a exemplo dos ativistas que protestaram contra a Ordem do Mérito para Herbert Gruhl), e

98. Em uma coletânea sobre os "*braune Ökologen*" ("ecologistas marrons", em alusão à cor-símbolo do nazismo), contendo uma primeira parte, de cunho geral, sobre a gênese e o histórico de relações entre o fascismo e o ecologismo, e uma segunda parte especificamente sobre a atuação "ambientalista" da extrema-direita no estado de Mecklenburgo-Pomerânia Ocidental, a Fundação Heinrich Böll forneceu um panorama perturbador sobre a permanência e as mutações do ecofascismo na Alemanha em pleno século XXI (cf. HEINRICH BÖLL STIFTUNG, 2012).

também a tibieza e ambiguidade com que as críticas frequentemente foram e têm sido feitas, em contraste com a defesa comumente entusiástica dos apoiadores de formadores de opinião como Fleck (a exemplo da polêmica em torno da exaltação da "ecoditadura", de "ecoguerreiros" [*Öko-Krieger*] ou de um "Exército de Libertação da Natureza" [*Naturbefreiungsarmee*]).

Tibieza e ambiguidade, aliás, parecem vir sendo a regra também em muitas outras paragens, inclusive no universo acadêmico. De resto, ao entronizar o lema "A Terra primeiro, depois o homem" (tradução literal do subtítulo *Erst die Erde, dann der Mensch*),[99] Fleck não está sozinho: basta recordarmos o *Earth First!*, organização fundada nos Estados Unidos em 1979 e uma das mais conhecidas representantes da "ecologia profunda". Quando se trata de securitizar o ambiente, o receio de que "Capacetes Verdes", modelados à imagem dos "Capacetes Azuis" que a ONU têm enviado para missões ditas humanitárias e de manutenção da paz pelo mundo afora, possam vir a ser empregados como tropas de intervenção em nome da proteção ambiental e da salvaguarda de recursos naturais, não deve estar longe. Restrições acerca dos pressupostos e das implicações dessa securitização vêm sendo levantadas há bastante tempo, como é atestado pelo excelente ensaio "Threats from the South? Geopolitics, equity, and environmental security", de Simon Dalby (DALBY, 1999). Partindo do pressuposto de que *environmental security* é um conceito ambíguo, Dalby alerta para o risco de passarem despercebidas importantes questões políticas, "caso os analistas não estejam alertas para os persistentes perigos das etnocêntricas e geopolíticas premissas tradicionais presentes no pensamento anglo-americano em matéria de segurança"[100] (DALBY, 1999:157). Dalby sublinha as contradições de uma "conservação imposta" (*imposed conservation*) ou "forçada" (*coerced conservation, coercive conservation*), que podem acabar sendo, especialmente no "Sul Global", "antes uma permissão para

99. "*Mensch*", em alemão, significa "homem", no sentido genérico de ser humano; o vocábulo pode, às vezes, ser também traduzido como "pessoa". O título completo do livro de Dirk C. Fleck é *GO! Die Ökodiktatur: Erst die Erde, dann der Mensch*.
100. Em inglês, no original: "(...) unless analysts are alert to the persistent dangers of the traditional ethnocentric and geopolitical assumptions in Anglo-American security thinking."

coagir do que para conservar" ("more a license to coerce than to conserve": DALBY, 1999:170). Por essa e outras razões, ele sugere que o que deveria haver seria, isso sim, uma "dessecuritização" ("*desecuritization*"), e não um incremento da securitização do ambiente. Na mesma relevante coletânea em que esse capítulo de Dalby foi publicado, entretanto, outras contribuições pretendidamente progressistas se mostraram um tanto vagas ou carentes de contundência.[101] Senão, vejamos.

Para Michel Frédérik, o ambiente, ao ser encarado do ponto de vista da segurança, pode ser tratado de duas maneiras, a seu ver muito distintas. A "segurança do ambiente" (*security of the environment*) seria uma perspectiva que "considera a segurança dos Estados somente de um modo secundário; sua preocupação principal é a segurança do planeta vista em sua totalidade"[102] (FRÉDÉRICK, 1999:97). Em contraste com isso, compreender "o ambiente como um componente da segurança do Estado" (*the environment as a component of state security*) equivaleria a algo bastante diverso: "a segurança ambiental (...) assumiria, assim, o significado de 'um componente ambiental da segurança nacional'"[103] (FRÉDÉRICK, 1999:98). É frustrante ver como apenas esse segundo enfoque da aplicação da mentalidade da segurança ao ambiente desperta um sentimento de aversão no autor. Ocorre, com efeito, que as diferenças entre os dois enfoques não são politicamente assim tão significativas quanto supõe Frédéric: é lícito desconfiar de que o conservadorismo se acha, de algum modo, latente mesmo no caso da

101. Dez anos depois do aparecimento daquele capítulo, Simon Dalby publicou o livro *Security and Environmental Change* (DALBY, 2009), que traz um tratamento mais extenso da temática "segurança e ambiente". Por outro lado, em comparação com o capítulo de 1999, o livro se revela mais problemático ao lidar com diversos tópicos, como quando evidencia ter a "segurança humana" (*human security*) e o "desenvolvimento humano sustentável" (*sustainable human development*) na conta de legítimas preocupações centrais (em contraste com um entendimento estreito de segurança), sem atentar para a perigosa superficialidade dessas noções (págs. 41-42); ou ao enfatizar o "antropoceno" enquanto um contexto explicativo decisivo, não se mostrando alerta para os limites desse conceito e da abordagem *mainstream* que lhe é subjacente (à diferença do conceito de "capitaloceno" [MOORE, 2016], em que as contradições sociais e o papel dos vários agentes ficam muito mais evidentes).

102. Em inglês, no original: "(...) it considers the security of states in only a minor way; its main concern is the security of the planet taken in its totality".

103. Em inglês, no original: "(...) [e]nvironmental security (...) takes on the meaning of 'the environmental component of national security'".

primeira acepção de "segurança do ambiente", pois com base nela grupos e organizações da sociedade civil (amiúde entrelaçados com o Estado em sentido estrito, e não raro funcionando como extensões dele) podem muito bem retroalimentar um fascismo societal ou larvar disseminado pelo tecido social, ao serem temas como "risco ambiental", "proteção de ecossistemas", "proteção de recursos hídricos" etc. tratados de um modo em que a proteção ambiental se faça às custas do desrespeito ou da negligência para com os direitos de determinados grupos ou classes, notadamente os pobres.

Outra ilustração de um tratamento vago e insuficiente dos problemas contidos na "securitização do ambiente" é a crítica feita por Daniel Deudney em seu capítulo da mesma coletânea em que se encontram os capítulos de Dalby e Frédéric (da qual Deudney, diga-se de passagem, é o primeiro organizador). Alvissareiramente intitulado "Environmental security: A critique" (DEUDNEY, 1999), o trabalho de Deudney é, sem embargo, desapontador. Um certo sabor neomalthusiano, em meio a um tom de alarmismo, não está ausente: "[n]o curso das próximas várias décadas a população humana provavelmente quase que dobrará novamente, e o produto econômico crescerá de três a cinco vezes, preparando o palco para, das duas uma: ou o colapso da civilização industrial ou uma transformação 'verde' de largo alcance em todos os aspectos da vida humana."[104] (DEUDNEY, 1999:188) Chama a atenção como, apesar de indicar que a riqueza socialmente gerada haverá de crescer em uma taxa muito superior à do crescimento demográfico, ambos os ingredientes, o aumento populacional e o da produção de bens, por conta do potencial de consumo de matérias-primas e geração de lixo, são lembrados em conjunto para profetizar o fim da civilização industrial. Advertências a respeito da tendência de incremento do ecoestresse no mundo, em várias escalas, adquiririam outro sentido no contexto de uma estratégia mais profunda de expor e discutir certos problemas; mas Deudney, a despeito de reprochar as tentativas de converter a problemática ambiental em um tema vinculável à "segurança nacional", constrói uma narrativa frouxa, em

104. Em inglês, no original: "Over the next several decades human population is likely to nearby double again, and economic output increase three- to five-fold, setting the stage for either the collapse of industrial civilization or a far-reaching 'green' transformation of all aspects of human life."

que as causas estruturais dos problemas sociais e ecológicos do capitalismo contemporâneo são deixadas de lado.

As ressalvas que têm sido feitas, muitas vezes tímidas e superficiais, não impedirão a escalada da securitização do ambiente. Sem contar o fato de que, na literatura recente sobre *environmental security*, o que não faltam são análises superficiais, que mais desarmam ou confundem que esclarecem e alertam (a exemplo de HOUGH, 2014). Mesmo que fossem profundas, ressalvas e objeções, por si sós, não bastariam: sem lutas sociais concretas, sem uma *práxis* emancipatória que seja portadora de uma alternativa crítica em ato, o ecofascismo provavelmente ganhará cada vez mais terreno.

O ecofascismo pode estar mais próximo do que supõem os que veem nessa expressão apenas um neologismo sensacionalista e incendiário. A paisagem ideológica alemã foi ressaltada, parágrafos atrás, não por qualquer implicância, mas sim por ilustrar à saciedade um ponto nevrálgico: na ausência de uma cultura política ou ambiência crítico-radical e humanística e de um projeto emancipatório a vertebrar a crítica do capitalismo no que ele tem de antiecológico, o ambientalismo facilmente descamba para posições socialmente regressivas. Nessas circunstâncias, quanto mais avançada for a "consciência ecológica", mais embotada ficará a sensibilidade social. João Bernardo, a meu juízo o mais arguto e engenhoso dos estudiosos do fascismo, ao examinar a faceta reacionária das correntes, das organizações e dos debates ecológicos ao longo da história, inscreve, em sua monumental obra *Labirintos do fascismo*, o ecologismo ultraconservador no universo dos "fascismos pós-fascistas" que vêm surgindo, com várias roupagens e nos mais diversos lugares, desde meados do século XX, ao mesmo tempo em que não se furta a buscar as raízes dessa apropriação reacionária (BERNARDO, 2003:913 *et seq.*). De maneira indubitavelmente instigante, mas infelizmente pouco equilibrada — pois essa faceta reacionária é a única salientada por ele, como já o fizera, aliás, em seu *O inimigo oculto* (BERNARDO, 1979), e voltaria a fazer em outras ocasiões (cf. BERNARDO, 2011, 2012 e 2013) —, João Bernardo nos arrosta com o fato de que o entrelaçamento ideológico entre ecologismo e fascismo é algo muito mais frequente, antigo e visceral do que muitos de nós gostaríamos de acreditar.

Nos anos 1970, quando Enzensberger percucientemente atacou um certo tipo de ecologismo, a Alemanha e muitos outros países lidavam ainda com o entusiasmo dos esforços de organização popular e estudantil e, na sequência, com o rescaldo da derrota política e da parcial vitória simbólico-cultural das lutas do final dos anos 1960 e início da década seguinte. Sentia-se, ao mesmo tempo, uma ascensão da reação e uma efervescência criativa daqueles que haviam sido os protagonistas das insurgências de 1968 e 1969 e do começo da década de 1970 (nunca se publicou tanto sobre autogestão, por exemplo). De maneira complexa, e apesar da atmosfera ainda marcada pela contracultura que então se respirava, a dimensão ecológica da crítica social não foi cultivada apenas por um marxista heterodoxo como Marcuse, um neoanarquista como Bookchin ou um autonomista como Castoriadis: de influências místicas e espiritualistas até correntes anti-humanísticas e reacionárias, às vezes nas combinações mais esdrúxulas (como já havia sido em parte o caso na própria Alemanha nazista), interpretações socialmente conservadoras ou claramente retrógradas da "questão ambiental" darão margem ao surgimento de personagens como Herbert Gruhl.

Nos anos 1990, vivendo já então o apogeu da agenda neoliberal e do Consenso de Washington, o espectro de uma "ecoditadura" volta a rondar corações e mentes, e Dirk C. Fleck é apenas um dos que, a pretexto de advertir sobre as ameaças que assombram sobretudo uma certa classe média branca do Hemisfério Norte, propagam uma mensagem tão ambivalente quanto confusa. A rigor, pouco importa se a "ecoditadura" é saudada com fanfarras ou lamentada como um mal menor: a segunda estratégia, não raro acompanhada de uma desqualificação de contra-argumentos morais e políticos ("é a sobrevivência que está em jogo, não se pode tergiversar ou vacilar", "julgamentos morais não salvarão o planeta" e "a política fracassou, agora é a hora da antipolítica") possui o condão de imunizar seus operadores contra a acusação de entusiastas do fascismo ("não somos fascistas, mas a realidade não nos deixa outra escolha"). O (eco)fascismo que não ousa dizer seu nome é seguramente o mais difícil de combater.

Hoje em dia, bastante entrados na segunda década do século XXI, os nacionalismos e as forças (partidos e outras organizações) de direita e extrema direita avançam na Europa, nos Estados Unidos e na América Latina — ou, em última análise, no planeta inteiro. O "Global Observer" e o "Conselho Ecológico" (*Ökologischer Rat*) da ficção científico-política de Dirk Fleck e o "Governo Mundial" (*Weltregierung*) de Herbert Gruhl, com suas medidas draconianas para controlar o crescimento populacional, o consumo, o modo de vida e o uso do solo, podem ser um cenário remoto, mas o ecofascismo societal nos acompanha no quotidiano, bastando, no máximo, dobrar a esquina: sua capilaridade se mostra mais e mais pela capacidade de, servindo-se tanto do aparelho de Estado quanto de organizações da sociedade civil, e aproveitando-se de agendas complementares como a da "securitização do ambiente" e todas aquelas voltadas para a produção de "cidadãos ecologicamente conscientes" e a divulgação das ações que atestam a "responsabilidade ambiental das empresas" — e tudo isso em todas as escalas —, governamentalizar a natureza e transformar a "ecologia" em assunto da pauta da "segurança nacional" (e global).

No tocante a (mal) ocultar práticas e agendas de controle sócio-espacial com um translúcido véu ambientalista, ou de impor uma agenda de proteção ambiental guarnecida com uma armadura (hiper)autoritária, o Céu é o limite — ou deveríamos dizer o Inferno?

7. O direito ao planeta

Principiemos com alguns lembretes que a experiência tem demonstrado nunca serem supérfluos. Toda teoria, todo conceito e todo método de pesquisa sócio-espacial precisa estar consciente de sua situacionalidade cultural — caso contrário, o pesquisador se arrisca a importar e endossar, inadvertidamente, pressupostos etnocêntricos ou sociocêntricos, que ajudarão a reproduzir resultados enviesados por preconceitos e ignorância. Isso, que vale até mesmo para o saber das ciências da natureza, vale ainda mais diretamente para os conhecimentos gerados pelas ciências da sociedade. Em sendo, na sua essência, um saber sobre a sociedade (conquanto deva nutrir-se de conhecimentos sobre os fatores geoecológicos), a Ecologia Política precisa recusar-se a se alimentar de (e a retroalimentar) apriorismos ou tendências retirados ou projetados a partir de um "lugar de enunciação" específico, vendido falaciosamente como "universal". Se não o fizesse, cometeria uma violência simbólica. Por mais que haja uma unidade na diversidade, vale dizer, dinâmicas efetivamente globais e um papel "costurador" exercido pelo capital, a leitura do espaço precisa incorporar numerosas especificidades; e essas especificidades não são apenas empíricas, mas sim perspectivais/culturais, ou seja, *epistêmicas*. Além disso, não se trata só de alguma escala em particular: múltiplas escalas necessitam ser levadas em consideração, pois em cada uma delas podem ser verificadas diferenciações internas, heterogeneidade, alteridades em maior ou menor interação (conflituosa ou não) entre si.

• • •

Uma das questões que podem ser invocadas para demonstrar a relevância prática de uma recusa do etnocentrismo e do sociocentrismo tem a ver com a ascensão do debate em torno do que, "urbanofílica" e mesmo "urbano-centricamente", tem sido denominado "urbanização planetária" (*planetary urbanization*) por autores nitidamente inspirados no filósofo e sociólogo neomarxista francês Henri Lefebvre, mormente em seus escritos dos anos 1960 e 1970. O próprio lema do "direito à cidade", proposto pelo mesmo Lefebvre em 1968 e hoje em dia bastante popular, demanda, como veremos, ressalvas e reparos.

Henri Lefebvre profetizou, na virada da década de 1960 para a de 1970, a "urbanização completa da sociedade" e o advento da "sociedade urbana" (a suceder a "sociedade industrial" que, por sua vez, havia sido a sucessora da "sociedade agrária"). Em seu livro *A revolução urbana*, originalmente publicado em 1971, a "urbanização da sociedade" é vista ainda como uma virtualidade naquele momento, mas destinada a tornar-se uma realidade no futuro próximo (LEFEBVRE, 1983:7). E, de fato, não estaríamos a constatar, a cada década e a cada ano, uma urbanização crescente do planeta, mensurada não somente pelo percentual de pessoas vivendo em entidades geográficas consideradas urbanas, mas, igualmente, pela disseminação qualitativa do "urbano" (relações de produção, modos de vida e comportamentos associados às grandes cidades e nelas originados) pelo mundo afora? Há, sem dúvida, mais que um grão de verdade nessa tese. *O que não impede que aí resida uma excessiva simplificação.* Essa excessiva simplificação, a cujo êxito acadêmico assistimos regularmente em congressos e periódicos, se assenta sobre uma generalização apressada, e isso consiste em um raciocínio *falacioso*. Sua dívida para com uma mentalidade eurocêntrica parece inegável.

Ora, constatar a ocorrência de uma urbanização que se espraia pelo mundo afora como tendência aparente, tremendamente acelerada pela globalização das últimas décadas, juntamente com a "ocidentalização do mundo", é uma coisa; subestimar outras realidades (vistas como puramente residuais e mesmo retrógradas) e até mesmo outras tendências, é outra coisa bem diferente. Absolutizar a tendência de "urbanização da sociedade" equivale a incorrer, com efeito, em etnocentrismo (mais especificamente, em eurocentrismo) e sociocentrismo (devido a um viés urbano-metropolitano e de classe média), além de corresponder, em última instância, a uma postura *(neo)colonial*. Estas são, sem dúvida, afirmações fortes, que carregam um tom de acusação. Não desejo, apesar disso, sugerir que haja qualquer intencionalidade e nem mesmo uma forte consciência por parte dos autores que corroboram, disseminam e/ou desenvolvem argumentos que tratam as realidades não plenamente urbanizadas ou europeizadas dos países periféricos e semiperiféricos e as lutas de camponeses, indígenas etc. como meras relíquias histórico-geográficas. Culturas e mentalidades, com suas tramas saturadas de noções preconcebidas, são poderosas justamente porque atuam como uma "propaganda subliminar" ou, na expressão de Cornelius Castoriadis, um "infrapoder implícito", em contraposição ao "poder explícito" (CASTORIADIS, 1990). Escorregadias, elusivas, elas atuam como que sorrateiramente, modelando corações e mentes ao ponto de gerar situações aparentemente muito contraditórias — como intelectuais e pesquisadores de esquerda que, não obstante suas convicções declaradas (vale dizer, seu "solo ideológico" de eleição, nos termos usados na **Introdução**), se mostram, *na prática*, bastante eurocêntricos, sociocêntricos e (neo) coloniais. O caráter de relativa inconsciência em face do problema não os torna, contudo, inteiramente inimputáveis, muito especialmente quando desdenham ou recusam o diálogo.

No interior de uma teorização falaciosa que exagera a "urbanização planetária" e, por tabela, é complacente com a ocidentalização do mundo, tudo se passa como se outras tendências, outros sujeitos, outras agendas e outras culturas/cosmologias fossem declarados ilusórios ou desimportantes. A tendência da "urbanização da sociedade" (leia-se: da ocidentalização da população mundial) como que se realizaria em um vácuo político e cultural; é como se não houvesse oposição, não houvesse resistência. Não haveria conflitos fora do "urbano" hipertrofiado, pelo menos dignos de nota. Quando se examina uma obra representativa dos estudos urbanos de feição marxista-lefebvriana, como a coletânea *Implosions/Explosions: Towards a Study of Planetary Urbanization*, organizada pelo sociólogo Neil Brenner, esse quadro se apresenta de maneira muito evidente, até mesmo "didática". Para além do fato de que o conjunto do volume, em sua própria estrutura, dá o tom exato do problema em questão, os dois autores mais destacados, Neil Brenner e seu colaborador de longa data, Christian Schmid, nos fornecem ensaios que não deixam margem a dúvidas no que tange ao espírito que norteia o programa de pesquisa e reflexão que fundamenta o livro. Se Henri Lefebvre caracterizava, em seu *A revolução urbana*, a "urbanização da sociedade" como ainda virtual naquele início da década de 1970, Neil Brenner, de sua parte, escrevendo quatro décadas depois, sugere que a "*complete urbanization*" já está, ao que parece, a concretizar-se diante de nossos olhos em uma escala planetária ("(...) today apparently being actualized on a planetary scale": BRENNER, 2014a:26). Quanto a Christian Schmid, ele segue na mesma toada, enfatizando que "a cidade se torna onipresente em um sentido virtual" ("[t]he city becomes omnipresent in a virtual sense (...)": SCHMID, 2014:80). Com a sensibilidade cultural aparentemente embotada pelo eurocentrismo, não lhes ocorre (como tampouco ocorre a MERRIFIELD [2014], na mesma coletânea, e a outros tantos autores) que, em muitos lugares, não é apenas a urbanização ocidentalizante que se faz presente nos espaços e nas vidas, mas o inverso também pode se dar: o urbano, em continentes como a América Latina, a África e a Ásia, pode carregar e reproduzir marcas culturais (tradições, comportamentos etc.) não ocidentais e associadas às experiências e modos de vida rurais. Brenner, por exemplo, não ignora "empiricamente" os camponeses, os indígenas etc.; porém, ao simplisticamente subordiná-los à "urbanização estendida" ("*extended urbanization*"), ele *suprime ou invisibiliza a sua existência político-cultural diversa e alternativa* (cf. BRENNER, 2014b:199). Daí, com efeito, a via de mão única tão didaticamente exposta em BRENNER e SCHMID (2014:162): os autores levam em conta o mundo inteiro (e não só o "Norte Global") em sua materialidade espacial — oceanos, desertos, a própria atmosfera estaria a "urbanizar-se"; *porém, o fazem sem considerar a cultura e as relações de poder, as existências alternativas e as resistências, e com isso o mundo é indevidamente pasteurizado.* Seria um caso irrecuperável de *wishful thinking*?

Em face de tais análises, tudo leva a crer que estamos assistindo a uma negação, na prática, das *existências* e das *resistências* concretas, cultural e politicamente, de uma enorme parcela da população mundial, que se recusa a simplesmente se deixar modelar, passivamente, pelas forças do capitalismo globalizante e da ocidentalização cultural (duas faces distintas da mesma realidade). De Henri Lefebvre a Neil Brenner, autores marxistas, desde sempre pouco afeitos a uma desconfiança mais visceral em face do trinômio modernização/ocidentalização/urbanização — afinal, uma simpatia de base pelas forças produtivas/tecnologias herdadas do capitalismo, e também pela urbanização que delas é indissociável, é um legado do próprio Marx —, dão a entender que assumem que, ainda que a urbanização capitalista tenha o seu lado ruim (por ser ela, por assim dizer, "contraditória", como de bom grado admitem), ela é *inevitável* e *irrefreável*. Porém, há mais: ela (sempre "contraditoriamente") *não seria de todo ruim*, uma vez que, como asseverou Marx, sem as forças produtivas do capitalismo o socialismo não passaria de uma "socialização da miséria". É por isso que, ao partirem de premissas assim viciadas, tais autores, por mais que se esforcem para sofisticar a análise crítica das tecnologias capitalistas e para incorporar "outros sujeitos" (populações tradicionais, camponeses etc.) à sua análise, não conseguem evitar passar a impressão de que tudo já é ou muito em breve se tornará "urbano", nada havendo fora do "urbano", o qual, portanto, estaria investido de um sentido forte de totalidade. Esse urbano totalizante seria como que um buraco negro, para usar uma metáfora astrofísica: nenhuma matéria, nenhuma energia seria capaz de escapar de seu campo gravitacional; tudo está fadado a ser por ele engolido, devorado. Cultural e politicamente, a mensagem de fundo é a seguinte: tudo já é ou muito em breve se tornará ocidental(izado), nada havendo fora do "Ocidente", o qual, portanto, estaria investido de um sentido fortíssimo de totalidade. Quando Neil Brenner chega ao cúmulo de falar em "urban theory without an outside" (BRENNER, 2014a), propondo que nada mais possa existir fora da teoria urbana (confundida com a teoria social como um todo), o pressuposto implícito e quiçá não muito consciente pode ser assim expresso: *uma teoria social ocidental (e um Ocidente, enquanto realidade cultural) sem um "fora"* (isto é, sem um *outside*).

Autores como Brenner só esqueceram de combinar isso com as multidões de camponeses e pequenos produtores rurais, indígenas, ribeirinhos, quilombolas etc., mas também de habitantes de muitas cidades (como a "cidade aimará" de El Alto, na Bolívia)[105] que, se bem que obviamente influenciados pelas forças da assimilação cultural e econômica modernizante/urbana/capitalista/ocidental, insistem em defender modos de vida, cosmologias, usos da terra e sentidos de territorialidade que não podem ser intelectualmente reduzidos ou concretamente eliminados tão facilmente por invocação daquelas forças de assimilação. A ideia de uma urbanização (e, por extensão, modernização e ocidentalização) total e completa, sem a consideração não somente dos interesses, mas também da resistência cultural, econômica e política dos sujeitos — *no espaço* e *por meio do espaço*, enquanto *substrato material*, *lugar* e *território* —, é um insulto à dignidade de uma enorme constelação de agentes econômicos, atores culturais e sujeitos políticos, nos mais diversos continentes.

Por mais que seja talvez ocioso explicitar as razões pelas quais os vícios do eurocentrismo e do colonialismo teórico se nos afiguram altamente condenáveis, é lícito talvez frisá-las, em nome da sistematicidade da argumentação:

1) No que tange ao *plano analítico-interpretativo*, aqueles vícios acarretam um *empobrecimento*. É escusado dizer que, do ponto de vista da construção teórica, esse é um defeito dos mais graves. Quanto a isso, aliás, ressalte-se, complementando o que foi dito na **Introdução**, que a teorização não é um "luxo", um acessório de somenos relevância: teorizar é *buscar ler o mundo a partir de uma perspectiva local, regional e "nacional"*, ou ainda *ler o geral com base no particular, para enriquecer a própria leitura do geral e afirmar a dignidade epistêmica (e político-existencial) do particular.* Isso é, para dizer o mínimo, estrategicamente crucial. Coloca-se, por conseguinte, o problema de como produzir agendas de pesquisa e arcabouços teórico-conceituais e metodológicos "próprios", que mantenham raízes firmadas no conhecimento das necessidades e lutas locais, regionais e "nacionais" sem, por outro lado, abdicar da comunicação e da troca intelectual em escala internacional.

105. Com cerca de 850 mil habitantes, El Alto é atualmente uma municipalidade conurbada com La Paz. Sobre El Alto e sua sociedade, uma leitura importante é o livro *Dispersar el poder*, de Raúl Zibechi (ZIBECHI, 2006).

2) No que tange ao plano *ético-político*, está-se diante de uma *falha muito séria*, por se diminuir a legitimidade e potencialmente restringir o reconhecimento dos direitos de uma multiplicidade de sujeitos, com base em uma visão eurocêntrica, urbano-metropolitana e de classe média.

3) Em matéria de alcance e escopo do "*horizonte utópico*", verificam-se uma *limitação* e um *enviesamento*, ao se construir uma utopia emancipatória fundamentada em uma compreensão unilateral da realidade geográfica, a partir de um "lugar de enunciação" ocidental e urbano-metropolitano, daí projetando-se no mundo inteiro um formato de projeto emancipatório inspirado ou extraído de uma matriz cultural coincidente com aquela dos países capitalistas centrais.

Devemos, a esta altura, admitir que a questão do "metabolismo sociedade--natureza", fundamental para a Ecologia Política, ainda não foi, contudo, abordada neste capítulo. Quais as implicações, a partir de uma perspectiva político-ecológica, de toda essa "urbanofilia" pouco crítica, de todo esse "urbanocentrismo" exagerado? Esse é um ponto central para nós, e dele nos aproximaremos paulatinamente.

Uma primeira constatação, com fortes consequências para o que ora examinamos, é que esse "metabolismo sociedade-natureza" constitui uma temática que Henri Lefebvre esteve longe de valorizar. É lógico que é perfeitamente possível ser "urbanocêntrico" e, mesmo assim, apreciar as implicações desse "metabolismo". Secundarizá-lo ou menosprezá-lo, no plano analítico-teórico, não deixa de preparar o terreno, de qualquer forma, para um tipo de "urbanocentrismo" especialmente abstrato e pasteurizador do espaço geográfico. Apesar de externar suas ressalvas em um estilo não antipático ao autor criticado, Neil Smith, um dos integrantes do panteão da Geografia marxista, deixou falar sua alma de geógrafo quando, em um de seus textos memoráveis, reprochou a Lefebvre — mais exatamente ao seu livro *A produção do espaço* (LEFEBVRE, 1981) — precisamente a negligência para com a natureza, reduzida por ele a uma espécie de miragem (SMITH, 1998).[106] Quanto a isso, de toda maneira, sejamos justos: Lefebvre nada mais fez que reproduzir e prolongar a hiperssimplificação subjacente a todo o "Marxismo Ocidental", levada alguns anos atrás ao paroxismo por VOGEL (1996), conforme se viu no **Cap. 1**. Para alguns, pelo que se nota, não basta "historicizar" a natureza: cumpre declará-la uma ilusão de ótica. Pobre Filosofia, se para combater o objetivismo for preciso trocar os sinais da ontologia positivista e estabelecer que o único "modo de ser" que importa é o da sociedade/cultura...

Tendo como "lugar de enunciação" invariavelmente a grande cidade, muitas simplificações já foram cometidas por pesquisadores urbanos marxistas, com preconceitos não apenas exageradamente antirrurais, mas também eurocêntricos. O processo de dominação econômica, política e cultural do campo pela grande cidade sob o capitalismo industrial, brilhantemente descrito e controversamente exaltado por Marx e Engels no *Manifesto Comunista* (MARX e ENGELS, 1982), reflete tanto a "colonização" do campo pela cidade na sequência do surgimento do capitalismo quanto a colonização imposta pelo ocidente cristão e urbano-industrial (mesmo antes da industrialização, já desde o século XVI) sobre outros povos e matrizes culturais — e, com isso, a *colonialidade* do conhecimento hegemônico em si. Vale a pena lembrar como, no *Manifesto Comunista*, as passagens mais emblemáticas sobre a dominação do campo pela cidade e sobre a "dominação da natureza" pela burguesia triunfante são separadas uma da outra por apenas um parágrafo (MARX e ENGELS, 1982:111). Ao serem

---

106. Observe-se, de passagem, que, dentro da Geografia, esse desdém pelo "metabolismo sociedade-natureza" não foi ou tem sido compartilhado por muitos daqueles que, de algum modo, se identificam com a tradição teórica do materialismo histórico: sejam citados, entre muitos trabalhos representativos de uma produção que se vem avolumando no universo anglófono desde as décadas de 1980 e 1990, SWYNGEDOUW e HEYNEN, 2003; HEYNEN *et al.*, 2006; SWYNGEDOUW, 2006; KAIKA e SWYNGEDOUW, 2013. Paralelamente, fazendo menção explícita ou não ao aludido "metabolismo", geógrafos latino-americanos como Carlos Walter Porto-Gonçalves, igualmente influenciados pelo pensamento marxista — mas com a virtude de rejeitarem um "urbanocentrismo" empobrecedor —, também vêm investindo, há muitos anos, em enfoques que não descartam a problemática ambiental ou ecológica como digna de uma profunda atenção (vide, p.ex., PORTO-GONÇALVES, 1984, 2001a, 2001b, 2006, 2008, 2012, 2013, 2014 e 2017).

assim proferidas praticamente de um só fôlego, essas teses se mostram, no fundo, como dois aspectos de um mesmo processo.

O mesmo Lefebvre que vaticinou a "urbanização completa da sociedade" criou o mote que, desde fins do século XX, vem se convertendo em um dos gritos de guerra mais difundidos entre movimentos sociais urbanos do mundo todo (e que, infelizmente, também vem sendo alvo de cooptação ideológica, ao tornar-se um *slogan* empregado por ONGs, agências internacionais de cooperação para o "desenvolvimento econômico" e até organismos do aparelho de Estado): o *direito à cidade* (LEFEBVRE, 1991). Encarada como um repositório do que humanidade fez de melhor em matéria de arte e cultura, de bem-estar e instituições políticas, a cidade vê, não obstante, a sua fruição mais ou menos plena ser um objeto para poucos, para privilegiados. O seu próprio sentido de espaço político e de encontro se distorce, ao degenerar em um espaço de consumo massificado e dirigido (processo analisado de maneira ainda mais crítica e incisiva por Murray Bookchin, mais ou menos na mesma época).

Em si mesma, é acertada a ideia de que a (grande) cidade concentra, em boa medida, aquilo que a humanidade produziu de melhor em matéria de cultura e instituições políticas, mas que o pleno desfrute desse privilégio se acha obstaculizado pelas assimetrias sociais. Murray Bookchin igualmente se manifestou nesses termos, a um só tempo exaltando o significado histórico e cultural da cidade e deplorando a urbanização capitalista, criadora de grotescas caricaturas sócio-espaciais que pouco e cada vez menos teriam a ver com a humanidade no seu melhor, seja cultural, urbanística ou politicamente (BOOKCHIN, 1974, 1992 e 1995). O problema é o caráter ensimesmado e de autossuficiência da tese lefebvriana. A tese do "direito à cidade" possui um quinhão de validade, mas é *incompleta*. Em última análise, necessita ser recontextualizada. Pois, em última análise, o que se faz urgente, de um ponto de vista político-ecológico e anticolonial, é clamar pelo *direito ao planeta*, conforme eu já havia postulado em trabalhos anteriores (cf. SOUZA [2015a] e, sobretudo, SOUZA [2015c]).

Examinemos a velha questão da "oposição cidade-campo", justamente em vias de desaparecer por completo (ou já desaparecida, em um sentido profundo) segundo os arautos da "urbanização completa da sociedade". Quais as premissas dessa "desaparição", e de que maneiras isso poderia se fazer (pressupondo-se que não haja apenas uma maneira)? Que inferências podem ser feitas e que lições devem ser extraídas no que diz respeito ao desafio de se construir uma sociedade que, além de socialmente justa, se paute economicamente pela prudência ecológica, isto é, pela busca de uma significativa redução de ecoestresse em comparação com o sistema capitalista?

A clássica "oposição cidade-campo", localizada nesse símbolo que foi a Europa medieval e da transição para o capitalismo pelos pensadores marxistas, não deveria ser excessivamente simplificada, uma vez que a interdependência entre atividades e a interpenetração de tipos de espaço sempre foram, também lá, reais e complexas. Não se pode negar, todavia, que ainda no alvorecer do capitalismo as diferenças entre campo e cidade eram evidentes: para começar, no que se refere às classes sociais típicas, que eram, no campo, os proprietários fundiários e o campesinato tradicionais, ao passo que, na cidade, eram a burguesia industrial e o proletariado nascentes, que foram substituindo a burguesia meramente comercial e os artesãos. É esta realidade, marcada por um nítido contraste qualitativo entre as cidades e o campo, que o modelo gráfico da **Fig. 24** procura captar. É o quadro descrito por Marx e Engels no *Manifesto Comunista*, publicado em 1848: a burguesia se torna a classe dominante por excelência e o campo é, por assim dizer, submetido não apenas economicamente, mas também política e culturalmente pela cidade. Mas o contraste entre campo e cidade ainda era enorme, o que equivale a dizer que essa submissão estava apenas começando.

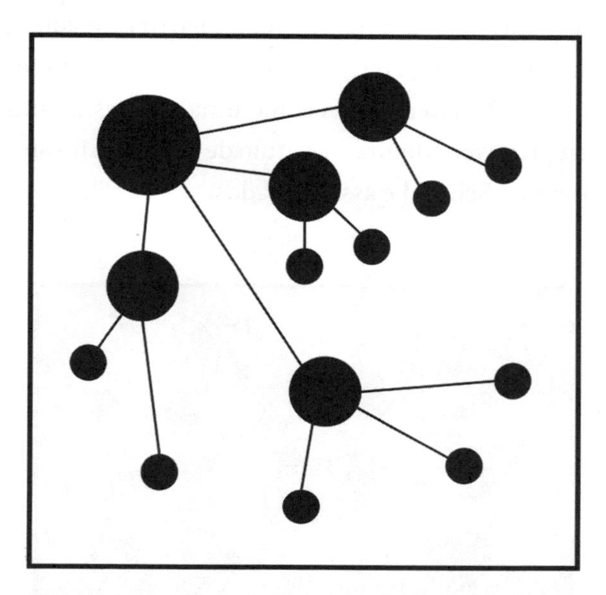

Fig. 24: A clássica "oposição cidade-campo": duas realidades totalmente distintas (a exemplo de "natureza", símbolo do campo, e "sociedade" ou "civilização", símbolos da cidade).

Desdobrando a análise marxiana e engelsiana, Henri Lefebvre buscou refletir sobre as tendências do processo descrito por Marx e Engels na aurora do capitalismo moderno, mostrando os contornos que ele apresentava mais de um século depois, na segunda metade do século XX. Segundo o filósofo neomarxista francês, o quadro era, como foi dito, de edificação de uma *sociedade urbana*, situada esta para além da sociedade industrial que, no tempo do *Manifesto*, se consolidava na Inglaterra e ainda engatinhava em outras paragens da própria Europa. Lefebvre sustentou que a sociedade inteira se ia tornando urbana: é a tese da "urbanização completa da sociedade" como tendência, em que o campo passa a ser uma espécie de simples versão menos densa da cidade, porém totalmente urbanizado do ponto de vista da cultura, das relações sociais (a começar pelas relações de produção e as classes socais) e da tecnologia. O contraste entre a cidade e a não-cidade (o "campo"), conforme dá a entender o modelo gráfico da **Fig. 25**, seria muito mais quantitativo que qualitativo. Na sua essência societal, estaríamos diante de uma realidade una, e não mais múltipla. O horizonte da transformação possível ter-se-ia convertido, a partir de então, em um único para todos, qualquer que seja o rincão do planeta. Essa é a mensagem que, veiculada por Henri Lefebvre ainda como uma promessa, futuro próximo de um devir irreprimível, adquire o estatuto de realidade insofismavelmente já posta em Brenner, Schmid e assemelhados.

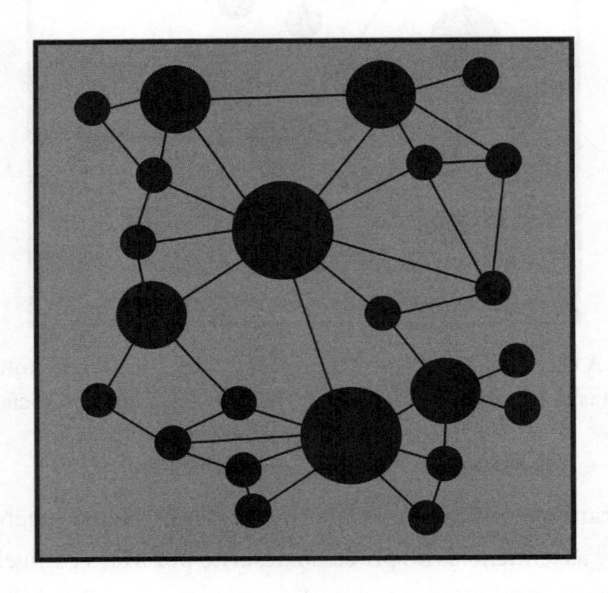

Fig. 25: Cidade e campo reduzidos a meras diferenças de densidade no interior de uma única e mesma lógica societal (a cidade e o urbano esmagam o seu Outro, o campo converte-se em resíduo ou mesmo ilusão).

Sem embargo, ainda que as diferenças entre campo e cidade sofram uma tremenda mutação — primeiro com o advento do capitalismo industrial e, no século XX, com o avanço dos processos de urbanização e ocidentalização, aprofundando-se ainda mais —, muitos matizes e muita complexidade subsistem. Não é o caso, frise-se, de contestar que um percentual crescente da humanidade vive em cidades ou outras entidades espaciais classificadas como urbanas. Segundo dados da ONU, essa proporção teria ultrapassado a metade da população do planeta na primeira década do novo século (eram 54% em 2014: vide UNITED NATIONS, 2015), ainda que, como veremos, os dados e mensurações existentes com frequência mereçam reparos. Seja lá como for, o que importa é o seguinte: uma parcela nada insignificante da população mundial resiste, cultural e economicamente, à assimilação (urbanização/modernização/ocidentalização) total. Há, sim, um "*outside*" da teoria urbana ocidental que teima em existir e resistir.

Conforme se acabou de dizer, entretanto, as limitações do raciocínio exageradamente "urbanocêntrico" não terminam aí. Uma parcela, provavelmente pequena, mas nem por isso irrelevante da suposta população urbana vive — especialmente na (semi)periferia do capitalismo global — em cidades cujo caráter estrita e fortemente urbano é bastante discutível. Isso parece sugerir que dados como o da ONU são, provavelmente, ao menos um pouco exagerados. No Brasil, por exemplo, onde os dados oficiais (do IBGE) davam cerca de 85% de população urbana para o Brasil em 2010, José Eli da Veiga argumentava, em estrepitoso livro publicado em 2002, a propósito do problema das "cidades imaginárias", isto é, cidades de porte pequeno (ou até mesmo médio, em alguns casos) situadas em contextos econômico-espaciais fortemente rurais e, na verdade, eivadas de ruralidade (VEIGA, 2002). Posteriormente, ainda que de maneira mais moderada e menos estridente que os escritos de José Eli da Veiga, vários estudiosos começaram a chamar a atenção para a subestimação da presença da ruralidade no tecido sócio-espacial brasileiro (ver, por exemplo, BITOUN *et al.* [2015] e BITOUN *et al.* [2017]). Isso nos força a encarar a necessidade de uma revisão relativamente à análise lefebvriana: se, de um modo geral, e mormente em contextos sócio-espaciais ocidentais e fortemente ocidentalizados, o campo se urbanizou e urbaniza, por outro lado há, também, cidades, sobretudo no "Sul Global", que ainda trazem fortes marcas de ruralidade e tradições pré-capitalistas.

Repita-se, para evitar mal-entendidos: não estou aqui a propor uma desqualificação simplista das análises (não só as de Lefebvre, mas muitas outras também) que mostram uma "urbanização da humanidade". Negar, pura e simplesmente, que existem processos avassaladores de urbanização/modernização/ocidentalização em curso há muito tempo seria oferecer uma mera imagem invertida da tese da "*planetary urbanization*": um simplismo alternativo, apenas com o sinal trocado. Vem a pelo, isso sim, *relativizar* a tese lefebvriana da "sociedade urbana" e da "urbanização completa da sociedade", enxergando a persistência e a reprodução de fenômenos que, a despeito da presença do Ocidente e do capitalismo globalizado em todo o planeta (penetrando e transformando, sem dúvida alguma, o campo e os vilarejos, e por óbvio as pequenas e médias cidades), insistem em continuar desafiando a absoluta pasteurização econômica e cultural.

Notemos que o próprio Lefebvre havia concedido que nos países que denominamos da periferia e da semiperiferia do capitalismo global haveria uma complexidade toda especial, em função da coexistência de espaços--tempos distintos — as eras urbana, industrial e agrária (LEFEBVRE, 1983:39). Mas a leitura lefebvriana não remove todos os obstáculos. Podemos até ponderar que ela mesma induz à simplificação excessiva, ao convidar, no fundo, a um olhar eurocêntrico, que influenciou grande parte da academia nos países (semi)periféricos. É essa simplificação abusiva que o modelo gráfico da **Fig. 26** busca afrontar, ao tentar retratar, esquematicamente, um quadro heterogêneo em matéria de penetração do tripé urbanização/modernização/ocidentalização.

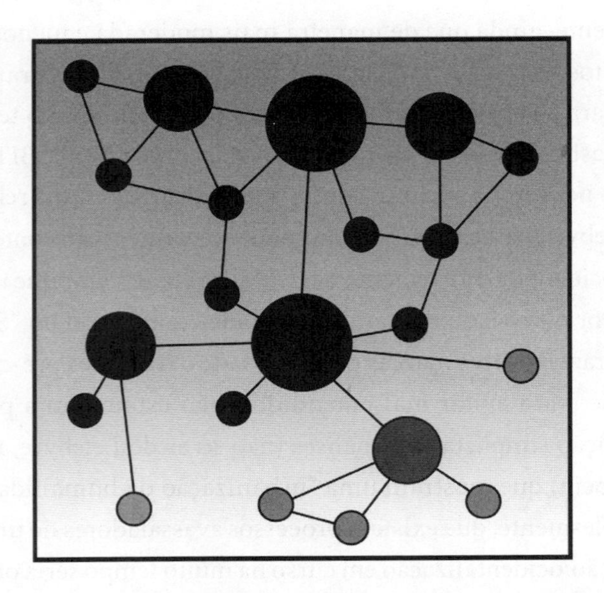

Fig. 26: Cidade e campo, Ocidente e não Ocidente se entrecruzam e interpenetram: a urbanização, o capitalismo e o Ocidente não esmagaram (ainda?) o seu Outro; modos de vida não tipicamente urbanos permanecem existindo e resistindo, e a própria urbanização não se reduz à lógica da ocidentalização.

Antes que algum leitor desavisado me enderece a acusação de estar exagerando a capacidade de resistência ou resiliência das tradições culturais não ocidentais, esclareça-se logo, para evitar uma incompreensão da objeção que ora é levantada: não se está a imaginar que a resistência cultural e econômica se dê por uma espécie de rejeição *absoluta* do Ocidente. Não é difícil constatar que isso, de resto talvez impossível diante da agressividade (inclusive física) da ocidentalização do mundo, não é o que ocorre. A questão, em todo o caso, é outra: a assimilação do Ocidente é *relativa*, *parcial* — como vem sendo há séculos, aliás, a absorção de elementos ocidentais por parte dos descendentes de muitas das culturas que floresceram nas Américas, na África e na Ásia anteriormente à conquista europeia e ao capitalismo, como as grandes civilizações pré-colombianas. Essas culturas absorveram seletivamente elementos culturais ocidentais (valores e cultura material) e os mesclaram ou subordinaram a seus próprios universos de valores e crenças, produzindo numerosas formas de sincretismo ou mesmo novas sínteses.

Seguramente, não é difícil encontrar dados que comprovem uma (re) invenção de tradições e mesmo a encenação de tradições para turistas. Mas, assim como o abuso não desautoriza o uso, essas situações não deveriam ser utilizadas para tentar desacreditar a tese de que resistências culturais existem e teimam em não desaparecer, não raro com grande vitalidade. E mais: a referida reinvenção, mesmo quando a alguns parece (arrogantemente?) um pastiche, logo algo artificial, pode muito bem expressar uma resistência inteiramente compreensível e legítima.

O mais importante é que *o exercício oposto também é perfeitamente plausível e válido*: em vez de apenas enxergar a penetração do Ocidente, por que não aceitar ver, por trás da aparente maior ou menor pasteurização cultural, a sobrevivência de elementos culturais originários, ainda que recontextualizados e hibridizados? A relação com a terra e o modo de estar no ambiente e ser parte dele são componentes de uma resistência que é, a um só tempo, econômica, política e cultural. A urbanização não se dá por simples expansão homogênea de uma onda modernizante. A penetração do Ocidente é "culturalmente negociada": não se abre mão de hábitos e costumes com facilidade, não se capitula identitariamente sem luta.

Assumir a modernidade urbano-(pós-)industrial de figurino capitalista-ocidental como uma espécie de horizonte teleológico, negligenciando os *modos de produzir espaço* de outras culturas, já é lamentável em termos gerais, mas diante das realidades latino-americana,[107] africana e asiática, com a sua imensa riqueza de testemunhos de existência/resistência cultural não ocidental e anticolonial, então, nem se fala... A persistência de elementos de ruralidade e "campesinidade" nas cidades, incluídas aí até mesmo grandes cidades, como a boliviana El Alto, evidencia a simplificação excessiva que, juntamente com a violência simbólica, nisso reside. Ecoando o escritor William Camacho, que cunhou o neologismo "*urbandino*", Silvia Rivera Cusicanqui nos informa que essa palavra faz alusão "a la cara india y *chola* de las ciudades bolivianas", principalmente daquelas da porção oeste do país (RIVERA CUSICANQUI, 2015b:223; ver também pág. 335). Estudos urbanos que se proponham a ser anticoloniais não podem passar ao largo desse reconhecimento. E ao fazê-lo, tampouco podem deixar de admitir que não é apenas a concretude da "cidade" que é culturalmente plural, mas também a "relação cidade/campo", as formas de transformação da natureza e a própria ideia de "natureza".

De toda maneira, o caráter não absoluto (especialmente no que tange às feições ocidentais) dessa urbanização que se espraia pelo

107. Ou de *Abya Yala*, para usar uma expressão cara ao movimento indígena, que com razão denuncia a expressão "América Latina" como possuindo uma raiz neocolonial. Abya Yala é uma designação devida ao povo cuna, que habita há séculos partes dos atuais Panamá e Colômbia, e significa "terra em plena maturidade" ou "terra madura". Conquanto não reste comprovado que os cunas designassem, por aquele nome, uma superfície muito maior que o seu próprio território, a expressão vem sendo crescentemente adotada pelo movimento indígena como um sucedâneo do nome "América", homenagem ao navegador e cosmógrafo italiano Américo Vespúcio (1454-1512) que é reprovada por razões ético-políticas. Quanto a "América Latina", mais especificamente, consiste ela em uma expressão utilizada em 1857 pelo poeta colombiano José María Torres Caicedo em seu poema "Las dos Américas" (no trecho que diz "La raza de la América latina,/Al frente tiene la sajona raza,/Enemiga mortal que ya amenaza/Su libertad destruir y su pendón."), mas foi empregada como instrumento de propaganda sistemática pelo governo do imperador Napoleão III na década seguinte, a fim de legitimar as pretensões francesas de influência continental em face da hegemonia anglo-americana.

mundo não é desafiado somente pela permanência de elementos de ruralidade que se hibridizam no espaço (vale dizer, na paisagem, nas formas de territorialização...) com heranças trazidas do universo rural e recontextualizadas, mormente na América Latina, na África e na Ásia. Há ainda outro aspecto, que é crucial: uma enorme parcela da urbanização a que assistimos naqueles três continentes está associada a uma hiperprecariedade e uma hiperprecarização das condições de trabalho e moradia. Isso equivale a dizer que o "planeta favela" pintado em cores fortes por Mike Davis (DAVIS, 2006) nada tem a ver, remotamente, com qualquer promessa de uma urbanização como "redenção" ou algo necessariamente positivo do ponto de vista civilizatório, como sempre pensaram os marxistas, a começar por Marx e Engels. Ora, o neoanarquista Murray Bookchin já havia salientado, há muitos anos, a diferença entre urbanização (*urbanization*) e o que ele chamou de "citificação" (*citification*): a primeira seria o processo físico (e político e cultural) de produção de espaços cada vez mais impressionantes de aglomeração de trabalhadores e consumidores, marcados pela poluição, pela alienação, pela exploração e pelo consumismo a serviço do moderno capitalismo, ao passo que o neologismo "citificação" diria respeito à emergência de verdadeiras cidades, entendidas como espaços não apenas de concentração, mas também de fruição generalizada de cultura, em um *ambiente* marcado pela vitalidade política e pelo exercício de uma cidadania crítica (vide BOOKCHIN, 1995). À luz disso, a assertiva de Christian Schmid segundo a qual "a cidade se torna onipresente em um sentido virtual" (SCHMID, 2014:80) é, até mesmo de um ponto de vista estritamente lefebvriano, infeliz (Bookchin e Lefebvre, que chegaram a conclusões parcialmente semelhantes mais ou menos na mesma época e independentemente um do outro, convergiam quanto a isso: a cidade é algo diverso da urbanização, posto que esta amiúde é, na verdade, o símbolo da "*anti*cidade").

No que concerne à América Latina, o Brasil, convenhamos, não chega a ser um ponto de observação dos mais adequados para se perceber a estonteante diversidade cultural (línguas, cosmologias etc.) do continente: enquanto um "povo novo", como dizia Darcy Ribeiro (RIBEIRO, 2007), o Brasil careceria, à primeira vista, daquela tensão essencial que o genial antropólogo brasileiro enxergava no que chamou de "povos-testemunho" (países andinos e maior parte da América Central, sem contar parcelas consideráveis de países como o Chile), em que um hibridismo multissecular entre culturas pré-colombianas e a cultura dos conquistadores não conseguiu apagar os fortíssimos traços distintivos das primeiras, plasmando, ao longo de muitas gerações, hábitos, mentalidades e modos de vida irredutíveis a uma submissa e dócil matriz ocidentalizada. Mesmo assim, o Brasil, resultado de hibridizações e entrecruzamentos que atingiram o ponto de amálgama (daí Darcy Ribeiro empregar a expressão "povo novo"), não deixa de abrigar um sem-número de quadros sociais e espaciais que desafiam o simplismo da tese de uma "urbanização completa da sociedade". Pois é quando a modernidade e a modernização mais parecem afirmadas e reafirmadas, com o agronegócio e a agroindústria contemporâneos, o espraiamento da industrialização dentro de certos limites ("desconcentração centralizada") e o elevado patamar da taxa formal de urbanização, que populações inteiras se insurgem e ensejam a formação de novos sujeitos políticos animados por valores não subsumíveis na lógica da modernização capitalista, da urbanização, da proletarização e da ocidentalização: sem-terra, barrageiros, geraizeiros, vazanteiros, faxinalenses, quilombolas, ribeirinhos, seringueiros, caiçaras, indígenas e outros mais. Esses atores se acham muitas vezes visceralmente empenhados em uma luta em defesa dos bens comuns e de valores comunitários, apesar do capitalismo e contra ele, bem como de modos de vida, valores, hábitos e costumes que não podem ser subordinados, salvo com uma boa dose de artificialismo, a um paradigma urbano-ocidental — o que não os impede de, às vezes, fazerem concessões e "negociarem" a adoção de estratégias mistas de sobrevivência, como que a tirar partido de certas oportunidades surgidas, por exemplo, com a urbanização ou o turismo de massas. Seriam, estes sujeitos e suas lutas, com seu conteúdo a um só tempo cultural, econômico, territorial e ecológico, meros *resíduos*? Com que autoridade intelectual e político-moral poderiam suas existências e resistências ser declaradas como nada mais sendo que residuais?

Seja lá como for, é na América Latina dita hispânica que se podem observar melhor a artificialidade e a violência simbólica que residem em se subestimarem o alcance e a legitimidade, sob as perspectivas cultural e política, das lutas travadas pelos mais diversos sujeitos políticos contra os vetores econômicos, políticos e culturais de conteúdo (neo)colonial. Na verdade, essa "América Latina hispânica" é um ótimo ponto de observação, exatamente, porque ela *não* é, a não ser muito parcialmente (e muitas vezes só na superfície, se tanto), "latina" ou "hispânica". Ela é, em larguíssima medida, fortemente aimará, quéchua, guarani, maia, mapuche, e assim sucessivamente. Conforme salienta Carlos Walter Porto-Gonçalves (PORTO-GONÇALVES, 2012), na América Latina (mas também poderíamos acrescentar a África e outros continentes!), a luta pela "*reapropriação social da natureza*" (empregando a expressão cunhada por Enrique Leff) e por *territórios* (e não somente pela terra) não admite ser reduzida a uma simples busca por "desenvolvimento econômico" e "modernização": a partir do instante em que começamos a questionar determinados hábitos mentais e preconceitos eurocêntricos, temos de admitir que estes dois referenciais têm sido antes parte do problema que da solução. O *movimiento indígena* ou, como dizem alguns, o *nuevo movimiento indígena*, possivelmente é, na América imprecisamente chamada de "latina", e notadamente nos países andinos e na América Central, o exemplo de maior vitalidade de uma alteridade que insiste em se reafirmar, e em cuja pauta de luta por direitos a problemática ecológica assoma como basilar. Como escreveu Javier Rodríguez Mir em 2008, "[a]s sociedades indígenas constituíram confederações e organizações nacionais e internacionais que nas últimas décadas obtiveram relevância em nível mundial, associadas a temas de ecologia, meio ambiente, direitos humanos e biodiversidade, entre muitos outros"[108] (RODRÍGUEZ MIR, 2008:n.p.). Moral da história: é necessário ir muito além de um "direito à cidade", subordinado como ele costuma estar a uma chave interpretativa controlada pela matriz cultural ou

---

108. Em espanhol, no original: "[l]as sociedades indígenas han constituido confederaciones y organizaciones nacionales e internacionales que en las últimas décadas obtuvieron una relevancia a nivel mundial, asociadas a temas de ecología, medio ambiente, derechos humanos y biodiversidad, entre otros muchos."

pelo imaginário urbano-"moderno"-ocidental. É necessário advogar a causa de um *direito ao planeta*.

Para os pobres urbanos, aliás, como foi dito parágrafos atrás ao se chamar a atenção para a hiperprecariedade e hiperprecarização das condições de trabalho e moradia, a própria ideia de uma superioridade absoluta da vida urbana e notadamente urbano-metropolitana se mostra, ao menos sob alguns aspectos, muito frágil. Os processos de *desterritorialização* e *despossessão* que têm acompanhado o fenômeno urbano na América Latina, na África e na Ásia, e que, no século XIX, também estiveram presentes na América anglo-saxônica (genocídio e etnocídio das populações nativas) e na Europa (pauperização de camponeses, tornados de oprimidos rurais em oprimidos e miseráveis urbanos), não conseguem esconder o fato de que, como disse Carlos Walter Porto-Gonçalves, "[a] urbanização realmente existente não corresponde à superioridade atribuída à vida urbana e, não raro, as populações sub-urbanizadas das periferias estão mais suscetíveis às intempéries do que quando estavam no campo, para não falarmos da violência a que estão submetidas e da busca por um 'consolo ideal para um mundo que concretamente não tem consolo' (Marx) com o uso das drogas, o verdadeiro 'ópio do povo', que cresce juntamente com a presença de igrejas de que, se acreditava, suas religiões seriam um fenômeno da tradição e do mundo rural." (PORTO-GONÇALVES, 2012:33, nota 15).

Realisticamente, seja na América Latina, na África ou na Ásia, não parece ser nem um pouco razoável investir em uma negação de fatos como a presença social e espacialmente hegemônica do modo de produção capitalista e a tendência histórica — mas nem por isso teleologicamente condicionada e absolutamente incontornável — de difusão e dominância da urbanização capitalista. Tampouco seria o caso de cultivar valores "urbanofóbicos", procedendo a uma inversão das mais simplistas: em vez de uma edulcoração do papel da urbanização, ter-se-ia uma romantização da vida rural e dos modos de produção pré-capitalistas e das culturas não ocidentais. Todavia, por que cargas d'água seria necessário ou conveniente pensar de forma binária, mesmo quando os hibridismos sociais e espaciais complexos nos compelem a todo momento a perceber a conveniência de fazer exatamente o contrário? Apenas uma extraordinária preguiça mental e política, embebida em uma ideologia que nos faz acreditar que o horizonte dado pela realidade atual esgota e determina todo o leque de possibilidades (e nos diz até o que podemos *desejar*), pode nos tornar cegos para a ideia de que, em vez de tomarmos partido "contra" ou "a favor" da cidade ou do campo, um projeto emancipatório digno do nome carece, urgentemente, de uma teoria de mudança sócio-espacial que ultrapasse os termos do debate tal como ele tem sido colocado. Essa ultrapassagem, urge fazê-la em favor de uma aposta na reconfiguração das relações sociais e do espaço geográfico que prometa, realmente, uma superação da heteronomia estrutural. Voltaremos a isso mais adiante.

Retornemos à tese lefebvriana de uma "urbanização completa da sociedade", para arrematar a relativa objeção a ela. Essa tese e, em particular, a sua aplicação menos ou mais acrítica à periferia do capitalismo mundial — ou seja, a três quartos da humanidade , apresenta os limites e os defeitos típicos de uma argumentação falaciosa, no sentido técnico exato de *conter elementos de verdade que, porém, são abusivamente convertidos em absolutos*. Mas ela não é somente falaciosa: pode ser igualmente qualificada como uma genuína *violência político-epistêmica*, de caráter eurocêntrico e neocolonial. Cabe, aliás, notar que uma excessiva "urbanofilia" caminha, em Lefebvre, *pari passu* com uma negligência ou subestimação da "natureza primeira", bem como de qualquer genuína preocupação séria com o caráter antiecológico tanto do capitalismo quanto do "socialismo" preconizado por Marx. Essas omissões e falhas não podem descoladas da insidiosa presença de elementos dos típicos produtivismo e economicismo marxianos em sua obra. Para além desses traços de produtivismo e economicismo, há também traços de uma certa ambiguidade, a qual dificultou uma visão mais radical do problema do autoritarismo inerente a qualquer Estado (incluído aí o "Estado socialista") e uma postura mais sistemática e coerente em face da questão da autogestão. Por fim, tudo isso é indissociável de ambiguidades no que concerne ao papel da classe operária (ou dos subalternos em geral) e dos partidos, o que faz a obra de Lefebvre abrigar um incômodo ranço vanguardista/elitista.[109]

---

109. Em *O direito à cidade*, ele não deixa dúvida sobre isso. Por um lado, a classe trabalhadora seria a única capaz de fazer a revolução, mas estando imersa na alienação (em outras palavras, submersa na "vida quotidiana", que ele largamente reduziu à negatividade da "sociedade burocrática de consumo dirigido"), essa mesma classe trabalhadora "não

A *hegemonia* do capitalismo, do Ocidente e da urbanização capitalista não quer dizer que essa hegemonia não conheça barreiras e não seja, de tempos em tempos, forçada a recuar ou a fazer concessões. Muito menos admite ser confundida com uma presença *absoluta* e *absolutamente inevitável*. Decerto que existem tendências dominantes, mas a prevalência completa dessas tendências ainda é uma hipótese entre outras — e, para muitos, um desejo, nem sempre claramente confessado. Que seja permitido um truísmo: a história do futuro ainda está para ser escrita, e sua escritura haverá de considerar o papel de todos os sujeitos que, hoje e por certo também amanhã, exercem o seu direito de dizer "*não!*". Talvez essa seja a principal lição a ser extraída de muitas das lutas sociais do Brasil e de outros países da América Latina dos últimos decênios. Através dessas lutas, o que novos ou renovados sujeitos políticos — zapatistas, quilombolas, indígenas, sem-terra, barrageiros etc. — e suas agendas implicitamente estão sugerindo aos pesquisadores acadêmicos é a necessidade urgente e imperiosa de não simplificar em excesso suas análises, reduzindo a complexidade dos conflitos e quadros de vida a tendências (ou supostas realidades) fadadas a uma concretização absoluta e sem contradições e sem resistência. Isto é, sem dialética.

---

possuiria, espontaneamente, o sentido da obra", mas somente do "produto" escapando-lhe, por conseguinte, a real criação, a verdadeira emergência do novo. Em contraste com isso, a tradição filosófica e artística (leia-se: ocidental) seria a depositária desse "sentido da obra" (LEFEBVRE, 1991:144). Para Lefebvre, a classe trabalhadora não compreenderia a "totalidade" e, por conseguinte, teria dificuldade em entender ("apenas por suas próprias forças", como diria Lênin) que o seu "ser" a predeterminaria para um "papel histórico". Esse "sentido da obra" viria ao encontro da classe trabalhadora do exterior: a saber, da "Filosofia". Eis, aqui, um jeito intelectualizado de repetir Lênin: ou o proletariado é guiado por intelectuais marxistas (que são os guardiões de um certo sentido de "totalidade", devendo ser os ideólogos e tutores da classe operária), ou o proletariado chegará, no máximo, ao reformismo ("sindicalismo", para usar as palavras de Lênin). (Consulte-se, acerca dessa antipática e praticamente inexplorada faceta do Lefebvre tardio, também o ensaio "La classe ouvrière est-elle révolutionnaire?" [LEFEBVRE, 1971], desconcertantemente revelador quanto ao seu substrato leninista. Aqui, de maneira cristalina, Lefebvre, partindo de uma lúcida crítica do conformismo e da acomodação que tomaram conta da classe trabalhadora [*classe ouvrière*] nos países capitalistas centrais, acaba por concluir que, na sua essência, Lênin tinha razão ao enfatizar que a classe trabalhadora necessita de um "pensamento político que a oriente" ["*pensée politique qui l'oriente*"] — a partir de fora, bem entendido.)

Nada disso equivale a propor que passemos a dar menos atenção aos problemas e sujeitos urbanos em sentido estrito, como os *piqueteros* argentinos, os sem-teto, os favelados e outros mais. Importa, isso sim, atentar para o fato de que o campo da Ecologia Política tem experimentado, nos últimos anos, duas tendências diferentes, *mas não necessariamente mutuamente exclusivas*: enquanto muitos autores (sobretudo, mas não só em países anglófonos) contribuíram para a consolidação de uma Ecologia Política Urbana, ou uma Ecologia Política distintivamente urbana — uma necessidade em um campo que tradicionalmente se concentrou principalmente nas áreas rurais e em seus atores e dificuldades —, alguns pesquisadores latino-americanos vêm mostrando que a alegada superioridade material e cultural das cidades e do "urbano" em sentido usual, indissociáveis da modernização e da ocidentalização, precisa ser relativizada.

Não se trata de negar, portanto, que estejamos testemunhando um tremendo processo de urbanização da humanidade; ela tem avançado a passos largos desde o início da Era Industrial, com nítidas acelerações no começo do século XX e, de modo ainda mais acentuado, em meados do século passado. Muito menos se trata de não saudar a emergência de um subcampo específico da Ecologia Política dedicado particularmente aos problemas urbano-ambientais. As questões, evidentemente, não são essas. A verdadeira polêmica é que, como o autor destas linhas tem insistentemente enfatizado (SOUZA, 2015a e 2015c), não precisamos apenas de um "direito à cidade", que geralmente é entendido em termos ocidentais e de classe média bastante estreitos; precisamos nos mobilizar em torno de um *direito ao planeta* que englobe e, ao mesmo tempo, contextualize e redefina o "direito à cidade" de forma mais generosa e não eurocêntrica. Isso nada tem a ver com uma recusa absoluta, unilateral e "urbanofóbica" das cidades e da urbanização, ou com uma abordagem romântica da vida rural e dos modos de produção e das sociedades pré-capitalistas. Pelo contrário: para a maior parte dos latino-americanos, a urbanização e a vida urbana são irreversíveis (embora as porcentagens de população urbana provavelmente tenham sido um pouco exageradas devido a critérios um pouco defeituosos e tendenciosos), e seria tolice ou ingenuidade supor que a maioria dos atuais moradores urbanos apoiaria um lema simplista no estilo "volta ao campo". O que é necessário e desejável é um processo de mudança sócio-espacial para superar *todas* as expressões de injustiça e desigualdade social (inclusive ambiental). Faz-se imprescindível, antes de tudo, recusar os termos do debate, tal como os herdamos tanto do pensamento conservador quanto do marxista: o capitalismo como algo inelutável (para os conservadores ele significa o "fim da história", para os marxistas mais ortodoxos uma preparação necessária para o "socialismo"); a "modernização" e a urbanização capitalistas como sendo processos incontornáveis e positivos em si mesmos; a ocidentalização do mundo como sendo inevitável e boa. Para essa tarefa, tradições e correntes radicais mais ou menos autóctones — como certas contribuições genuinamente latino-americanas para a Ecologia Política — podem ser mais úteis do que as teorias e abordagens "urbanofílicas" e "urbanocêntricas" (das ideias de Lefebvre sobre o "direito à cidade", a "sociedade urbana" e a "revolução urbana" à recente onda de discussão sobre a "urbanização planetária", que os chamados "estudos urbanos críticos" na América Latina muitas vezes têm importado acriticamente da Europa e dos Estados Unidos).

Frisando, uma vez mais, o que foi afirmado parágrafos atrás, na América Latina, na África e na Ásia a luta pela "reapropriação social da natureza" e a luta por territórios não podem ser confundidas com um clamor por "desenvolvimento econômico" e "modernização". Similarmente, as mobilizações e os combates que têm tido lugar nesses continentes — não apenas os movimentos e protestos, cujos protagonistas são camponeses, indígenas em áreas rurais etc., mas até mesmo os movimentos e protestos dos pobres urbanos — vão muito além de um "direito à cidade", meta que costuma estar subordinada a uma chave interpretativa controlada pela matriz cultural ou pelo imaginário ocidental (ainda que em uma versão especificamente marxista-lefebvriana).

Mesmo nas cidades, é urgentemente necessário promover variantes específicas do que muitos latino-americanos chamam de *buen vivir* (do quéchua *Sumak Kawsay*, ou *Suma Qamaña* na língua aimará): a "vida boa", ou mais exatamente o "*bem viver*",[110] em um sentido amplo que abrange de

110. No Brasil, não testemunhamos ainda um debate em torno do "bem viver" com a densidade e a amplitude com que se acha presente nos países andinos, muito embora ele

valores comunitários à proteção ambiental, tudo subordinado a parâmetros de justiça social culturalmente enraizados (vide, p.ex., OVIEDO, 2013). Tendo sido desenvolvido acima de tudo entre os povos indígenas em áreas rurais ou semirrurais, *Sumak Kawsay* faz referência especialmente aos costumes e a um modo de vida que não se relaciona principalmente com um *Lebenswelt* urbano ou metropolitano. De fato, a vida nas grandes cidades é, em grande medida, a própria negação do "bem viver". No entanto, "traduzir" esse "bem viver", na medida do possível, não somente na "linguagem" das grandes cidades — não para acriticamente se "ajustar à realidade", mas sim para desenvolver e implementar alternativas realistas à (hiper)precariedade e alienação capitalistas existentes no contexto urbano —, mas também em línguas e culturas diferentes daquelas dos Andes, é uma tarefa crucial. Os entendimentos do que seja uma "vida boa" ou um "bem viver" em, digamos, El Alto e Buenos Aires podem e devem compartilhar alguns pressupostos básicos, mas as espacialidades, os hábitos, as culturas e os valores concretos são muito diversos. Seja como for, uma coisa é certa: os muitos componentes perniciosos da urbanização capitalista são uma ameaça compartilhada e um desafio comum. Nesses marcos, a injustiça ambiental é uma característica geral que pode ser eliminada provavelmente apenas por lutas cuja meta sejam processos de desenvolvimento sócio--espacial que desafiem radicalmente a heteronomia e, por conseguinte, contestem as premissas do "desenvolvimento" capitalista (acumulação de capital, exploração do trabalho, "natureza barata" [*cheap nature*], "tecnolatria" etc.).

O capitalismo, podemos asseverar, é antiecológico, e as justificativas dos "urbanófilos" consciente ou inconscientemente afinados com o *status quo* capitalista para enaltecer a grande cidade e a urbanização são bastante enviesadas. Eles nos asseguram que nas cidades se trabalha e se produz com mais eficiência, que as economias de aglomeração e urbanização

---

não esteja de todo ausente e venha brotando em alguns círculos. É mais que provável que essa comparativa pobreza de discussões tenha a ver com as peculiaridades inerentes a um "povo novo" e submetido a uma americanização cultural avassaladora no último meio século, o que não deve servir de desculpa para nos evadirmos ao reconhecimento de que também no Brasil tal debate é inadiável.

colaboram para gerar uma produtividade mais elevada e que a divisão do trabalho mais sofisticada e a enorme diversidade de expertises, interesses e talentos criam um fértil ambiente para inovações. Acontece que estas são, convenhamos, alegações feitas inteiramente a partir do ângulo das necessidades do próprio capitalismo. Em geral, no máximo concede-se que "a urbanização" também "cria" poluição, congestionamentos de tráfego, montanhas de lixo e outras formas de deseconomia de aglomeração, como criminalidade violenta — como se *as cidades* e *a urbanização*, em si mesmas (e não o modo de produção e o imaginário capitalistas), "criassem" tais problemas. É evidente que esse fetichismo espacial se adequa bem à função de desonerar o sistema, eximindo-o de maiores responsabilidades e desviando a nossa atenção. Na verdade, não precisamos apelar para a nua e crua realidade das tendências de urbanização na América Latina, na África e na Ásia, indescoláveis como têm sido de processos de desterritorialização, despossessão e hiperprecarização; a urbanização e as cidades dos países capitalistas centrais, ainda que não sejam assim problemáticas e dramáticas (em grande parte graças à possibilidade de exportar ecoestresse para a [semi]periferia do sistema capitalista e explorar os trabalhadores dessa [semi]periferia na base de um brutal regime de extração de mais-valia absoluta), não são de modo algum isentas de problemas e ressalvas.

É óbvio que, na defesa das cidades e da urbanização capitalistas, também não faltam menções aos avanços (com ou sem aspas) da vida dita moderna, os quais de fato são, uns mais e outros menos, muitas vezes relevantes e defensáveis (a despeito das incontáveis bugigangas e inutilidades que inundam diariamente o mercado de consumo de massas), por nos livrarem de tarefas perigosas e arriscadas, trabalhos árduos, repetitivos e embrutecedores, aliviarem a nossa dor, e assim sucessivamente. Uma coisa, todavia, que esses "urbanófilos" não se indagam, é a seguinte: será que somente no interior do nosso modelo social e no interior desse tipo de arranjo espacial e de cidade é cogitável lograr alcançar e difundir certas comodidades das quais a maioria das pessoas provavelmente não gostaria, com razão, de abdicar?

Se o capitalismo não é, quando visto na escala mundial e examinado no longo prazo, nem um pouco promissor quanto à redução de ecoestresse e à conquista de menos heteronomia e menor desigualdade, o "socialismo" burocrático de inspiração marxista tampouco o é. Henri Lefebvre foi, a esse respeito, um tanto ambíguo, além de ter sido vago e superficial em sua aparente adesão a ideias tipicamente libertárias como a autogestão. Por sua dubiedade a respeito do "socialismo" burocrático (criticado por ele, sim, mas de maneira nada incisiva, frontal ou consistente),[111] Lefebvre parece ter sido, no que é essencial, menos heterodoxo do que muitos suspeitam ou gostariam de acreditar. Talvez por isso mesmo ele se tenha detido no "direito à cidade" e na aposta em uma "urbanização completa da sociedade" em estilo em última instância ocidental, sem vislumbrar o direito ao planeta e sem extrair as devidas consequências de uma crítica socioecológica do capitalismo.

A questão central, em todo o caso, nada tem a ver com acreditar que uma espécie de "volta ao passado" — abrigada sob o manto de *slogans* como "retorno ao campo", "volta à natureza" e coisas que tais — seria viável e desejável. A minha hipótese é a de que uma "volta ao passado", isto é, a modos de produção e estilos de vida pretéritos e pré-capitalistas, é *politicamente inviável*, a não ser talvez na esteira de uma hecatombe nuclear ou algo do gênero.[112] A isso se acrescenta uma convicção pessoal: a de que isso *nem sequer seria desejável.* A inviabilidade política tem a ver justamente com a suspeita de que para a esmagadora maioria das pessoas algo assim seria inaceitável, e não somente devido à lavagem cerebral do consumismo, como alguns "ecologistas profundos" e "primitivistas" desejam nos fazer crer.

111. À diferença, diga-se de passagem, de anarquistas, neoanarquistas e autonomistas libertários. A investigação mais minuciosa, perspicaz e original das insuficiências e contradições do marxismo e do próprio Marx, a partir de uma perspectiva libertária, foi conduzida, que eu saiba, por Cornelius Castoriadis (ver, sobre os limites de Marx, p.ex., CASTORIADIS, 1975, 1978b, 1978c e 1983; sobre o papel do marxismo e, principalmente, do bolchevismo no movimento operário, consulte-se CASTORIADIS, 1985a e 1985b; a respeito do "socialismo real" ver, entre muitos outros trabalhos, CASTORIADIS, 1986b).

112. Recordemos a chistosa advertência atribuída a Albert Einstein: "Eu não estou seguro de com que armas a Terceira Guerra Mundial será lutada, mas a Quarta Guerra Mundial o será com paus e pedras".

Ora, o que seria reviver o passado, materialmente, senão uma substituição dos tipos modernos de insegurança, padecimento e vulnerabilidade (perante intempéries e eventos climáticos extremos, situações de escassez de alimentos e recursos, enfermidades e epidemias, quadros crônicos de elevada criminalidade violenta e sentimentos de medo generalizado, e assim sucessivamente), em larga medida antropogênicos e historicamente produzidos, por variantes pré-modernas, não necessariamente menos desagradáveis ou ameaçadoras? Seriam palpáveis e inquestionavelmente atraentes as recompensas pela abdicação de várias comodidades? Isso sem contar que o passado da humanidade significou, muito frequentemente, regimes sociais caracterizados por uma profunda heteronomia, às vezes brutal. "Anarcoprimitivistas" como John Zerzan podem pretender ver "autoritarismo" e "opressão" em tudo que vá além do nível material de sociedades de caçadores e coletores (ZERZAN, 1994 e 2002), muitas vezes pintadas como se paraísos terrenos tivessem sido, fazendo de conta que uma recusa até mesmo da agricultura não cria hilariantes contradições e abomináveis cenários de regressão social, e fazendo pouco caso do fato de que uma posição assim estapafúrdia está fadada a ser uma exótica nota de rodapé na história das ideias, inclusive das ideias libertárias.[113] Felizmente,

---

113. O reacionarismo e o anti-humanismo contidos em tais propostas não dizem respeito somente a uma hipotética concretização desses desejos, por conta, entre outras, destas inevitáveis perguntas: como convencer as pessoas "comuns", que não são militantes anarcoprimitivistas ou assemelhados, sem o uso da força bruta, a renunciar a confortos como anestesia durante cirurgias ou idas ao dentista (ah, bem, não haveria dentistas...), antibióticos, facilidades de comunicação e transporte, óculos de grau, energia elétrica etc. etc.? Como desmontar inteiramente as cidades de um mundo bastante urbanizado, convertendo bilhões e bilhões de seres humanos espalhados pelo planeta em caçadores e coletores? Note-se que rechaçar a sociedade industrial, sem maiores qualificações, em um estilo às vezes apelidado de "neoluddista", nem sempre é uma postura que se restringe a textos um tanto irresponsáveis, escritos para entretenimento de uma certa classe média altamente escolarizada, desiludida e entediada: que o diga o terrorista Ted Kaczynski ("Unabomber"), com seu manifesto "Industrial Society and Its Future" (FC, 1995), uma brilhante (malgrado seus limites) ode à misantropia, ao elitismo e ao culto da natureza. Como o destino prega peças e nem tudo transcorre em conformidade com o *script*, John Zerzan, que havia tomado para si a defesa das posições de Kackzynski, com ele rompeu quando o "Unabomber", apesar de tudo um indivíduo bem-informado, promoveu o desmanche das ilusões "primitivistas" em um ensaio intitulado "The Truth About Primitive Life: A Critique of Anarchoprimitivism" (KACZYNSKI, 2008), no qual ele repisa o que há muito tempo se sabe: que caçadores e coletores usualmente gastavam (ou os remanescentes

retornar ao passado pré-histórico, além de não ser uma opção real, de jeito nenhum seria o único caminho para repudiar o *status quo*. O futuro precisa ser qualitativamente distinto do presente, mas sem pretender exumar um passado idealizado e sem exagerar o potencial emancipatório de culturas não ocidentais e tribais, não raro romantizadas. Como alcançar esse objetivo? *Essa* é a questão central.

Tive oportunidade de perscrutar, em várias ocasiões, as respostas históricas concretas que os libertários deram à questão da construção de alternativas sociais *e espaciais* ao capitalismo e ao "socialismo" burocrático, desde os pioneiros estudos sistemáticos e pormenorizados de Piotr Kropotkin sobre as possibilidades da desconcentração econômico-espacial e da descentralização territorial, que desdobraram intuições anteriores de Pierre-Joseph Proudhon e Mikhail Bakunin, até as análises de Murray Bookchin e Cornelius Castoriadis (vide especialmente SOUZA, 2017; ver, ainda, SOUZA, 2012a). Também explorei os cenários que podemos desenvolver com o fito de imaginar outros futuros possíveis, mesmo sem ter a pretensão descabida e racionalista de descer a detalhes a propósito das margens de manobra, dos critérios e dos desafios que precisam ser considerados em meio a uma *práxis* voltada para a criação de alternativas sócio-espaciais pautadas em princípios como autonomia (horizontalidade, autogestão etc.), desconcentração e descentralização (ver, sobretudo, SOUZA, 2006a). Não seria o caso de procurar, aqui, repetir as extensas e fundamentadas argumentações oferecidas alhures; mas não é inútil revisitar agora a súmula do raciocínio e as teses principais.

A desconcentração e a descentralização setoriais e espaciais parecem ser os caminhos alternativos possíveis e necessários para evitar a contínua

---

ainda gastam) grande parte de seu tempo buscando e preparando alimento em condições que nem sempre eram (ou são) favoráveis, que a posição da mulher em sociedades de caçadores e coletores estava (ou está) longe de ser plenamente igualitária, e assim sucessivamente. Para além do nicho ideológico "anarcoprimitivista", a subestimação das dificuldades às quais as sociedades de caçadores tinham e têm de fazer face fora já grandemente impulsionada, a partir dos anos 1960, por antropólogos como Marshal Sahlins, cujas considerações sobre a "sociedade afluente original" (SAHLINS, 1972) têm sido alvo de significativas relativizações e ponderáveis ressalvas desde que foram publicadas (ver, p.ex., KAPLAN, 2000).

deterioração ambiental e o esgarçamento do tecido social, e também para marcar uma diferença em relação ao "socialismo" burocrático. Um caminho, seja grifado, já entrevisto no século XIX por anarquistas como Piotr Kropotkin, e repisado em um patamar mais sofisticado por libertários do século XX como Murray Bookchin e Cornelius Castoriadis. "Desconcentração e a descentralização setoriais e espaciais" não guardam, porém, nenhuma relação com uma aversão retrógrada e nostálgica à cidade, nem com uma "ruralofilia" acrítica, romantizadora da canseira, das agruras e das vicissitudes históricas da vida no campo. Não se trata de apostar em uma "urbanofobia" como antídoto contra a "urbanofilia" exagerada. Que inércia mental é essa que parece impedir-nos até mesmo de conceber a hipótese de uma organização sócio-espacial que afronte a ordem sócio-espacial concentradora e centralizadora que é apanágio tanto do capitalismo quanto do socialismo de inspiração marxista, sem que isso, no entanto, implique desmerecer as vantagens de um certo nível (básico e, por isso, inevitável) de concentração espacial? Aliás, interessantemente, o capitalismo e o socialismo "burocrático" algumas vezes até mesmo propiciaram relativas desconcentrações produtivas, mas mantendo e até recrudescendo a centralização de gestão territorial. Cumpre investir política e intelectualmente em algo bem diverso: admitir que um determinado nível de concentração espacial de equipamentos de consumo coletivo, mesmo baixo, trará alguns inconvenientes que, no entanto, poderão ser grandemente mitigados ou neutralizados não apenas com recurso a tecnologias eficientes de comunicação e transporte, em meio a uma sociedade igualitária, mas também graças à radical descentralização dos processos decisórios (o que pressupõe uma radical e sofisticada descentralização territorial).

Tudo isso parece, aos olhos de hoje, altamente improvável politicamente, mas não há nada aí, sob o ângulo tecnológico, que constitua uma impossibilidade. Na realidade, uma parte da tecnologia gerada nos últimos séculos, desenvolvida com outras finalidades que não as da maior democratização e menor desigualdade da sociedade, poderia, uma vez adaptada, reestruturada e radicalmente recontextualizada (posto que a tecnologia nunca é neutra), hoje em dia mais que um século atrás, oferecer as condições para que a redução da heteronomia pudesse andar de mãos dadas com uma relativa abundância material para todos, sem exigir de ninguém exageros de autoprivação e estoicismo. Murray Bookchin tematizou brilhantemente esse assunto já nos anos 1960, sob a rubrica de "tecnologias liberatórias" (BOOKCHIN, 2004d), indo além do que pensadores como Herbert Marcuse fizeram a respeito. Cornelius Castoriadis, de sua parte, focalizou com enorme profundidade a questão "tecnologia, autonomia e heteronomia", inclusive oferecendo, em alguns trabalhos, uma crítica visceral do legado marxista (vide, p.ex., CASTORIADIS, 1978b).

Deter ou estancar o ecofascismo — assombração que, com a maré montante de governamentalização da natureza e securitização do ambiente, examinada no capítulo anterior, faz cada vez mais barulho — é algo que não pode ser adequadamente garantido aceitando-se as premissas do liberalismo; mas tampouco aquelas do marxismo oferecem uma saída convincente. Se o "direito à cidade" representa uma visão caracteristicamente marxista, a argumentação em torno do direito ao planeta não parece prescindir de uma matriz libertária, a um só tempo anticapitalista e não marxista, para ser consequente.

O desafio reside em que também a postulação da necessidade de uma alternativa à organização sócio-espacial capitalista (e burocrático-"socialista") não foge à regra: ela sempre será feita a partir de "lugares de enunciação" específicos. Não somente a crítica do que existe no presente, mas igualmente o clamor por um futuro diferente não se fará sem "sotaque", sem marcas culturais de origem, em função das particularidades do presente e do passado inscritas nos lugares concretos, como memória, paisagem, imaginário. Em se tratando da América Latina e, nesse contexto, do Brasil, há uma necessidade imperiosa de nos abrirmos para as densas reflexões a respeito do pensamento anticolonial (que muitos preferem chamar de "decolonial" ou "pós-colonial") desenvolvidas por intelectuais latino-americanos, reflexões essas capazes de fertilizar as empreitadas de (re)construção de agendas de pesquisa e políticas com senso crítico e de situacionalidade cultural — sem, não obstante, resvalarmos para o provincianismo e o isolacionismo. Diversamente de intelectuais e pesquisadores franceses, por exemplo, ressentidos com a globalização "à americana" e a hegemonia da língua inglesa, a luta epistêmica dos intelectuais latino-americanos não se confunde, obviamente, com o recalque de uma narrativa e de uma língua outrora importantes, e que agora se veem submetidas à condição de uma "periferia (epistêmica e cultural) de luxo". Na América Latina, cujas narrativas e línguas nunca foram remotamente hegemônicas, o desafio não é o de denunciar "a hegemonia da narrativa anglo-saxônica", mas sim o de denunciar o etnocentrismo e o sociocentrismo *em geral*, que não raramente são parte indescolável dos conteúdos das teorias e dos conceitos que utilizamos para ler o mundo e nossas próprias realidades locais, regionais e "nacionais".

Para fazer isso de modo coerente e sem hipocrisia, porém, não bastará reclamar visibilidade para a produção intelectual em espanhol ou português a partir de um ângulo de abordagem e da experiência social de classes médias acadêmicas socializadas e localizadas em um ambiente urbano-metropolitano: se faz necessário levar em conta que o espanhol e o português são, para muitos milhões de latino-americanos, línguas antes veiculares que vernaculares ou maternas,[114] e que os quadros de vida, as culturas e os valores das populações da América Latina, bem como suas lutas, não se deixam encaixar de maneira simplista em tendências de pasteurização urbana e difusão dos padrões de uma urbanização mundializada. Como facilmente se vê, lidar com as escalas geográficas, combinando-as e articulando-as entre si, está por trás de nossos desafios — e isso possui uma enorme relevância política. *Epistêmico-política*, melhor dizendo. Para aprender com o Outro ou, no mínimo, para recusar-se a não esmagar o Outro, é necessário interagir e comunicar-se não autoritariamente com ele ("agir comunicativo", diria um habermasiano), o que pressupõe buscar realmente compreender o(s) seu(s) "lugar(es) de enunciação" e os seus pressupostos culturais. Lutar juntos é uma premissa para que a luta por um direito ao planeta faça sentido, e lutar juntos tem um olhar ético-político-culturalmente generoso como premissa.

---

114. Em termos estritamente quantitativos, essa circunstância não é muito significativa no Brasil, país em que o etnocídio foi especialmente intenso e o percentual de população indígena andava, em 2010, segundo o Censo Demográfico do IBGE, por volta de 0,5%, apesar da existência de cerca de trezentas etnias e um número quase tão grande de idiomas. Na maior parte da América "hispânica", em contraste, a quantidade de falantes de línguas indígenas é um fenômeno maciço e impressionante.

O anarquista mexicano Ricardo Flores Magón (1874-1922), figura de transição entre os séculos XIX e XX, o qual influenciou a Revolução Mexicana, já apontara o caminho. Esse caminho foi mais tarde trilhado por outros tantos sujeitos históricos, individuais e coletivos, como em nosso tempo os seus conterrâneos neozapatistas em Chiapas: a saber, o hibridismo do Ocidente com as culturas pré-Conquista se dando também no âmbito das ideias emancipatórias, gerando-se sinergias extraordinariamente profícuas. Vale a pena apresentar Ricardo Flores Magón e suas ideias, equivalendo isso a um singelo tributo como arremate deste capítulo.

Mestizo nascido em Oaxaca, no sul do México, Flores Magón foi, ainda criança, com sua família para a capital do país. Apesar disso, manteve sempre uma fortíssima ligação com a herança indígena que impregnava a sua região de nascimento, mais especificamente a serra de Huautla, ocupada por povos de língua mazateca e nahua (BELTRÁN, 2010: VII; BUFE e VERTER, 2005:30-1). Essa ligação, nele bastante despertada e cultivada por seu pai (BELTRÁN, 2010: VIII-IX; BUFE e VERTER, 2005:30-1), podemos observá-la com nitidez em seus escritos.

Tendo iniciado o curso de Direito, não chegou a concluí-lo: cedo, já em 1892, participara de iniciativas estudantis de agitação contra o governo do Gal. Porfirio Díaz, começando então a colaborar com jornais de oposição. Em 1990, funda o jornal *Regeneración*, no qual publicará a maior parte de seus textos importantes, os quais iriam atuar como um dos fermentos para a insatisfação e a oposição definitivas contra o governo de Díaz. Exilado nos Estados Unidos em 1904, prosseguiu, de lá, com a publicação do jornal, mas foi preso diversas vezes naquele país. Terminou seus dias na prisão e, apesar de as fontes oficiais estadunidenses darem conta de que morreu devido a uma parada cardíaca, há versões que sustentam a tese de que ele foi, na verdade, executado. Em todo o caso, o próprio Flores Magón se queixava, em suas cartas dos últimos anos, de suas precárias condições de saúde e das cruéis condições de seu encarceramento, de maneira que, em última instância, a responsabilidade da instituição penal em que veio a falecer (prisão militar de Leavenworth, no Kansas) não pode ser negada.

Sobre o pensamento de Flores Magón, a primeira coisa a se registrar é que o anarquista mexicano, como seria previsível, votava um genuíno ódio à propriedade privada, muito particularmente à propriedade privada do solo. Isso fica muito evidente nesta passagem:

> O primeiro proprietário apareceu com o primeiro homem que tinha escravos para cultivar os campos, e para tornar-se mestre desses escravos e daqueles campos, ele precisava usar as armas e levar a guerra a uma tribo inimiga. A violência foi, pois, a origem da propriedade territorial, e pela violência ela tem sido sustentada desde então e até nossos dias. (...) A propriedade territorial é baseada no crime e, portanto, é uma instituição imoral.[115] (FLORES MAGÓN, 2010b:11)

Em um estilo que reverbera o espírito da famosa fórmula proudhoniana de que "a propriedade é um roubo", Flores Magón nos convida a perceber que a propriedade territorial privada nasceu "através da violência, através do abuso da força":

> O ágio, a fraude, o roubo mais ou menos legal, mas em qualquer caso o roubo, são outras tantas origens da propriedade territorial privada. Então, uma vez que a terra foi tomada pelos primeiros ladrões, eles mesmos fizeram leis para defender o que chamavam e ainda chamam neste século de "direito".[116] (FLORES MAGÓN, 2010d:36)

---

115. Em espanhol, no original: "El primer dueño apareció con el primer hombre que tuvo esclavos para labrar los campos, y para hacerse dueño de esos esclavos y de esos campos necesitó hacer uso de las armas y llevar la guerra a una tribu enemiga. Fue, pues, la violencia el origen de la propiedad territorial, y por la violencia se ha sostenido desde entonces hasta nuestros días. (...) La propiedad territorial se basa en el crimen, y, por lo tanto, es una institución inmoral."

116. Em espanhol, no original: "[a]sí por medio de la violencia, por medio del abuso de la fuerza, nació la propiedad territorial privada. El agio, la fraude, el robo más o menos legal, pero de todos modos robo, son otros tantos orígenes de la propiedad territorial privada. Después, una vez tomada la tierra por los primeros ladrones, hicieron leyes ellos mismos para defender lo que llamaron y llaman aún en este siglo un 'derecho'."

Sua conclusão, resumidamente, é a de que "[o] direito de propriedade é um direito absurdo, porque teve por origem o crime, a fraude, o abuso da força" ("[e]l derecho de propiedad es un derecho absurdo porque tuvo por origen el crimen, el fraude, el abuso de la fuerza": FLORES MAGÓN, 2010d:35). Sua argumentação, ademais, contém outros elementos, profundamente telúricos, de apoio à sua tese, como neste belo trecho:

> A terra é o elemento principal a partir do qual tudo o que é necessário para a vida é extraído ou produzido. De lá são extraídos os metais úteis: carvão, pedra, areia, cal, sais. Ao cultivá-la, se produzem todos os tipos de frutos alimentícios e de luxo. Seus campos fornecem alimento para o gado, enquanto suas florestas nos brindam com sua madeira e suas fontes com sua linfa geradora de vida e beleza. E tudo isso pertence a alguns, quando a natureza fez isso para todos.[117] (FLORES MAGÓN, 2010b:12)

Não é uma mera frase de efeito, portanto, a que ele usa em um texto de 1907: "[o]ntem foi o céu o objetivo dos povos: agora é a terra" ("[a]yer fue el cielo el objetivo de los pueblos: ahora es la tierra": FLORES MAGÓN, 2010a:6). Não obstante tudo isso, ele não estava propenso a adotar nenhuma posição dogmática acerca do objetivo da substituição da propriedade privada por um regime de propriedade comunal ou coletiva. Flores Magón não excluiu a possibilidade de que pequenos espaços pudessem manter-se em regime de posse (não confundir com propriedade) individual ou familiar, conquanto deixasse claro que, por razões econômicas e, principalmente, por razões sociais mais amplas, isso não passaria de algo excepcional e subordinado:

117. Em espanhol, no original: "La tierra es el elemento principal del cual se extrae o que se hace producir todo lo que es necesario para la vida. De ella se extraen los metales útiles: carbón, piedra, arena, cal, sales. Cultivándola, produce toda clase de fructos alimenticios y de lujo. Sus praderas proporcionam alimento al ganado, mientras sus bosques brindan su madera y las fuentes sus linfas generadoras de vida y de belleza. Y todo esto pertenece a unos cuantos, cuando la naturaleza lo hizo para todos."

> Cada um — se assim o desejar — pode reservar uma parcela para usar na produção de acordo com seus gostos e inclinações, para fazer aí sua casa, ter um jardim; mas o que a isso exceder deve ser unido a todo o restante, se você quiser trabalhar menos e produzir mais. Trabalhada em comum, a terra pode dar mais do que o suficiente com duas ou três horas de labuta diária, enquanto que cultivando apenas uma parcela, é preciso trabalhar o dia todo para viver. Por isso acho que é melhor que a terra seja trabalhada em comum (...).[118] (MAGÓN, 2010c:33)

Teria sido Flores Magón, por outro lado, um incorrigível romântico, que idealizava a vida no campo e o modo de vida dos indígenas e campesinos *mestizos*, conforme sugeriu Alberto BELTRÁN (2010:VIII *et seq.*)? A resposta não há de ser simples. Pois, se de uma parte, o grande anarquista mexicano se utilizava de uma terminologia (comum a todos ou quase todos os anarquistas clássicos) que poderia, de fato, induzir a subestimar os elementos heterônomos presentes nas formações sócio-espaciais pré-capitalistas (como se, por não terem *Estado*, as comunidades aldeãs indígenas desconhecessem inteiramente o que seja *governo*, incluindo formas pouco autônomas de governo, como o patriarcado e a gerontocracia...), de outra parte ele não deixava de ter razão em vários pontos, como ao realçar certas virtudes comunitárias e de solidariedade daquelas formas de sociedade ainda não (completamente) tragadas pela voragem do capitalismo em expansão. Porém, mais do que isso, seria errôneo enxergar em Flores Magón um nostálgico absoluto e tolo de um tipo de sociedade pré-capitalista, um "urbanófobo" e um anti-industrialista empedernido. Quando ele sustenta que o uso comunitário do solo é econômico-socialmente mais sensato e racional, ele não deixa

118. Em espanhol, no original: "Cada quien — si así lo desea — puede reservar-se un pedazo para utilizarlo en la producción según sus gustos e inclinaciones, hacer en él su casa, tener un jardín; pero el resto debe ser unido a todo lo demás si se quiere trabajar menos y producir más. Trabajada en común la tierra, puede dar más de lo suficiente con unas dos o tres horas de trabajo al día, mientras que cultivando uno solo un pedazo, tiene que trabajar todo el día para poder vivir. Por eso me parece mejor que la tierra se trabaje en común (...)."

de ressaltar que muito trabalho poderia ser poupado, além do mais, "(...) com o auxílio da grande maquinaria da qual, então, se poderá dispor livremente" ("(...) con el auxilio de la gran maquinaria de que entonces se podrá disponer libremente": FLORES MAGÓN, 2010c:33). É óbvio que falar em "*gran maquinaria*" pressupõe não demonizar os ambientes produtivos e sociais (fábricas e cidades) nos quais essas máquinas seriam concebidas e produzidas. De modo semelhante, quando, no seguinte trecho, extraído de outro artigo, ele fala em *fábricas*, *talleres*, *fundiciones*, *ferrocarriles* e *barcos*, fica mais uma vez evidente que, com Flores Magón, não estamos diante de nenhum personagem simplório, clamando de um jeito tosco por qualquer "retorno ao campo" ou "volta à natureza": "[e]ntendam que o direito à propriedade privada da terra e das indústrias deve ser abolido, para que tudo: terra, minas, fábricas, oficinas, fundições, florestas, ferrovias, navios, gado, seja coletivamente propriedade, decretando desse modo a morte para a miséria, morte para o crime, morte para a prostituição."[119] (FLORES MAGÓN, 2010e:50) E, a despeito desta ressalva, uma coisa é bem certa: não deve haver dúvida de que ele, influenciado por Piotr Kropotkin, era simpático a uma reorganização sócio-espacial de grande envergadura, que redefinisse radicalmente, em um sentido não capitalista, os significados de "campo" e "cidade". Visto por um prisma político-ecológico, esse ensinamento, contido nas entrelinhas do pensamento de Flores Magón, se mostra uma duradoura e atualíssima fonte de inspiração.

Por fim, vale a pena considerar o que Flores Magón escreveu sobre os assuntos "pátria" e "patriotismo". Sempre que se referiu ao termo "pátria" em seu sentido usual, definido nos marcos ideológicos do Estado-nação, ele atacou a ideia como uma impostura: "Se a terra natal é a terra em que nascemos, essa terra deve pertencer a todos; mas não é assim: ela é propriedade de poucos, e esses poucos são aqueles que

---

119. Em espanhol, no original: "[e]ntended que hay que abolir el derecho de propiedad privada de la tierra y de las industrias, para que todo: tierra, minas, fábricas, talleres, fundiciones, bosques, ferrocarriles, barcos, ganados, sean de propiedad colectiva, dando muerte de ese modo a la miseria, muerte al crimen, muerte a la prostitución."

colocam o rifle em nossas mãos para defender a pátria."[120] (FLORES MAGÓN, 2010f:59) Uma impostura, além do mais, perigosa, dada sua serventia para o objetivo dos capitalistas de dividir politicamente os trabalhadores ao colaborar para inculcar-lhes falsas razões para se sentirem inimigos uns dos outros, em função de lugares diferentes de nascimento e costumes distintos:

> Deste modo, a burguesia divide os habitantes da Terra em raças e nacionalidades; e o operário russo se considera mais corajoso que seu irmão, o operário francês, enquanto o proletariado inglês acredita que não há na Terra um homem (sic) como ele; e o espanhol, por sua vez, se orgulha de ser a obra mais perfeita do mundo; e os japoneses, os alemães, os italianos, os mexicanos, os indivíduos de todas as raças, se consideram sempre melhores que os outros das demais outras raças. Dessa divisão profunda entre o proletariado de todas as raças, a burguesia se aproveita para dominar à vontade, porque a divisão por nacionalidades e raças impede os trabalhadores de chegar a um acordo para derrubar o sistema que nos afoga.[121] (FLORES MAGÓN, 2010f:60)

Sem embargo, essa não é, na obra de Flores Magón, a única acepção do termo "pátria". O anarquista mexicano distinguia duas outras escalas de sentimento "patriótico", correspondendo a primeira delas a um nível de experiência direta bastante forte:

120. Em espanhol, no original: "[s]i la patria es la tierra en que nacimos, esa tierra debería ser de todos; pero no es así: esa tierra es la propiedad de unos cuantos, y esos pocos son los que ponen el fusil en nuestras manos para defender la patria."

121. Em espanhol, no original: "De esta manera la burguesia divide en razas y en nacionalidades a los habitantes de la Tierra; y el trabajador ruso se considera más valiente que su hermano el trabajador francés, mientras el proletariado inglés cree que no hay en la Tierra un hombre como él; y el español, de su parte, se jacta de ser la obra más perfecta del mundo; y el japonés, el alemán, el italiano, el mexicano, los individuos de todas las razas, se consideran siempre mejores que los demás de las otras razas. De esa división profunda entre el proletariado de todas las razas se aprovecha la burguesía para dominar a sus anchas, pues división por nacionalidades y razas impide que los trabajadores se pongan de acuerdo para derribar el sistema que nos ahoga."

> O vosso patriotismo consiste em amar, em primeiro lugar, aquele pedaço de terra que vos viu nascer; onde vossa inocência se arrastou em seus primeiros passos no caminho da vida; o pátio da vizinhança, a cidade, a aldeia, o casario, a choça perdida na floresta, na planície, na montanha, e o território coberto pela vossa mirada, onde vós correstes e fizestes travessuras quando crianças, e que depois, já rapazes, foi testemunha de vossos amores, de vossas alegrias, ai!, e também de vossas tristezas e decepções. Amai esse pedaço de terra com amor doce e saudável, e o achai belo ainda que para outros ele pareça feio; e quando estiverdes fora dele, às vezes não podereis reprimir um suspiro ao recordá-lo, por mais que nele tiverdes sido infelizes. Esse amor ao torrão natal é natural: vós o sentis em vossos corações sem a necessidade de que alguém aí o tenha inculcado; parece que esse pedaço de terra contém algo do vosso ser, é como se vós fizésseis parte dele. É que vossa vida sentimental está intimamente ligada a ele; nele morava a moça que infiltrou nos vossos corações a doçura e os tormentos do amor; ali estão os vossos primeiros amigos; os rostos dos vizinhos vos são familiares.[122] (FLORES MAGÓN, 2010g:65-6)

É claro que, nos dias de hoje, e especialmente nas grandes metrópoles, tão intensamente transformadas pelos processos de massificação e atomização típicos da urbanização capitalista, notadamente na segunda metade do

122. Em espanhol, no original: "Vuestro patriotismo consiste en amar, en primer lugar, aquel pedazo de tierra que os vio nacer; allí donde se arrastró vuestra inocencia en vuestros primeros pasos por la senda de la vida; el patio de la vecindad, la ciudad, el pueblo, el caserío, el jacal perdido en el bosque, en la llanura, en la montaña, y el territorio que abarcaba vuestra mirada, donde corristeis y traveseasteis cuando niños, y que más tarde, ya mozos, fue testigo de vuestros amores, de vuestras dichas, ¡ay!, también de vuestros pesares y sinsabores. Amáis aquel pedazo de tierra con amor dulce y sano, y lo encontráis bello aunque para otros parezca feo, y si estáis fuera de él, a veces no podéis reprimir un suspiro al recordarlo, por más que en él hubiérais sido desgraciados. Ese amor al terruño es natural: lo sentís en vuestros corazones sin necesidad de que alguien os lo haya inculcado; parece como que aquel pedazo de tierra contiene algo de vuestro ser; como que formáis parte de él; es que vuestra vida sentimental está estrechamente unida a él; en él residía la muchacha que infiltró en vuestro corazón la dulzura y los tormentos del amor; allí están vuestros primeros amigos; los rostros de los vecinos os son familiares."

século XX (um quadro, nas palavras do neoanarquista Murray Bookchin, de "urbanização sem cidades"), esse tipo de vivência tão intensa diluiu-se um pouco, e às vezes murchou significativamente. Contudo, em vez de simplesmente desaparecer, a construção de "sentimentos de pertencimento a um lugar" — e é disso que Flores Magón está falando, para utilizar nossa terminologia contemporânea —, ainda que real ou aparentemente enfraquecida quando comparada com suas formas de algumas gerações atrás, modificou-se mais do que sumiu, metamorfoseando-se e reaparecendo, às vezes, em circunstâncias improváveis, como uma certa "topofilia" até mesmo por espaços que muitos considerariam "não-lugares".[123] Seja lá como for, o fato é que a reflexão de Flores Magón, devidamente recontextualizada histórico-geograficamente, continua a ser válida enquanto uma orientação ética e política.

De todo modo, a escala de "lugaridade" mais diretamente atinente a interações de tipo primário e à escala local é apenas o primeiro dos dois níveis identificados pelo autor. Há um segundo, que pode dizer respeito tanto à escala regional quanto à "nacional", ou mesmo a outras:

> Mas o vosso patriotismo se alarga: ele não consiste mais apenas em amor à pátria, mas também inclui um certo sentimento de simpatia

123. Na qualidade de espaço vivido, em relação ao qual se nutre um sentimento de pertencimento ou de familiaridade (uma "topofilia"), os lugares não desaparecerão jamais, e a própria noção de "não-lugar" (AUGÉ, 1994) é simplista e defeituosa. Pode-se, sem dúvida, constatar e lamentar a baixa densidade identitária e histórica de espaços assépticos e padronizados como aeroportos, grandes hotéis e estações de metrô, mas isso não nos autoriza a decretar que ninguém, em nenhuma circunstância, produza imagens de lugar e nutra alguma "topofilia" relativamente a tais espaços. A modalidade de "lugar" autenticada pelo antropólogo Marc Augé como o "lugar" por excelência, que ele corporativamente denomina "lugar antropológico", correspondendo aos espaços de vida e trabalho de povos originários e populações tradicionais, pode merecer nossa simpatia e solidariedade, o que não é o mesmo que torná-la referência conceitual exclusiva. Se quisermos evitar idealizações, aceitando que até mesmo os bairros e os espaços residencais das grandes cidades contemporâneas também têm sido transpassados e moldados pelas forças da massificação e da atomização, sem com isso deixarem totalmente de ser lugares e referências de organização político-social, necessitaremos recusar todo fundamentalismo teórico e ideológico sobre a "pureza" ou o caráter absoluto dos lugares, a exemplo do que precisamos fazer acerca da fantasia de uma "natureza intocada" a ser "preservada".

por pessoas que falam a vossa própria língua; que possuem tradições comuns às vossas; que, assim como vós, compartilham os mesmos preconceitos, padecem das mesmas preocupações e em cujos peitos se aninham virtudes semelhantes e serpenteiam e se entremesclam vícios parecidos. Esse patriotismo ainda é saudável, porque é um sentimento natural, que ninguém vos inculcou e não vos incita a cometer vilanias.[124] (FLORES MAGÓN, 2010g:66)

O "*patriotismo oficial*" (FLORES MAGÓN, 2010g:66), ou, como ele também diz em uma linguagem mais dura e direta, "*patriotismo burgués*" (FLORES MAGÓN, 2010g:66), é, aos seus olhos, um "*patriotismo artificial*" (FLORES MAGÓN, 2010g:66) e mesmo "*irracional*" (FLORES MAGÓN, 2010g:66), uma vez que — disse ele dirigindo-se aos trabalhadores — é o tipo de patriotismo "que coloca uma venda de sangue sobre os vossos olhos quando vós vedes um estrangeiro; esse patriotismo é o que vos ensina a odiar todo aquele que não nasceu no lugar onde vós nascestes ou onde nasceram as pessoas que convosco compartilham um mesmo idioma, tradições e preocupações idênticas, vícios e virtudes semelhantes, e que sofrem com os mesmos preconceitos"[125] (FLORES MAGÓN, 2010g:67). Em contrapartida, os dois níveis de "sentimento patriótico" que se referem a lugares como o torrão natal, a vizinhança, a "comunidade" ou mesmo escalas mais abrangentes, em que as identidades e os sentimentos de pertencimento não são permeados e contaminados por ódios nacionalistas, xenofobia e racismo, seriam níveis, no seu entender, legítimos. É cabível,

124. Em espanhol, no original: "Pero, vuestro patriotismo se ensancha: ya no consiste solamente en el amor al terruño, sino que comprende un ciero sentimiento de simpatía para con los individuos que hablan vuestro propio idioma; que tienen tradiciones comunes a las vuestras; que, como vosotros, participan de los mismos prejuicios, adolecen de las mismas preocupaciones y en cuyos pechos anidan virtudes análogas y serpean y se entremezclan vicios parecidos. Ese patriotismo es sano todavía, porque es un sentimiento natural, que nadie os ha inculcado y no os estimula a cometer villanías."

125. Em espanhol, no original: "que pone en vuestros ojos una venda de sangre cuando veis a un extranjero; este patriotismo es el que os enseña a odiar a todo aquel que no haya nacido en el lugar donde vosotros nacisteis o donde nacieron las personas que con vosotros tienen un idioma común, tradiciones y preocupaciones idénticas, vicios y virtudes análogas y que adolecen de los mismos prejuicios."

sem sombra de dúvida, levantar a questão, sobretudo em nossos dias, sobre se é sempre fácil separar, sem grandes dificuldades, um "bom patriotismo", "natural" (termo problemático, porquanto naturalizante, empregado por Flores Magón bem dentro do espírito do seu tempo), de um "mau patriotismo", que mina e sabota projetos emancipatórios. Essa ressalva, todavia, não invalida o raciocínio subjacente a uma inteligente e bela tentativa de denunciar a manipulação antiemancipatória de certos sentimentos de lugar, ao mesmo tempo em que se preserva a importância do reconhecimento de que nem toda "lugaridade" é, de uma perspectiva emancipatória, prejudicial.

Cornelius Castoriadis grifou, com o auxílio de uma feliz analogia, o quinhão de *mito* contido na ideologia da "dominação da natureza" (daí eu aspear a expressão): a humanidade ou, mais precisamente, uma parcela dela pode acalentar a ilusão de ser, nas famosas palavras de Descartes, "mestra e possuidora" da natureza, mas no fundo ela se equipara, antes, a "uma criança que, diante de uma casa cujas paredes são de chocolate, se põe a comê-las sem compreender que logo o restante da casa lhe vai cair sobre a cabeça"[126] (CASTORIADIS, 1999a:175). O imperativo de acumulação do capital e, como frisou Flores Magón, a propriedade privada do solo não apenas requerem e fundam a exploração e a alienação do trabalho como igualmente sabotam a concretização de uma economia ecologicamente mais prudente. O "patriotismo burguês", caracterizado como "artificial" por Flores Magón, flanqueia ideologicamente a reprodução do *status quo* econômico, atuando como representante máximo e epítome de tudo aquilo que estorva e obstrui o processo de tomada de consciência pelos pobres, explorados e oprimidos quanto à urgência de solidariedade e cooperação entre eles: nacionalismo, regionalismo xenofóbico, localismo paroquial, estigmatização sócio-espacial bairrista e dirigida contra outros pobres (a favela como símbolo do Mal), o racismo (o indígena visto como "indolente", o negro encarado como "intelectual e moralmente inferior"), o machismo

126. Em francês, no original: "(...) un enfant se trouvant dans une maison dont les murs sont en chocolat et qui s'est mis à les manger, sans comprendre que bientôt le reste de la maison va lui tomber sur la tête."

e a intolerância de gênero ou cultural. Por outro lado, os sentimentos de pertencimento a um lugar, uma vez canalizados de um modo construtivo e não xenofóbico, não fariam parte do alicerce mesmo de um olhar mais amoroso e sábio, alma de uma relação menos predatória e imprudente com a terra e com a Terra?

Ao advogar uma valorização positiva de "topofilias" generosas e infensas a mesquinhas xenofobias, ao defender a valorização crítica da herança cultural (incluídas aí a cultura material e a tecnologia) oferecida pelo Ocidente sem olvidar por um só instante do legado emanado das raízes não ocidentais dos povos originários e ao denunciar a propriedade privada e o uso capitalista do solo como fundados sobre a violência e a injustiça, Ricardo Flores Magón compreendeu que conceber formas substancialmente novas de relações sociais é algo que se impõe. Indo além, ele entreviu ainda a necessidade de construir outras organizações espaciais e maneiras de estabelecer relações com a "natureza primeira", respeitando-se a situacionalidade cultural de cada indivíduo socializado em meio a uma sociedade e uma história específicas. Ao seu modo, e com as peculiaridades e limitações de sua época, ele vislumbrou o essencial do problema de que aqui nos ocupamos. "Ayer fue el cielo el objetivo de los pueblos: ahora es la tierra": esta frase lapidar teria sido uma epígrafe bastante adequada para o capítulo que ora se encerra.

Conclusão: "Crise da meia-idade" e novos caminhos

Em 1965, um médico estadunidense, Elliott Jacques, cunhou a expressão "crise da meia-idade" (*midlife crisis*) para expressar o momento que, começando por volta dos quarenta anos de vida, reflete o estresse e as angústias experimentados por muitos indivíduos, devido à consciência cada vez mais acentuada de condições como o envelhecimento e a mortalidade. Por mais que a década de 1980 possa ser aceita como a da consolidação definitiva da Ecologia Política — coisa que os geógrafos anglófonos costumam fazer demasiado "anglocentricamente", ao lembrar com excessivo destaque estudos como os de Piers Blaikie e colaboradores, ignorando cabalmente que também em outros países aquela década testemunhou o aparecimento de importantes trabalhos, como os de autoria de Orlando Valverde e Carlos Walter Porto-Gonçalves no Brasil —, não deveria haver dúvida de que já no decênio anterior a reflexão político-ecológica surgira em diferentes contextos linguístico-culturais. Isso para não falar dos ensaios que Murray Bookchin redigiu ainda na década de 1960. Seria válido, pois, por analogia espirituosa, cogitar que o momento atual da Ecologia Política poderia corresponder a uma espécie de "crise da meia-idade epistêmico-política"? Em caso afirmativo, quais seriam os indícios ou as evidências que fundamentariam esse diagnóstico?

À primeira vista, muita gente poderia estranhar que a Ecologia Política, após seus quatro decênios de existência, possa estar experimentando algum tipo de angústia ou insegurança. O crescimento do interesse por esse híbrido de campo de investigação e contexto epistêmico-político para ativismos sociais parece sugerir exatamente o contrário: as publicações vêm aumentando e a produção, se diversificando. Ao mesmo tempo em que isso acontece, todavia, Paul Robbins, um dos mais conhecidos e influentes pesquisadores da área, nos arrosta com uma reflexão a propósito do alcance da *political ecology*: concebendo-a como um tipo de narrativa acadêmica inextricavelmente ligada a estudos de caso e, portanto, a uma grande dose de experiência com trabalho de campo, ele pondera que, para certas missões, como articular processos em escala global, a Ecologia Política seria "pequena demais", ao passo que para dar conta de outras tarefas, como mergulhar no quotidiano de consumidores e produtores, ela seria "grande demais". Tudo isso parece justificar a pergunta que dá título ao capítulo final de sua obra mais conhecida: "Beyond political ecology?" (ROBBINS, 2012:247 *et seq.*). Haveria, então, um impasse, ou pelo menos um desconforto? Ou, no mínimo, uma súbita sensação de perceber melhor determinados limites?

O sucesso da Ecologia Política é, em vários sentidos, real e palpável. Mas ele não consegue ocultar os vários gargalos que persistem, e que são notados de maneira distinta conforme o país, a visão de mundo e a disciplina de origem do pesquisador ou pesquisadora. Ao mesmo tempo, os limites da Ecologia Política estão longe de serem "objetivos": as possibilidades de um campo de conhecimento serão dadas pelo modo como ele for construído, e essa construção, de sua parte, é sempre fruto de uma época e de uma cultura (incluídas, aí, a cultura acadêmica de um país e, mais particularmente, as tradições e restrições inerentes a cada disciplina, nos marcos da divisão do trabalho acadêmico positivista em vigor). Dependendo de como e a partir de onde encararmos a questão, a Ecologia Política surgirá diante de nossos olhos com um potencial maior do que o sugerido por Robbins. O que não quer dizer que não tenhamos uma boa quantidade de dificuldades de monta para vencer. Foram submetidas a exame, já na **Introdução**, duas das mais importantes. Vale a pena voltar ao assunto aqui, expandindo-o um pouco mais, retomando os problemas vistos naquele capítulo introdutório e incorporando mais alguns ao nosso campo de visão e preocupações.

Um dos desafios mais significativos para a Ecologia Política é o referente a uma acusação feita por alguns pesquisadores, segundo os quais ela ter-se-ia distanciado tanto do conhecimento dos fatores geoecológicos que se teria convertido em uma "política sem ecologia". Paul Walker sintetizou muito bem esse debate, concordando um pouco com essa posição, mas, ao mesmo tempo, adotando um olhar mais matizado do que o de críticos que, segundo ele, teriam exagerado a magnitude do problema (WALKER, 2005). Seja lá como for, o próprio Walker admite que a crítica, de fato, cada vez mais se aplicaria a não poucos casos, revelando talvez uma perigosa e lamentável tendência. Mas, em assim sendo, por que haveríamos de lamentar isso? Porque, conforme ele solidamente sustenta, é justamente a capacidade de inscrever a análise de processos como erosão de solos e degradação de recursos em geral, para além do conhecimento das dinâmicas e dos condicionantes sociais, em um exame atento *também* dos fatores geoecológicos, que permite que determinadas ilações façam mais sentido e determinadas análises adquiram maior concretude. Para os geógrafos, pelo menos, em contraste com os sociólogos ou os economistas políticos (ou mesmo os antropólogos), essa advertência deveria ser talvez supérflua; infelizmente, porém, é fácil constatar, à luz das dificuldades e do ceticismo enfrentados pelo projeto de uma "Geografia Ambiental" (a *environmental geography* dos anglo-saxônicos), que até mesmo os geógrafos de formação precisam, atualmente, ser lembrados e convencidos disso. Sem essa sabedoria, a Ecologia Política será, em vez de um saber basicamente social, sim, mas bem informado sobre as dinâmicas naturogênicas e os fatores geoecológicos, nada além de um conhecimento desinformado a respeito dos componentes físicos, químicos e biológicos que fazem parte do quadro da vida material dos grupos humanos, e sem cujo conhecimento o saber da Ecologia Política tornar-se-ia um tanto "fantasmagórico". "Fantasmagórico", com efeito, porque interessado somente pela percepção cultural e política de uma realidade (os riscos e os desastres, a contaminação e a poluição, os impactos etc.) que, "em si mesma" (formulação ardilosa, admito), lhe escaparia. Ignorante até mesmo de aspectos elementares das dinâmicas naturogênicas e dos fatores geoecológicos, e autocondenada a meramente interpretar interpretações *ad infinitum*, não terminaria a Ecologia Política por se ver desprovida de uma parte considerável de seu apelo ou também de seu charme intelectual, sem falar em sua efetividade política — isto é, sua capacidade de influenciar ações, a *práxis*, algo que pressupõe que não se desdenhe o conhecimento da materialidade e também aquele oriundo das ciências da natureza (ainda que para lhes reprovar o positivismo e a ingenuidade naturalística)?

Foi igualmente Peter Walker quem vocalizou, de forma admiravelmente sintética, a preocupação representada por outro debate, desta feita a propósito da crítica segundo a qual os trabalhos dos ecologistas políticos revelariam, muitas vezes, um desapreço pela articulação de suas ruminações e seus resultados com o objetivo de propor ou corrigir políticas públicas (*policies*) (WALKER, 2006). Diversamente do debate concernente ao "esquecimento da ecologia", em que Walker assumiu uma posição quase que de mediador entre duas posturas opostas, terminando por assumir uma postura moderada e intermediária, aqui ele se mostra, ele próprio, como um dos principais opositores da suposta negligência para com as políticas públicas ou, mais geralmente, as preocupações de ordem pragmática. O símbolo dessa negligência é a olímpica afirmação, feita sem rebuços, por parte do ilustre participante de um congresso, de que ele "não [sentia] a obrigação de ser útil" (WALKER, 2006:382). Persuasivamente, Walker argumenta que um tal academicismo acaba por roubar a chance de uma audiência mais ampla — dos *decision-makers* ao público leigo em geral — poder ver na Ecologia Política, afinal de contas, um tipo de conhecimento que pode colaborar para gerar propostas e alternativas válidas em matéria de enfrentamento de problemas sociais. Da minha parte, reconheço de bom grado que o incômodo sentido por Walker e vários outros é legítimo, conquanto se refira a um fenômeno mais perceptível nos países anglófonos que na América Latina. Não obstante isso, é possível sentir-se incomodado e amofinado em um estilo um pouco diferente, que não reduza a preocupação com "ser útil" a um interesse por "políticas públicas", no sentido usual de *políticas estatais*. Atuar como consultor direta ou indiretamente a serviço do aparelho de Estado (ainda que, seletivamente, apenas nos marcos conjunturais de governos ditos "progressistas") não esgota as possibilidades de demonstrar mais claramente a utilidade social da Ecologia Política — pelo contrário. A cooperação com organizações de movimentos sociais, por exemplo, pode ser uma maneira igualmente efetiva (ou, às vezes, até muito mais) de ajudar a promover uma transformação para melhor das relações sociais e da organização espacial (ou seja, promover o desenvolvimento sócio-espacial). Em última análise, esse tipo de cooperação seria, seguramente, uma aproximação mais coerente à verdadeira *práxis* emancipatória.

Retornando, agora, a um dos dois problemas ressaltados na **Introdução**, o qual foi reiteradamente martelado no **Cap.** 7, cabe sublinhar que ainda estamos longe de ter superado o etnocentrismo e, mais especificamente, o eurocentrismo. Se situarmos o nascimento da Ecologia Política contemporânea no decênio que se espraia entre meados dos anos 1960 (momento em que muitas das ideias-mestras da *social ecology* de Murray Bookchin já estavam claramente formuladas) e meados da década seguinte (época em que autores tão diversos quanto Eric Wolf, Hans Magnus Enzensberger e André Gorz se utilizaram explicitamente da expressão "Ecologia Política"), poderemos verificar que o campo, no ano em que estas linhas são finalizadas (2018), está prestes a adentrar ou mesmo já adentrou a sua quinta década de existência. Em face do êxito que a Ecologia Política vem experimentando em tempos recentes, é improvável que os dilemas e desafios que ela tem enfrentado, alguns deles aqui tratados, conduzam a um enfraquecimento bastante significativo, muito embora decerto possam levar a mudanças de identidade e foco que não necessariamente garantirão melhor seu prestígio e sua utilidade no futuro. Seja lá como for, é importante frisar que mesmo em um universo intelectualmente progressista e arejado como o da Ecologia Política ainda se percebe a tendência "colonial" de não se enxergar (e, quando se enxerga, de não levar muito a sério) particularmente os esforços *teóricos* empreendidos por pesquisadores baseados no chamado "Sul Global." É como se estes últimos servissem, quando são bons o suficiente segundo os padrões do "Norte", para publicar estudos empíricos sobre seus próprios países, regiões e cidades, mas não para "pensar o mundo" e se aventurar no pensamento abstrato (e em parte até filosófico) que caracteriza o labor teórico-conceitual de nível elevado. A influência granjeada por uma plêiade de pesquisadores com origem no Sul, *mas que trabalham em universidades do "Norte"*, mal chega a disfarçar essa assimetria, o que dirá compensá-la.

Dir-se-ia que o problema é a "barreira da língua" (o que não existe em inglês, de acordo com o crivo do "Norte", "não existe" — o que, em si, já merece ser problematizado); no entanto, não nos iludamos: há muito mais, para além disso. Há, ainda, a força de inércia de uma mentalidade etnocêntrica, que se escuda em uma certa preguiça intelectual (não querer sair de uma zona de conforto linguístico-cultural) para que cada um não precise admitir com todas as letras para os demais e sobretudo para si mesmo que, na realidade, permanece existindo um substrato de preconceitos, da mesma forma que existem jogos de poder e formas de dominação acadêmica que nem todos têm interesse em questionar — mesmo quando, supostamente, somos "de esquerda". Para exemplificar, e retomando a ilustração oferecida na **Introdução**: quando Paul Robbins observa que a Ecologia política não é alguma coisa "restrita aos acadêmicos do 'Primeiro Mundo'", concedendo em seguida que "as ideias e os argumentos críticos da Ecologia Política são frequentemente produzidos através da pesquisa e da escrita, do *blogging*, das filmagens e do trabalho de assessoria de incontáveis ONGS ou grupos de ativistas pelo mundo afora" (ROBBINS, 2012:21), ele deixa de fora o mundo acadêmico quando menciona apenas as ONGs e os grupos de ativistas. Exercícios periódicos de generosidade político-intelectual ou mesmo de contrição não excluem uma certa autoindulgência prática, assim como não esconde a ideia subjacente à divisão do trabalho que o texto de Robbins acaba por reproduzir e referendar: o "Norte" produz teorias, conceitos e métodos em suas universidades, ao passo que o "Sul", por meio de seus ativistas e ONGs, traz conhecimentos (mais ou menos "brutos", mas em todo o caso empíricos) oriundos dos processos vivos e das lutas concretas — matéria-prima, diga-se de passagem, para muitas das pesquisas feitas no "Norte".

A crítica ao etnocentrismo não se impõe somente por razões, digamos, emocionais, como orgulho ou brio. Uma vez que as explicações sobre a dinâmica dos conflitos ambientais e as agendas dos ativismos e movimentos precisam levar em conta as peculiaridades locais, regionais e nacionais em matéria de cultura (a começar pela cultura política), instituições, história e níveis de desigualdade econômico-social, não existem e não poderiam existir marcos teórico-conceituais ou mesmo metodológicos que possam ou pudessem ser impunemente importados/exportados de um lugar para o outro de maneira irrefletida e sem adaptações. Mas não é só a análise de conflitos e da formação e trajetória de ativismos que exige essa sensibilidade. O estudo da percepção ambiental e mesmo a avaliação de impactos, entre tantas outras coisas, requer, para que consigamos fugir das abstrações estéreis e do tecnicismo mais chão, a capacidade de colocar os processos, os agentes e suas falas e ações e as margens de manobra legais, institucionais e econômicas em contexto — o que significa dizer: requer a habilidade de combinar diferentes escalas geográficas e temporais e levar em conta a cultura, as mentalidades, o imaginário. A Ecologia Política, a exemplo de qualquer saber sobre a sociedade, sempre possuirá um forte "sotaque", diferentemente da Matemática, da Física ou da Química (o que não significa, é evidente, que estas sejam *completamente* "anistóricas" ou "transculturais", no sentido de não terem raízes histórico-culturais localizáveis). O etnocentrismo e o sociocentrismo embotam a nossa sensibilidade e nos impedem de enxergar melhor a diversidade de experiências e valorações e aquilatar com mais apuro e maior senso de justiça as razões das diferenças.

Certos preconceitos não são privilégio exclusivo de uma parte específica do espectro político-ideológico. A diferença é que, além das discrepâncias de grau que inegavelmente existem, os conservadores assumidos não precisam recorrer ao autoengano. No que concerne a repensar os rumos da Ecologia Política, enfrentar o etnocentrismo é, por isso, um dos desafios mais relevantes, em nome da honestidade intelectual e da coerência ética. Mas isso não é uma tarefa apenas para os intelectuais e pesquisadores do "Norte": a verdade é que as assimetrias e os preconceitos que facilmente constatamos não teriam assumido a enorme proporção que assumiram se não tivesse havido sempre uma forte conivência por parte de muitos intelectuais e pesquisadores do "Sul", com causas e motivações as mais diversas e que vão da autêntica subserviência ao oportunismo.

Seja lá como for, há ainda outra razão para não limitarmos o enfrentamento do etnocentrismo a uma tarefa a ser abraçada pelos colegas pesquisadores do "Norte": se a face talvez mais visível e conhecida do etnocentrismo, em escala internacional, é o eurocentrismo, isso não significa de jeito nenhum que, no interior de muitos países e regiões, essa seja a única ou mesmo a mais dolorosa. Elites e classes médias brancas ou pseudobrancas na América Latina, europeizadas e americanizadas de longa data, lançam um olhar sociocêntrico e até mesmo etnocêntrico e racista e exercem uma dominação pelo continente afora sobre populações, em geral pobres e subalternizadas política e culturalmente, que têm como sua língua materna não uma língua ibérica, mas sim o quéchua, o aimará ou o guarani, entre muitas outras. A "descolonização cultural" a ser levantada como bandeira pela Ecologia Política em um continente como a América Latina há de ser, com certeza, também *interna*.

Ainda no tocante aos novos caminhos, faz-se mister revisitar o assunto do pluralismo teórico e político-filosófico, igualmente dedilhado na **Introdução**. Enquanto alguns observadores (marxistas, sobretudo) podem, com uma dose de razão, experimentar certo pessimismo, notadamente quanto a uma diluição da mensagem radical original da Ecologia Política, talvez o quadro que se descortina diante de nossos olhos não seja assim tão negativo. É bem verdade que críticas sistêmicas em boa medida cederam terreno em favor de um discurso aguado em torno da "sustentabilidade" e das políticas públicas em prol do "desenvolvimento sustentável"; porém, se isso é compreensível nos marcos de uma conjuntura ideológica internacional mais conservadora que aquela da época de nascimento da Ecologia Política, e menos marcada por criatividade e pujança teórica que as do período de consolidação do campo, os nossos dias não vêm testemunhando somente retração e capitulação. A emergência renovada de interesse pela Ecologia Política por parte de autores libertários em várias partes do mundo, seguindo as pegadas pioneiras de Bookchin e Castoriadis, bem como o (res)surgimento, nas últimas décadas, de formas horizontais e autogestionárias de ativismo, ligadas a movimentos sociais dotados de preocupações que incluem as ecológicas (como os zapatistas mexicanos), são motivos suficientes para se reconhecer que há ainda toda uma imensidão político-teórica a ser explorada. Sejam quais forem as preferências e inclinações ideológicas de cada um, admita-se que isso não é pouca coisa, ainda que, por óbvio, nem remotamente seja tudo.

O que se disse no parágrafo precedente nos dá um bom pretexto para retornarmos ao estatuto epistemológico da Ecologia Política. Na medida em que esta representa o intuito de transcender a imagem de um *homo sapiens* abstrato e proclamar em voz alta que no mundo existem relações de poder, classes sociais e outras assimetrias, dominação e opressão, racismo e, a reboque de tudo isso, interpretações rivais eivadas de preconceitos e amparadas por interesses em conflito, ela não pode reivindicar qualquer inocência ou pureza. Não lhe resta senão assumir que incorpora, como traço indelével, um compromisso com determinados valores e com a ação neles fundamentada. Seu saber está conscientemente distante da mera contemplação e de um fazer teórico pretensamente descompromissado:[127] sua vocação, bem ao contrário, é a denúncia do poder e do saber heterônomos que atravessam e influenciam os vínculos entre os seres humanos e o espaço geográfico, daí partindo para divisar alternativas. Embebida como está em um compromisso com valores como justiça e liberdade, autonomia e igualdade, a Ecologia Política requer dos que a abraçam a crítica de uma sociedade que transfere para a relação sociedade↔natureza as tensões, a irracionalidade e o ímpeto de submissão que tipificam as relações sociais como um todo, sob o capitalismo. Sua orientação, portanto, é para a denúncia de injustiças e uma *práxis* emancipatória, coisa que diferentes pesquisadores, intelectuais e ativistas vêm interpretando e tentado concretizar diferentemente.

Prejudicaria esse engajamento o *rigor* ou, como prefeririam dizer alguns, o quinhão de *cientificidade* desse campo prático-intelectual? Mas o que é, afinal de contas, *qualquer atividade científica*, e *notadamente aquela que se ocupa diretamente da sociedade*, senão um saber cuja neutralidade é quimérica?[128] A Ecologia Política, vista a partir desse ângulo, apenas explicita

---

127. A própria palavra *theoría* (θεωρία) remetia, originalmente, a uma postura contemplativa, distanciada em relação à atividade prática. Ver, sobre os limites da concepção tradicional de "teoria", o capítulo "Teoria e projeto revolucionário" do livro *A instituição imaginária da sociedade*, de Cornelius Castoriadis (CASTORIADIS, 1975).

128. Sobre a ilusão de uma ciência livre de valores, consulte-se, a título de introdução, *O mito da neutralidade científica*, do epistemólogo brasileiro Hilton Japiassu (JAPIASSU, 1981), podendo o leitor prosseguir com as estimulantes ponderações de Hugh Lacey (LACEY, 1998), em sua tentativa de edificar um enfoque que escape tanto ao positivismo do "materialismo científico" quanto ao excessivo relativismo do "pós-modernismo" (se bem que ele talvez esteja mais próximo do primeiro que do segundo, pois, se por um lado rejeita a tese da neutralidade, por outro sustenta que a "imparcialidade" — termo, de resto, um pouco inadequado — é a garantia de que critérios de superioridade cognitiva, e não valores pessoais ou sociais, são os únicos legítimos para decidir sobre o mérito comparativo de eventuais teorias em disputa, simplificando em demasia a relação histórica e cultural entre parâmetros cognitivos e

e afirma sem falsos pudores uma condição que tradições de pesquisa mais controladas pelo academicismo e o positivismo tentam amiúde encobrir ou dissimular. Nosso campo não promove apenas objetos de conhecimento híbridos e um diálogo de saberes entre ciências da sociedade e da natureza: ao se mostrarem cônscios do nexo entre saber e poder, os ecologistas políticos não podem deixar de compreender que o diálogo de saberes não há de ser somente intracientífico, devendo também envolver a Filosofia e os saberes tradicionais ou vernaculares. Esse é o *modus operandi* característico da Ecologia Política: um conhecimento ancorado em tradições científicas, mas que se alimenta do saber e da sabedoria que emergem do ativismo e que almeja retroalimentar o ativismo; ou, dizendo de outro modo, um processo de geração de conhecimento intimamente conectado com práticas de luta social. Em suma, um conhecimento que nasce em meio a várias tensões entre olhares e entre momentos distintos (dado que o momento da reflexão não se confunde inteiramente com o momento da ação, por mais que se entrelacem), sempre disposto a provar que os diferentes podem ser complementares.

Lamentavelmente, o academicismo que nos afasta dos espaços-tempos da ação social e da seiva intelectual e ética que deles brota não são a única fonte de preocupação. Várias fórmulas do passado ainda nos dominam de maneira esmagadora, e a Ecologia Política do século XXI não poderá desertar da tarefa de enfrentar os aparentes dilemas que estão postos para debate: crença continuada na expansão ilimitada das forças produtivas geradas sob o signo do capitalismo ou, bem ao contrário, sonhar com uma volta ao mundo pré-industrial e até mesmo pré-urbano, romantizando o universo camponês (quando não, em alguns casos, as vidas de grupos de caçadores e coletores nômades)? Aposta nas potencialidades da sociedade urbano-industrial hodierna (tanto a capitalista quanto a sua pretensa alternativa burocrático-"socialista", implodida no final do século XX) como única via aberta para a humanidade, como apregoam uns tantos, ou desejo de retorno

ideologia). Por fim, no que diz respeito ao abismo que existe entre os pressupostos positivistas e a *realidade* das ciências, incluídas aí as assim chamadas (cada vez mais impropriamente) de "exatas", não conheço reflexão mais profunda que a de CASTORIADIS (1978a), ainda atual mesmo depois de decorridos mais de quarenta anos.

a uma existência em pequenas comunidades rurais, em suposta harmonia com a natureza, conforme querem outros? Antropocentrismo provinciano ou ecocentrismo/biocentrismo ingênuo (e muitas vezes conservador)? As alternativas elencadas deveriam causar desconforto. Estaríamos de fato condenados a escolher, em cada caso, necessariamente entre uma das duas opções oferecidas por cada um desses binarismos? Ou representariam, esses pares de oposição, antes falsas questões, que embotam a nossa imaginação e nos fazem vacilar ou recuar até mesmo na hora de, simplesmente, cogitarmos a hipótese de alternativas mais criativas, equilibradas e profundas?

Estaríamos assim tão despojados da capacidade de operar sínteses dialéticas, superando o passado sem deixar de aproveitar o que for aproveitável, uma vez reestruturado e recontextualizado? Recusemos a preguiça mental e comecemos com algumas perguntas que, à primeira vista, ao menos em certos círculos intelectuais, soarão retóricas, dado que a resposta só poderia ser um peremptório *não*: o controle pretensamente racional sobre o mundo pode e deve expandir-se indefinidamente? A ciência moderna provê as únicas explicações válidas sobre o que convencionamos chamar de "realidade"? A tecnologia derivada do casamento dessa ciência com a técnica proporciona, potencialmente que seja, solução para todos os males? De fato, também a mim parece não ser assim — e há décadas um número crescente de pessoas desconfia de que não é assim. *Sem embargo*, tem-se a impressão de que, para os frequentadores e animadores de certos debates ditos (canhestramente) "pós-modernos", o mundo seria hoje um lugar bem melhor para se viver se jamais tivessem existido coisas como a contribuição dos pensadores gregos clássicos e, principalmente, a Revolução Científica dos séculos XVII e XVIII (Copérnico, Galileu, Newton...) e o Iluminismo subsequente. Seria mesmo? Estaríamos em melhor posição sem as ideias de dúvida sistemática (fundamento das ciências) e interrogação ilimitada (fundamento da Filosofia)? Seríamos mais felizes sem o espírito de síntese racional (sem abrir mão do elemento estético!) e verificação empírica que animou o *Kosmos* de Humboldt? O saldo teria sido muito mais favorável para a humanidade se não tivesse existido a aventura do conhecimento humano que Carl Sagan descreveu e ilustrou tão apaixonada e apaixonantemente em seu *Cosmos*?

Dificilmente algum cientista, em sã consciência, e por mais que a sua atitude perante o mundo e os leigos seja de soberba, arriscará a opinião de que a ciência fornece explicações definitivas e infalíveis. Nada há de definitivo na ciência (ou na Filosofia ou na arte), e a falibilidade da ciência se acha muito bem documentada — a começar especialmente pelos depoimentos e testemunhos dos próprios cientistas. A prepotência dos cientistas, e notadamente dos cientistas naturais, mergulhados em um positivismo um tanto ingênuo e em eurocentrismo, entretanto, os leva comumente a desacreditar, de partida, qualquer saber que não passe pelo crivo de seu julgamento ou escape aos seus critérios de fidedignidade e acurácia: "superstição" e "senso comum" são, na boca de um membro do clube, acusações das mais sérias. Não são somente a Astrologia e a Alquimia, mas também a psicanálise e, muitas vezes, as ciências da sociedade e a própria Filosofia que são encaradas com desdém. A historicidade da ciência é usualmente ignorada ou trivializada, a cumplicidade visceral entre a ciência (e a pesquisa tecnológica) patrocinada pelo capitalismo e os processos de exploração e opressão é negada ou banalizada, a situacionalidade cultural da atividade científica é menosprezada. Ao ter seu conteúdo ideológico negado por seus praticantes, escudados em frágeis premissas de "neutralidade axiológica", "plena objetividade" e "imparcialidade", a ciência moderna não se mostra somente presunçosa e antipática — mostra-se míope.

Por outro lado, seria a ciência moderna a fonte de todos os males, como muitos passaram a crer (ou dar a entender) nos últimos três ou quatro decênios? Não teria a tecnologia contemporânea coisa alguma de aproveitável? (Para alguns espíritos mais dados a extremos, como o "anarcoprimitivista" John Zerzan, praticamente nada, desde a "Revolução Neolítica" e o advento da agricultura, seria defensável.) O que muitas vezes começa com (ou contém) objeções fundamentadas, instigantes e frutíferas acerca do racionalismo, do cientificismo, da tecnolatria e das disfuncionalidades e opressões embutidas na escalada da civilização urbano-industrial capitalista, volta e meia resvala para elogios explícitos ou implícitos do irracionalismo e ataques niilistas contra a tecnologia em geral (as sociedades de caçadores e coletores são, para os "[anarco]primitivistas" e congêneres, um modelo a ser imitado ou, no mínimo, lembrado com nostalgia), entre outras manifestações e modalidades de hiperssimplificação, mitificação e ilusão obscurantista.

Os mitos do "bom selvagem" e da "harmonia com a natureza" entre as culturas pré-capitalistas exemplificam muito bem o quanto as idealizações e os apriorismos podem mascarar um profundo desconhecimento tanto de fatos históricos comprovados (a História Ambiental tem documentado abundantemente os casos de colapso de sociedades e culturas precipitados por ecoestresse ao longo da história humana) quanto de certas dinâmicas elementares (muitas vezes, uma tecnologia mais rudimentar exige, *proporcionalmente*, mais uso de recursos e disponibilização de terra que uma tecnologia mais sofisticada, sem contar a maior utilização de trabalho humano, especialmente de trabalho árduo e extenuante). Pior ainda, essas hiperssimplificações, mitificações e ilusões se acham, não raro, enredadas em contradições, quando não em hipocrisia e absurdos francamente insustentáveis, e cujas implicações seriam socialmente muito regressivas: ainda que o presumido Jardim do Éden de uma "volta ao paleolítico" pelo qual alguns suspiram fosse alcançável (seguramente não é), como alcançá-lo sem uma dose maciça de medidas autoritárias, como o controle compulsório da natalidade e do consumo, em estilo ecofascista? Quem tão ardorosamente ataca a civilização contemporânea ocidental(izada) *in totum*, rejeitando às vezes até mesmo o pensamento abstrato e a agricultura, consegue divulgar uma mensagem charmosamente niilista sem utilizar computadores (ou, vá lá, máquinas de escrever compradas em algum antiquário, ou, vá lá ainda, canetas ou lápis produzidos industrialmente e adquiridos em alguma loja)? Se do solo europeu ou, mais amplamente, ocidental, brotaram os totalitarismos nazi-fascista e stalinista, o Holocausto etc., deveríamos, por isso, dar de barato que pouco nos importa a origem de tantas outras coisas, como a ideia de democracia e a Filosofia *stricto sensu* (ou seja, não a mera "reflexão sábia", mas a interrogação ilimitada), o movimento operário, o feminismo e a luta antipatriarcal, a condenação universalista do racismo e da xenofobia, a bandeira da autogestão?

Enfim: por que uma crítica *radical* (ou seja, que vá à *raiz*) do racionalismo cientificista e da tecnolatria, por compreender que nada disso existiu fora do contexto histórico do capitalismo em ascensão e da heteronomia instituída (mal) escondida atrás da "democracia" representativa, precisaria, como que por força de algum imperativo lógico, descambar para a iconoclastia mais chã, mais pedestre, ou para as teses mais extravagantes e sem qualquer compromisso com a sensatez ou a viabilidade sociopolítica? A resposta é que não há nenhum imperativo lógico a exigir que, da crítica à urbanização e da industrialização capitalistas passemos, não raro sem escalas, ao elogio do campo e da agricultura pré-capitalistas (quando não do mundo do paleolítico); da crítica do racionalismo ao elogio da "espiritualidade", aí incluindo curiosas simpatias por crenças religiosas (desde, claro, que sejam "não ocidentais"); da crítica da ciência ao elogio de uma postura simplística e abertamente "anticientífica". De onipotentes, a razão e a ciência são declaradas impotentes, ou o que é ainda mais grave: são tidas por suspeitas *a priori*, em caráter absoluto e o tempo todo, de serem coniventes com os infortúnios da humanidade.

Na contramão de exageros que soam improdutivos ou francamente obscurantistas, a ideia de uma *nova síntese*, simultaneamente epistêmica e práxica, parece fazer todo o sentido. Venho batendo nessa tecla há anos, e me agrada acreditar que um tal esforço de síntese se torna mais e mais incontornável à medida que o tempo passa. Acima de tudo, as alternativas, tal como hoje postas e anteriormente delineadas — a defesa do *status quo* sócio-espacial, em nome do capitalismo e da "democracia" representativa ou de sua (pseudo)alternativa "socialista", *versus* a recusa "ruralófila" ou mesmo "primitivista" de absolutamente tudo o que existe em matéria de cultura e sociedade que tenha o Iluminismo e o Ocidente fortemente em sua ancestralidade —, parecem-me muito pouco razoáveis. Quando se trata de criticar o eurocentrismo, o cientificismo, o capitalismo, a ocidentalização do mundo e o seu cortejo de opressões e iniquidades, a indignação e as emoções mais negativas são quiçá inevitáveis — e eu as compartilho, superlativamente aliás. Mas os excessos e o destempero não constituem bons conselheiros, seja em um debate oral, seja em uma reflexão escrita. Há que se buscarem as mediações, há que se colocar tudo em contexto, há que se relativizar o que deve ser relativizado. Nada disso consiste em fraqueza ou concessão indevida, antes pelo contrário. Esse projeto foi, alhures, resumido da seguinte forma (e que me perdoe o leitor pela citação de dois trechos extraídos de artigo de minha lavra), ao declarar que "[u]ma *nova síntese* — tanto teórica como praticamente, ou melhor, '*praxicamente*' — é urgentemente necessária":

> Ação direta (em termos mais amplos, ou seja, não redutível à violência) *e* luta institucional (que, de um ponto de vista libertário, não se confunde com a fundação de ou a adesão a partidos políticos e ao projeto de tentar tomar o poder de Estado); táticas *e* estratégia; curto *e* longo prazo; agentes *e* estruturas/sistemas; (inter)subjetividade *e* objetividade; economia, política *e* cultura; utopia *e* pragmatismo; espaço *e* tempo (*espaço-tempo* social!); revolta *e* revolução; "saber local" *e* conhecimento acadêmico; aprofundamento de lutas específicas (e agendas de luta) *e* construção de articulações "transversais" entre diferentes lutas (e agendas de luta); combinações de escala (não só analiticamente, mas também e especialmente politicamente: *política de escalas*); cidade *e* "campo"; conforto material *e* proteção ambiental. (SOUZA, 2015c:432-433)

Após expor esse conjunto de tradicionais pares de oposição, de um só fôlego prossegui, explorando a metáfora (inspirada em Hegel) da tensão produtiva tese → antítese → síntese:

> Precisamos de uma síntese que represente uma superação convincente da "tese" da modernidade e suas consequências (racionalismo, economicismo, produtivismo e "domínio sobre a natureza", cientificismo, objetivismo, ortodoxias marxistas e clássico-anarquistas, teleologismo do mito do "progresso" e a ideologia capitalista do "desenvolvimento econômico"). Ao mesmo tempo, devemos aprender a evitar os aspectos caricaturais e os excessos da "antítese" chamada pós-modernismo (culturalismo, discursivismo "anti-objetivista e relativista", crítica extrema da razão ao lado de temperos irracionalistas, estetização do conflito social e, ao mesmo tempo, conivência com a espetacularização da política e com a indústria cultural). As formas de *sincretismo* não são suficientes, e podem até provar ser prejudiciais. O mesmo pode ser dito do revoltismo e de lutas específicas que, em sua ânsia por evitar cair em conceitos antiquados (notadamente de tipo bolchevique) sobre a revolução, se tornam cada vez mais satisfeitas com (ou nunca conseguem ir além de) uma espécie de trabalho de Sísifo — às vezes bem sucedido no domínio das táticas, mas ao qual falta um alcance estratégico e, portanto, tende

> a se esgotar em uma espécie de minimalismo (lúdico-)político simbolizado pela ação voluntária dos rebeldes e pessoas indignadas de cada geração ("rebeldes com data de validade" em muitos casos ...), muitas vezes deixando para trás não muito mais que uma tênue memória das derrotas e das vitórias (embora potencialmente cheia de lições). Assim, de volta ao quadro-negro. Humildemente, sim. Mas com determinação. (SOUZA, 2015c:432-433)

Obviamente, essa agenda ultrapassa, de muito, a Ecologia Política — mas certamente a inclui, e em elevado grau. Com toda a certeza, a nossa maneira de conceber "sociedade" e "natureza", marcada por um dualismo realimentado, a todo momento, pela razão instrumental e pelo imaginário capitalista-ocidental, precisa ser desafiada e superada; não obstante isso, essa superação não há de se dar, ao menos para a esmagadora maioria da humanidade, como algum tipo de retorno ao passado, de resto não necessariamente desejável. Ela há de se dar, nos marcos dos hibridismos culturais, sociais e civilizatórios que experimentamos quase todos nós, em níveis e de modos diferentes, por meio de uma criação de novas concepções e significações imaginárias sociais, no bojo da edificação de novas práticas sociais e espaciais, novas formas de sociabilidade e novas experimentações políticas e de luta política. Mas não é somente isso: nossas concepções de organização espacial necessitam ser também questionadas e abaladas, o que pressuporá desafiar, simultaneamente, a "urbanofilia" *e* a "urbanofobia", a tecnolatria *e* a tecnofobia, a apologia acrítica da industrialização capitalista *e* a sua rejeição simplória em favor de uma visão romantizada do campesinato ou mesmo das culturas paleolíticas. Esses desafios, concomitantemente intelectuais e políticos, só poderão ser vencidos na base de esforços coletivos, e não da atividade mais ou menos solitária de pesquisadores e intelectuais. A nossa própria visão do que seja a "teoria" necessita ser abandonada em favor de um enfoque em que teoria e prática sejam radicalmente entrelaçadas uma com a outra, como lados de uma mesma moeda: o *fazer social*. Em face de tudo isso, a colaboração da Ecologia Política, todavia, pode ser bastante significativa, se souber acautelar-se contra os apelos do academicismo e da acomodação no interior do *establishment* universitário.

Se é verdade que, como reza o dito popular, “a vida começa aos quarenta”, a perspectiva que se abre para a Ecologia Política, enquanto campo de saber na interface entre academia e ativismo, deveria ser, para além de superar qualquer “crise da meia-idade”, elevar-se a um novo patamar qualitativo, na esteira de um compromisso mais decidido com o pluralismo e o anticolonialismo e com o esforço de afirmar e colaborar para fazer valer o *direito ao planeta*. Dela não se pode esperar mais, mas tampouco deveríamos esperar menos.

Bibliografia

ACSELRAD, Henri (2004): As práticas espaciais e o campo dos conflitos ambientais. In: ACSELRAD, Henri (org.): *Conflitos ambientais no Brasil.* Rio de Janeiro: Relume Dumará e Fundação Heinrich Böll.

______ (2010): Ambientalização das lutas sociais — o caso do movimento por justiça ambiental. *Estudos Avançados*, 24(68), p. 103-119.

ACSELRAD, Henri *et al.* (2008): *O que é justiça ambiental.* Rio de Janeiro: Garamond.

ADORNO, Theodor W. (1975): Introdução à controvérsia sobre o positivismo na Sociologia alemã. In: BENJAMIN/HORKHEIMER/ADORNO/HABERMAS: *Textos escolhidos.* São Paulo: Abril Cultural.

AGGER, Ben (2007): The problem with social problems: From social constructionism to critical theory. In: HOLSTEIN, James A. e MILLER, Gale (orgs.): *Reconsidering Social Constructionism: Debates in Social Problems Theory.* New Brunswick e Londres: Aldine Transaction.

AGRAWAL, Arun (2005): *Environmentality: Technologies of Government and the Making of Subjects.* Durham e Londres: Duke University Press.

ALIMONDA, Héctor *et al.* (orgs.) (2017): *Ecología Política latinoamericana: Pensamiento crítico, diferencia latinoamericana y rearticulación epistémica.* Buenos Aires e Cidade do México: CLACSO e Universidad Autónoma Metropolitana (2 vols.).

ALTVATER, Elmar (1991): *Die Zukunft des Marktes. Ein Essay über die Regulation von Geld und Natur nach dem Scheitern des "real existierenden" Sozialismus.* Münster: Westfälisches Dampfboot.

______ (1992): *Der Preis des Wohlstands oder Umweltplünderung und neue Welt(un)ordnung.* Münster: Westfälisches Dampfboot

______ (2005): *Das Ende des Kapitalismus, wie wir ihn kennen. Eine radikale Kapitalismuskritik.* Münster: Westfälisches Dampfboot.

______ (2011): Is there an ecological Marxism? *On-line* (13/11/2011): http://www.amandla.org.za/analysis/1012-is-there-an-ecological-marxism-by-elmar--altvater). [= Conferência proferida na Universidade Virtual do CLACSO — Consejo Latinoamericano de las Ciencias Sociales.]

AUGÉ, Marc (1994 [1992]): *Não-lugares: Introdução a uma Antropologia da supermodernidade.* Campinas: Papirus.

AUYERO, Javier e SWISTUN, Débora (2007): Expuestos y confundidos: Un relato etnográfico sobre sufrimiento ambiental. *Íconos: Revista de Ciencias Sociales*, nº 28, p. 137-152.

______ (2008): *Inflamable: Estudio del sufrimiento ambiental.* Buenos Aires e outros lugares: Paidós.

BACON, Francis (2000 [1620]): *The New Organon.* Cambridge: Cambridge University Press.

BARRY, Brian (1989): *Theories of Justice* (= *A Treatise on Social Justice*, vol. 1). Berkeley e Los Angeles: University of California Press.

______ (1995): *Justice as Impartiality* (= *A Treatise on Social Justice*, vol. 2). Oxford: Clarendon Press.

BASSO, Luis Alberto e VERDUM, Roberto (2006 [1989]): Avaliação de Impacto Ambiental: EIA e RIMA como instrumentos técnicos e de gestão ambiental. In: VERDUM, Roberto e MEDEIROS, Rosa Maria Vieira (orgs.): *Relatório de impacto ambiental: legislação, elaboração e resultados*. Porto Alegre: Editora da Universidade UFRGS, 5ª ed. (revista e ampliada).

BECK, Ulrich (1986): *Risikogesellschaft: Auf dem Wege in eine andere Moderne*. Frankfurt (Meno): Suhrkamp.

BELTRÁN, Alberto (2010 [1970]): Introducción. In: MAGÓN, Ricardo Flores: *Antología*. Cidade do México: Universidad Nacional Autónoma de México (UNAM), 5.ª edição.

BERNARDO, João (1979): *O inimigo oculto. Ensaio sobre a luta de classes. Manifesto anti-ecológico*. Porto: Afrontamento.

______ (2003): *Labirintos do fascismo: Na encruzilhada da ordem e da revolta*. Porto: Afrontamento.

______ (2011): *O mito da natureza* [série de três artigos]. *On-line* (25/11/2011, 02/12/2011 e 09/12/2011): http://passapalavra.info/2011/11/98773 (endereço geral da série).

______ (2012): *Ecologia, a fraude do nosso tempo*. *On-line* (11/03/2012): http://passapalavra.info/2012/03/53719

______ (2013): *Post-scriptum: contra a ecologia* [série de oito artigos]. *On-line* (30/08/2013, 06/09/2013, 13/09/2013, 20/09/2013, 27/09/2013, 07/10/2013, 11/10/2013 e 19/10/2013): http://passapalavra.info/2013/08/98771 (endereço geral da série).

BEROUTCHACHVILI, Nicolas e BERTRAND, Georges (1978): Le géosystème ou "système territorial naturel". *Revue géographique des Pyrénées et du Sud--Ouest*, 49(2), p. 167-180.

BEST, Joel (2007): But seriously folks: The limitations of the strict constructionist interpretation of social problems. In: HOLSTEIN, James A. e MILLER, Gale (orgs.): *Reconsidering Social Constructionism: Debates in Social Problems Theory*. New Brunswick e Londres: Aldine Transaction.

BIEHL, Janet (2015): *Ecology or Catastrophe: The Life of Murray Bookchin*. Oxford e outros lugares: Oxford University Press.

BIEHL, Janet e STAUDENMAIER, Peter (1995): *Ecofascism: Lessons from the German Experience*. Edimburgo e São Francisco: AK Press.

BIEL, Robert (2012): *The Entropy of Capitalism*. Chicago: Haymarket.

BITOUN, Jan *et al.* (2015): As ruralidades brasileiras e os desafios para o planejamento urbano e regional. *Anais do XVI ENANPUR* (Sessão Temática 3). Belo Horizonte.

______ (2017): Tipologia regionalizada dos espaços rurais brasileiros. In: MIRANDA, Carlos e GUIMARÃES, Ivanilson (orgs.): *Tipologia regionalizada dos espaços rurais brasileiros: Implicações no marco jurídico e nas políticas públicas*. Brasília: Instituto Interamericano de Cooperação para a Agricultura.

BLAIKIE, Piers e BROOKFIELD, Harold (1987a): Defining and debating the problem. In: BLAIKIE, Piers e BROOKFIELD, Harold (orgs.): *Land Degradation and Society*. Londres e Nova Iorque: Methuen.

______ (1987b): Questions from history in the Mediterranean and Western Europe. In: BLAIKIE, Piers e BROOKFIELD, Harold (orgs.): *Land Degradation and Society*. Londres e Nova Iorque: Methuen.

BLAIKIE, Piers *et al.* (1987): Degradation under pre-capitalist social systems. In: BLAIKIE, Piers e BROOKFIELD, Harold (orgs.): *Land Degradation and Society*. Londres e Nova Iorque: Methuen.

BOFF, Leonardo (2015 [2004]): *Ecologia: grito da Terra, grito dos pobres*. Petrópolis: Vozes, ed. revista e ampliada.

BOOKCHIN, Murray (1974): *The Limits of the City*. Nova Iorque e outros lugares: Harper Colophon Books.

______ (1987): Social ecology vs. deep ecology. *Kick it Over*, nº 20, *Special Supplement*, p. 4A-8A. (Publicado originalmente no verão de 1987, sob o título “Social Ecology vs. Deep Ecology: A Challenge for the Ecology Movement”, em *Green Perspectives: Newsletter of the Green Program Project*, números 4-5.)

______ (1992): *Urbanization without Cities: The Rise and Decline of Citizenship*. Montreal e Cheektowaga: Black Rose Books.

______ (1995): *From Urbanization to Cities: Toward a New Politics of Citizenship*. Londres: Cassel. [Trata-se de uma versão revisada de *Urbanization without Cities*.]

______ (1996): *The Philosophy of Social Ecology: Essays on Dialectical Naturalism*. Montreal e outros lugares: Black Rose.

______ (2004a [1970]): Introduction to the First Edition. In: *Post-Scarcity Anarchism*. Edimburgo e Oakland: AK Press, 3.ª ed.

______ (2004b [1968]): Post-Scarcity Anarchism. In: *Post-Scarcity Anarchism*. Edimburgo e Oakland: AK Press, 3.ª ed.

______ (2004c [1964]): Ecology and Revolutionary Thought. In: *Post-Scarcity Anarchism*. Edimburgo e Oakland: AK Press, 3.ª ed.

______ (2004d [1965]): Towards a Liberatory Technology. *Post-Scarcity Anarchism*.Edimburgo e Oakland: AK Press, 3.ª ed.

______ (2005 [1982]): *The Ecology of Freedom: The Emergence and Dissolution of Hierarchy*. Oakland e Edimburgo: AK Press.

______ (2007 [1993, revisado em 1996 e 2001]): What is Social Ecology? In: *Social Ecology and Communalism*. Oakland e Edimburgo: AK Press.

BOOKCHIN, Murray *et al.* (1991 [1989-1990]): *Defending the Earth. A Debate Between Murray Bookchin and Dave Foreman*. Montreal e Nova Iorque: Black Rose Books.

BOSQUET, Michel [André Gorz] (1978): *Écologie et politique*. Paris: Seuil.

BOWLES, Samuel e GINTIS, Herbert (2011): *A Cooperative Species: Human Reciprocity and Its Evolution*. Princeton e Oxford: Princetos University Press.

BRENNER, Neil (2014a): Introduction: Urban theory without an outside. In: BRENNER, Neil (org.*): Implosions/Explosions: Towards a Study of Planetary Urbanization*. Berlim: Jovis.

_____ (2014b): Theses on urbanization. In: BRENNER, Neil (org.*): Implosions/Explosions: Towards a Study of Planetary Urbanization*. Berlim: Jovis.

BRENNER, Neil e SCHMID, Christian (2014): Planetary urbanization. In: BRENNER, Neil (org.*): Implosions/Explosions: Towards a Study of Planetary Urbanization*. Berlim: Jovis.

BUBER, Martin (1996 [1949]): *Paths in Utopia*. Syracuse (NY): Syracuse University Press.

BUFE, Chaz e VERTER, Mitchell Cowen (2005): *Dreams of Freedom: A Ricardo Flores Magón Reader*. Oakland (CA) e Edimburgo: AK Press.

BULLARD, Robert D. (2000 [1990]): *Dumping in Dixie: Race, Class, and Environmental Quality*. Boulder: Westview, 3ª ed.

_____ (org.) (2005): *The Quest for Environmental Justice: Human Rights and the Politics of Pollution*. São Francisco: Sierra Club Books.

BURGDÖRFER, F. (1933): Stadt oder Land? Berechnungen und Betrachtungen zum Problem der deutschen Verstädterung. *Zeitschrift für Geopolitik*, 10(1-6), p. 105-113.

BUZAN, B. *et al.* (1998): *Security: A New Framework for Analysis*. Boulder e Londres: Lynne Rienner.

CALDERÓN ARAGÓN, Georgina (2001a): *Construcción y reconstrucción del desastre*. Cidade do México: Plaza y Valdés.

_____ (2001b): Vulnerabilidad y pobreza, cuate inmanente. In: *Memorias del VIII Encuentro de Geógrafos de América Latina*. Santiago do Chile: Universidad de Chile.

______ (2011): Lo ideológico de los términos en los desastres. *Revista Geográfica de América Central* (número especial EGAL), p. 1-16.

CASTELLS, Manuel (1972): *La question urbaine*. Paris: François Maspero.

______ (1983): *The City and the Grassroots: A Cross-Cultural Theory of Urban Social Movements*. Berkeley e Los Angeles: University of California Press.

CASTORIADIS, Cornelius (1975): *L'institution imaginaire de la société*. Paris: Seuil.

______ (1978a): Science moderne et interrogation philosophique. In: *Les carrefours du labyrinthe*. Paris: Seuil.

______ (1978b): Technique. In: *Les carrefours du labyrinthe*. Paris: Seuil.

______ (1978c): Valeur, égalité, justice, politique: de Marx À Aristote et d'Aristote à nous. In: *Les carrefours du labyrinthe*. Paris: Seuil.

______ (1983 [1979]): Introdução: socialismo e sociedade autônoma. In: *Socialismo ou barbárie*. O conteúdo do socialismo. São Paulo: Brasiliense.

______ (1985a [1973]): A questão da história do movimento operário. In: *A experiência do movimento operário*. São Paulo: Brasiliense.

______ (1985b [1964]): O papel da ideologia bolchevique no nascimento da burocracia. In: *A experiência do movimento operário*. São Paulo: Brasiliense.

______ (1986a [1976]): Réflexions sur le "développement" et la "rationalité". In: *Domaines de l'homme* — Les carrefours du labyrinthe II. Paris: Seuil.

______ (1986b [1978]): Le régime social de la Russie. In: *Domaines de l'homme* — Les carrefours du labyrinthe II. Paris: Seuil.

______ (1986c [1981/1984]): L'imaginaire: la création dans le domaine social--historique. In: *Domaines de l'homme* — Les carrefours du labyrinthe II. Paris: Seuil.

______ (1986d [1983]): La logique des magmas et la question de l'autonomie. In: *Domaines de l'homme* — Les carrefours du labyrinthe II. Paris: Seuil.

______ (1990 [1988]): Pouvoir, politique, autonomie. In: *Le monde morcelé* — Les carrefours du labyrinthe III. Paris: Seuil.

______ (1996 [1995]): La démocratie comme procédure et comme régime. In: *La montée de l'insignifiance* — Les carrefours du labyrinthe IV. Paris: Seuil.

______ (1997a [1991]): De la monade à l'autonomie. In: *Fait et à faire* — Les carrefours du labyrinthe V. Paris: Seuil.

______ (1997b [1994]): Phusis, création, autonomie. In: *Fait et à faire* — Les carrefours du labyrinthe V. Paris: Seuil.

______ (1997c [1993]): Complexité, magmas, histoire. In: *Fait et à faire* — Les carrefours du labyrinthe V. Paris: Seuil.

______ (1999a [1990]): Quelle démocratie? In: *Figures du pensable* — Les carrefours du labyrinthe VI. Paris: Seuil.

______ (1999b [1991]): Mode d'être et problèmes de conaissance du social--historique. In: *Figures du pensable* — Les carrefours du labyrinthe VI. Paris: Seuil.

______ (2005a [1992]): L'écologie contre les marchands. In: *Une société à la dérive*. Entretiens et débats 1974-1997. Paris: Seuil.

______ (2005b [1992]): La force révolutionnaire de l'écologie. In: *Une société à la dérive*. Entretiens et débats 1974-1997. Paris: Seuil.

CASTORIADIS, Cornelius e COHN-BENDIT, Daniel (1981 [1981; o debate ocorreu em 1980]): *Da ecologia à autonomia*. São Paulo: Brasiliense.

CASTREE, Noel (2005): *Nature*. Abingdon: Routledge.

______ (2014): *Making Sense of Nature*. Londres e Nova Iorque: Routledge.

CECHIN, Andrei Domingues e VEIGA, José Eli da (2010): A economia ecológica e evolucionária de Georgescu-Roegen. *Revista de Economia Política*, vol. 30, nº 3 (119), p. 438-454.

CHARTIER, Denis e RODARY, Estienne (2015): Globalizing French écologie politique: a political necessity. In: BRYANT, Raymond L. (org.): *The International Handbook of Political Ecology*. Cheltenham (Reino Unido) e Northhampton (MA): Edward Elgar.

CICERO (1997 [45 a.C.]): *The Nature of Gods* [= *De Natura Deorum*]. Tradução, Introdução e notas de P. G. Walsh. Oxford e outros lugares: Oxford University Press.

CLARKE, Tracylee e PETERSON, Tarla Rai (2016): *Environmental Conflict Management*. Los Angeles e outros lugares: SAGE.

CLIMATE HOME NEWS (2015): Mexico uses climate threat to justify "slum clearance". *On-line* (14/09/2017): http://www.climatechangenews.com/2015/05/04/mexico-uses-climate-threat-to-justify-slum-clearance/

CUTTER, Susan L. (2011): A ciência da vulnerabilidade: Modelos, métodos e indicadores. Revista Crítica de Ciências Sociais, nº 93, p. 59-69. *On-line* (29/05/2018): https://journals.openedition.org/rccs/165.

CUTTER, Susan L. *et al.* (2000): Revealing the Vulnerability of People and Places: A Case Study of Georgetown County, South Carolina. *Annals of the AAG*, 90(4), p. 713-737

______ (2003): Social Vulnerability to Environmental Hazards. *Social Science Quarterly*, 84(2), p. 242-261.

DALBY, Simon (1999): Threats from the South? Geopolitics, equity, and environmental security. In: DEUDNEY, Daniel H. e MATTHEW, Richard A. (orgs.): *Contested Grounds: Security and Conflict in the New Environmental Politics*. Albany: State University of New York Press.

______ (2009): *Security and Environmental Change*. Cambridge (Reino Unido) e Malden (MA): Polity.

DARIER, Éric (org.) (1999): *Discourses of the Environment*. Oxford e Malden (MA): Blackwell.

DAVIS, Mike (2006): *Planeta favela*. São Paulo: Boitempo.

DAWKINS, Richard (2006 [1976]): *The Selfish Gene*. Oxford: Oxford University Press, edição comemorativa do 30° aniversário da primeira edição.

DEMERITT, David (2002): What is the "social construction of nature"? A typology and sympathetic critique. *Progress in Human Geography*, 26(6), p. 767-790.

DESCARTES, René (1894 [1637]): *Discours de la méthode: Pour bien conduire sa raison, et chercher la vérité dans les sciences*. Paris: Librairie de la Bibliothèque Nationale.

DEUDNEY, Daniel H. (1999): Environmental security: A critique. In: DEUDNEY, Daniel H. e MATTHEW, Richard A. (orgs.): *Contested Grounds: Security and Conflict in the New Environmental Politics*. Albany: State University of New York Press.

DIEGUES, Antonio Carlos (2001 [1996]): *O mito moderno da natureza intocada*. São Paulo: HUCITEC, 3ª ed.

DORRONSORO VILLANUEVA, Begoña (2014): El territorio cuerpo-tierra como espacio-tiempo de resistencias y luchas en las mujeres indígenas y originarias. In: Anais do IV Colóquio Internacional de Doutorandos/as do CES [6-7 de dezembro de 2013]. *On-line* (26/10/2017): http://ces.uc.pt/myces/UserFiles/encontros/1097_El%20territorio%20cuerpo-tierra%20como%20espacio-tiempo%20de%20resistencias%202014%20Bego%F1a%20Dorronsoro.pdf

DUPUY, Jean-Pierre (1980): *Introdução à crítica da ecologia política*. Rio de Janeiro: Civilização Brasileira.

EHRLICH, Paul (1968): *The Population Bomb*. Nova Iorque: Ballantine Books e Sierra Club.

ENGELS, Friedrich (1979 [1925, póstumo]): *A dialética da natureza*. Rio de Janeiro: Paz e Terra, 3ª ed.

ENZENSBERGER, Hans Magnus (1974 [1973]): Zur Kritik der politischen Ökologie. In: *Palaver: Politische Überlegungen (1967-1973)*. Franfurt (Meno): Suhrkamp.

ESCOBAR, Arturo (2008): *Territories of Difference: Place, Movements, Life,* Redes. Duke e Londres: Duke University Press.

FC ["Freedom Club" = Theodore Kaczynski] (1995): *Industrial Society and Its Future. On-line* (29/01/2018): https://theanarchistlibrary.org/library/fc-industrial-society-and-its-future.pdf.

FERREIRA, Jorge L. B. *et al.* (2006): *Parecer técnico sobre o documento intitulado "Relatórios de vistorias — treze ocupações irregulares no Alto da Boa Vista e Itanhangá"*. Rio de Janeiro: mimeo.

FLECK, Dirk C. (2013 [1993]): *GO! Die Öko-Diktatur: Erst die Erde, dann der Mensch*. Murnau: p.machinery.

FLORES MAGÓN, Ricardo (2010a [1907]): Vamos hacia la vida. In: MAGÓN, Ricardo Flores: *Antología*. Cidade do México: Universidad Nacional Autónoma de México (UNAM), 5ª edição.

______ (2010b [1910]): Tierra. In: MAGÓN, Ricardo Flores: *Antología*. Cidade do México: Universidad Nacional Autónoma de México (UNAM), 5ª edição.

______ (2010c [1911]): Para después del triunfo. In: MAGÓN, Ricardo Flores: *Antología*. Cidade do México: Universidad Nacional Autónoma de México (UNAM), 5ª edição.

______ (2010d [1911]): El derecho de propiedad. In: MAGÓN, Ricardo Flores: *Antología*. Cidade do México: Universidad Nacional Autónoma de México (UNAM), 5ª edição.

______ (2010e [1911]): El gobierno y la revolución económica. In: MAGÓN, Ricardo Flores: *Antología*. Cidade do México: Universidad Nacional Autónoma de México (UNAM), 5ª edição.

______ (2010f [1914]): Por la patria. In: MAGÓN, Ricardo Flores: *Antología*. Cidade do México: Universidad Nacional Autónoma de México (UNAM), 5ª edição.

______ (2010g [1916]): A los proletarios patriotas. In: MAGÓN, Ricardo Flores: *Antología*. Cidade do México: Universidad Nacional Autónoma de México (UNAM), 5ª edição.

FORMAN, Richard T. T. e GODRON, Michael (1986): *Landscape Ecology*. Nova Iorque: Wiley.

FOSTER, John B. (2000): *Marx's Ecology: Materialism and Nature*. Nova Iorque: Monthly Review Press.

FOUCAULT, Michel (2008a [1977-78]): *Segurança, território, população*. São Paulo: Martins Fontes.

______ (2008b [1978-79]): *O nascimento da biopolítica*. São Paulo: Martins Fontes.

FRÉDÉRICK, Michel (1999): A realist's conceptual definition of environmental security. In: DEUDNEY, Daniel H. e MATTHEW, Richard A. (orgs.): *Contested Grounds: Security and Conflict in the New Environmental Politics*. Albany: State University of New York Press.

FREUDENBURG, William R. *et al.* (2009): *Catastrophe in the Making: The Engineering of Katrina and the Disasters of Tomorrow*. Washington e outros lugares: Shearwater.

FURLONG, Kathryn (2010): Neoliberal water management: Trends, limitations, reformulations. *Environment and Society: Advances in Research* 1(1) 46-75

GAISO, Facundo del (2014): *Contaminación por plomo en niños de las villas de la Ciudad Autónoma de Buenos Aires*. Buenos Aires: Auditoría General de la Ciudad de Buenos Aires.

GAUTIER, Denis e HAUTDIDIER, Baptiste (2015): Connecting political ecology and French geography: on tropicality and radical thought. BRYANT,

Raymond L. (org.): *The International Handbook of Political Ecology.* Cheltenham (Reino Unido) e Northhampton (MA): Edward Elgar.

GLASSON, John *et al.* (2012 [1994]): *Introduction to Environmental Impact Assessment.* Londres e Nova Iorque: Routledge, 4ª ed.

GEERTZ, Clifford (2000 [1983]): *Local Knowledge: Further Essays in Interpretive Anthropology.* Nova Iorque: Basic Books, 3ª ed.

GEORGESCU-ROEGEN, Nicholas (1971): *The Entropy Law and the Economic Process.* Cambridge (MA): Harvard University Press.

______ (1975): Energy and economic myths. *Southern Economic Journal*, 41(3), p. 347-381.

GHERTNER, Asher (2011): Green evictions: Environmental discourses of a slum-free Delhi. In: PEET, Richard *et al.* (orgs.): *Global Political Ecology.* Londres e Nova Iorque: Routledge.

GINTIS, Herbert (2011): Gene-culture coevolution and the nature of human sociality. *Philosophical Transactions of the Royal Society B: Biological Sciences*, 366(1566), p. 878-888.

GRAHAM, Stephen (org.) (2004): *Cities, War, and Terrorism: Towards an Urban Geopolitics.* Malden (MA): Blackwell.

______ (2010): *Cities under Siege: The New Military Urbanism.* Verso: Londres.

GRUHL, Herbert (1975): *Ein Planet wird geplündert: Die Schreckensbilanz unserer Politik.* Frankfurt (Meno): S. Fischer.

GUBRIUM, Jaber F. (2007): For cautious naturalism. In: HOLSTEIN, James A. e MILLER, Gale (orgs.): *Reconsidering Social Constructionism: Debates in Social Problems Theory.* New Brunswick e Londres: Aldine Transaction.

GUTBERLET, Jutta (1996 [1991]): *Cubatão: Desenvolvimento, exclusão social, degradação ambiental.* São Paulo: EDUSP.

HABERMAS, Jürgen (1975): Teoria analítica da ciência e dialética: Contribuição à polêmica entre Popper e Adorno. In: BENJAMIN/HORKHEIMER/ADORNO/HABERMAS: *Textos escolhidos*. São Paulo: Abril Cultural.

HAESBAERT, Rogério (2014): *Viver no limite: Território e multi/transterritorialidade em tempos de in-segurança e contenção*. Rio de Janeiro: Bertrand Brasil.

HARARI, Yuval Noah (2018 [2011]): *Sapiens: Uma breve história da humanidade*. Porto Alegre, L&PM, 34ª ed.

HARMSEN, Hans (1933a): Verstädterung und Entvölkerung Frankreichs. *Zeitschrift für Geopolitik*, 10(1-6), p. 117-122.

______ (1933b): Das bevölkerungspolitische Programm Mussolinis: "Entvölkerung der Städte" und "Verländlichung". *Zeitschrift für Geopolitik*, 10(1-6), p. 123-125.

HARTSHORNE, Richard (1977 [1939]): *The Nature of Geography: A Critical Survey of Current Thought in the Light of the Past*. Westport (Connecticut): Greenwood Press.

HAUSHOFER, Albrecht (1933): Die ländliche Entvölkerung in Grossbritannien. *Zeitschrift für Geopolitik*, 10(1-6), p. 98-100.

HAUSHOFER, Karl (1933): Zum Fragenkreis der Verstädterung, I. *Zeitschrift für Geopolitik*, 10(1-6), p. 100-102.

HAZELRIGG, Lawrence E. (2007): Constructionism and practices of objectivity. In: HOLSTEIN, James A. e MILLER, Gale (orgs.): *Reconsidering Social Constructionism: Debates in Social Problems Theory*. New Brunswick e Londres: Aldine Transaction.

HEALEY, Patsy (1997): *Collaborative Planning: Shaping Places in Fragmented Societies*. Basingstoke: MacMillan.

HEINRICH BÖLL STIFTUNG (2012): *Braune Ökologen: Hintergründe und Strukturen am Beispiel Mecklenburg-Vorpommerns*. Rostock: Heinrich Böll Stiftung (= *Schriften zur Demokratie*, Band 26).

HELLER, Agnes (1998 [1988]): *Além da justiça*. Rio de Janeiro: Civilização Brasileira.

HELLPACH, W. (1936): Ethno-und geopolitische Bedeutung der Grossstadt. *Zeitschrift für Geopolitik*, 13(4), p. 226-234.

HERBER, Lewis [= Murray Bookchin] (1962): *Our Synthetic Environment*. Nova Iorque: Knopf.

HERCULANO, Selene (2008): O clamor por justiça ambiental e contra o racismo ambiental. *InterfacEHS: Revista de Gestão Integrada em Saúde do Trabalho e Meio Ambiente*, 3(1), p. 1-20. *On-line* (16/12/2017): http://www3.sp.senac.br/hotsites/blogs/InterfacEHS/wp-content/uploads/2013/07/art-2-2008-6.pdf.

HEWITT, Kenneth (org.) (1983): *Interpretations of Calamity from the Viewpoint of Human Ecology*. Boston e outros lugares: Allen & Unwin.

HEYNEN, Nik *et al.* (2006): *In the Nature of Cities: Urban Political Ecology and the Politics of Urban Metabolism*. Londres e Nova Iorque: Routledge.

HORKHEIMER, Max (1975a): Teoria tradicional e teoria crítica. In: BENJAMIN/HORKHEIMER/ADORNO/HABERMAS: *Textos escolhidos*. São Paulo: Abril Cultural.

______ (1975b): Filosofia e teoria crítica. In: BENJAMIN/HORKHEIMER/ADORNO/HABERMAS: *Textos escolhidos*. São Paulo: Abril Cultural.

HORKHEIMER, Max e ADORNO, Theodor W. (2006 [1947]): *Dialektik der Aufklärung: Philosophische Fragmente*. Frankfurt (Meno): Fischer.

HOUGH, Peter (2014): *Environmental Security: An Introduction*. Londres e Nova Iorque: Routledge.

HUGHES, J. Donald (2009 [2001]): *An Environmental History of the World: Humankind's Changing Role in the Community of Life*. Londres e Nova Iorque: Routledge, 2ª ed.

HULME, Mike (2009): *Why We Disagree about Climate Change: Understanding Controversy, Inaction and Opportunity.* Cambidge e outros lugares: Cambridge University Press.

______ (2017): *Weathered: Cultures of Climate.* Los Angeles e outros lugares: SAGE.

IBARRA, Peter R. e KITSUSE, John I. (2007): Vernacular constituents of moral discourse: An interactionist proposal for the study of social problems. In: HOLSTEIN, James A. e MILLER, Gale (orgs.): *Reconsidering Social Constructionism: Debates in Social Problems Theory.* New Brunswick e Londres: Aldine Transaction.

ILLICH, Ivan (1975 [1973]): *Tools for Conviviality.* Londres: Fontana.

ITURRALDE, Rosario Soledad (2015): Sufrimiento y riesgo ambiental. Um estúdio de caso sobre las percepciones sociales de los vecinos de 30 de Agosto em el contexto de um conflito socioambiental. *Cuadernos de Antropología Social*, nº 41, p. 79-92.

JAPIASSU, Hilton (1981 [1975]): *O mito da neutralidade científica.* Rio de Janeiro: Imago.

______ (1976): *Interdisciplinaridade e patologia do saber.* Rio de Janeiro: Imago.

KACZYNSKI, Ted [Theodore] (2008): The Truth About Primitive Life: A Critique of Anarchoprimitivism. *On-line* (29/01/2018): https://theanarchistlibrary.org/library/ted-kaczynski-the-truth-about-primitive-life-a-critique-of-anarchoprimitivism.

KAIKA, Maria (2004): Interrogating the geographies of the familiar: Domesticating nature and constructing the autonomy of the modern home. *International Journal of Urban and Regional Research*, 28(2), p. 265-286.

KAIKA, Maria e SWYNGEDOUW, Erik (2013): The Urbanization of Nature: Great Promises, Impasse, and New Beginnings. In: BRIDGE, Gary e WATSON, Sophie (orgs.): *The New Blackwell Companion to the City.* Malden (MA) e outros lugares: Wiley-Blackwell.

KAPLAN, David (2000): The darker side of the "original affluent society". *Journal of Anthropological Research*, 56(3), p. 301-324.

KAPLAN, Robert (1994): The coming anarchy. *The Atlantic Monthly*, Feb., p. 44-76.

KEUCHEYAN, Razmig (2016 [2014]): *Nature is a Battlefield: Towards a Political Ecology*. Cambridge e Malden (MA): Polity Press.

KOZLOWSKY, Jerzy e PETERSON, Ann (2015): *Integrated Buffer Planning: Towards Sustainable Development*. Aldershot (UK) e Burlington (VT): Ashgate.

KROPOTKIN, Piotr (2002a [1885]): What Geography Ought to Be. *The Nineteenth Century*. v. 18, p. 940-56. Disponível na Internet em 12/01/2002: http://dwardmac.pitzer.edu/Anarchist_Archives/kropotkin/whatgeobe.html.

______ (2002b [1893]): On the Teaching of Physiography. *The Geographical Journal*, v. 2, nº 4, p. 350-9. Disponível na Internet em 02/08/2011:

http://dwardmac.pitzer.edu/Anarchist_Archives/kropotkin/teachinggeo.pdf.

______ (2002c [1898]): *Fields, factories and workshops*. Disponível na Internet em12/01/2002: http://dwardmac.pitzer.edu/Anarchist_Archives/kropotkin/fields.html.

______ (2002d [1902]): *Mutual Aid*. Londres: Heinemann. Disponível na Internet em 12/01/2002: http://dwardmac.pitzer.edu/Anarchist_Archives/kropotkin/mutaidcontents.htm.

LACOSTE, Yves (2014 [1976]) : *La géographie, ça sert, d'abord, à faire la guerre*. Paris: La Découverte (edição aumentada).

LATOUR, Bruno (1994 [1991]): *Jamais fomos modernos: Ensaio de Antropologia simétrica*. Rio de Janeiro: Editora 34.

LAUTENSACH, Hermann (1959): Carl Troll — ein Forscherleben. *Erdkunde*, Band XIII, Heft 4, p. 245-258.

LEFEBVRE, Henri (1971): La classe ouvrière est-elle révolutionnaire? *L'Homme et la société*, 21, p. 149-156.

______ (1981 [1974]): *La production de l'espace*. Paris: Anthropos.

______ (1983 [1970]): *La revolución urbana*. Madri: Alianza Editorial, 4ª ed. (edição brasileira: Belo Horizonte, Editora UFMG, 1999).

______ (1991 [1968]): *O direito à cidade*. São Paulo: Moraes.

LEFF, Enrique (2002 [2000]): *Epistemologia Ambiental*. São Paulo: Cortez, 2ª ed.

______ (2015a): Encountering political ecology: Epistemology and emancipation. In: BRYANT, Raymond L. (org.): *The International Handbook of Political Ecology*. Cheltenham (Reino Unido) e Northhampton (MA): Edward Elgar.

______ (2015b): The power-full distribution of knowledge in political ecology: a view from the South. In: PERREAULT, Tom *et al.* (orgs.): *The Routledge Handbook of Political Ecology*. Londres e Nova Iorque: Routledge.

LEMKE, Thomas (2013): Foucault, politics, and failure: A critical review of studies of governmentality. In: NILSSON, Jakob e WALLENSTEIN, Sven-Olov (orgs.): *Foucault, Biopolitics, and Governmentality*. Södertörn University: Södertörn (= Södertörn Philosophical Studies, nº 14).

LEOPOLD, Luna B. *et al.* (1971): *A Procedure for Evaluating Environmental Impact*. Washington: Geological Survey (= Geological Survey Circular 645).

LERNER, Steve (2010): *Sacrifice Zones: The Front Lines of Chemical Exposure in the United States*. Cambridge (MA): The MIT Press.

LEROY, Jean-Pierre *et al.* (2011): *Projeto Avaliação de Equidade Ambiental* (Relatório-síntese). Rio de Janeiro: FASE e IPPUR/UFRJ.

LEROY, Jean-Pierre e MEIRELES, Jeovah (2013): Povos Indígenas e Comunidades Tradicionais: os visados territórios dos invisíveis. In: PORTO, Marcelo Firpo *et al.* (orgs.): *Injustiça ambiental e saúde no Brasil: O mapa de conflitos*. Rio de Janeiro: FIOCRUZ.

LINSALATA, Lucia (2015): *Cuando manda la asamblea. Lo comunitario--popular en Bolívia: Una mirada desde los sistemas comunitarios de agua de Cochabamba*. La Paz: SOCEE, Autodeterminación e Fundación Abril.

LOPES, José S. Leite *et al.* (2004): *A ambientalização dos conflitos sociais: Participação e controle público da poluição industrial*. Rio de Janeiro: Relume Dumará.

LUKÁCS, György (1923): *Geschichte und Klassenbewußtsein. Studien über marxistische Dialektik*. (Texto disponibilizado pela KritischesNetzwerk; *on-line* (05/04/2017) http://www.kritisches-netzwerk.de/sites/default/files/Georg%20Lukacs%20-%20GESCHICHTE%20UND%20KLASSENBEWUSSTSEIN%20-%20Studien%20%C3%BCber%20marxistische%20Dialektik%20(1923)%20-%20275%20Seiten.pdf). (**Outras edições consultadas**: *History and Class Consciousness: Studies in Marxist Dialectics*. Cambridge [MA]: The MIT Press, 1971; *História e consciência de classe: Estudos sobre a dialética marxista*. São Paulo: Martins Fontes, 2003.)

MACHADO, Ana Brasil (2013): *Os ecolimites como dispositivos para a gestão das descontinuidades internas da cidade do Rio de Janeiro*. Rio de Janeiro: mimeo. (dissertação de mestrado em Geografia submetida à UFRJ).

MARCUSE, Herbert (1982 [1964]): *A ideologia da sociedade industrial: O homem unidimensional*. Rio de Janeiro: Zahar.

______ (1992 [1979]): Ecology and the Critique of Modern Society. *Capitalism Nature Socialism. A Journal of Socialist Ecology*, 3(3), p. 29-38.

MARX, Karl (1962 [1867]): *Das Kapital* (Erster Band, Buch 1: Der Produktions--prozeß des Kapitals). In: *Marx-Engels-Werke* (MEW), Band 23. Berlim: Dietz Verlag.

MERLEAU-PONTY, Maurice (2004 [1961]): *O olho e o espírito* (seguido de *A linguagem indireta e as vozes do silêncio* e *A dúvida de Cézanne*). São Paulo: Cosac & Naify.

MERLINSKY, Gabriela (2013a): *Política, derechos y justicia ambiental: El conflicto del Riachuelo*. Buenos Aires: Fondo de Cultura Económica.

______ (2013b): La espiral del conflicto. Una propuesta metodológica para realizar estudios de caso en el análisis de conflictos ambientales. In: MERLINSKY, Gabriela (org.): *Cartografías del conflicto ambiental en Argentina*. Buenos Aires: Ciccus

MERRIFIELD, Andy (2014): The urban question under planetary urbanization. In: BRENNER, Neil (org.): *Implosions/Explosions: Towards a Study of Planetary Urbanization*. Berlim: Jovis.

MIGNOLO, Walter D. (2003 [2000]): *Histórias locais/projetos globais: Colonialidade, saberes subalternos e pensamento liminar*. Belo Horizonte: Editora UFMG.

MINISTÉRIO PÚBLICO DO ESTADO DO RIO DE JANEIRO (2006): *Ação Civil Pública com pedido de Antecipação de Tutela em face do Município do Rio de Janeiro e Cesar Epitácio Maia*. Rio de Janeiro.

MONTEIRO, Carlos Augusto de Figueiredo (1996): Os geossistemas como elemento de integração na síntese geográfica e fator de promoção interdisciplinar na compreensão do ambiente. *Revista de Ciências Humanas*, volume 14, nº 19, p. 67-101.

______ (2001): *Geossistemas: A história de uma procura*. São Paulo: Contexto.

MOORE, Jason (org.) (2016): *Anthropocene or Capitalocene? Nature, History, and the Crisis of Capitalism*. Oakland (CA): PM Press.

MORIN, Edgar (s.d.): *O método*. Lisboa: Europa-América, seis vols. (A publicação original de *La méthode* se deu espraiou ao longo de quase trinta anos, entre 1977 e 2006; uma reedição, com os seis volumes originais consolidados em dois, mas com o texto integral, apareceu em 2008, publicada pela editora Seuil, de Paris.)

NASCIMENTO, Abdias do Nascimento (2002 [1978 e 1981]): *O Brasil na mira do pan-africanismo* (= segunda edição das obras *O genocídio do negro brasileiro* e *Sitiado em Lagos*). Salvador: EDUFBA.

NDABANKULU, Mnikelo *et al.* (2009): Abahlali baseMjondolo: Reclaiming our dignity and voices [entrevista feita por Sokari Ekine]. *On-line* (08/07/2010): http://www.pambazuka.org/en/category/features/58979.

NIMNI, Ephraim (1996): Marx, Engels, and the National Question. In: KYMLICKA, Will (org.): *The Rights of Minority Cultures.* Nova Iorque: Oxford University Press.

OBSERVATORIO PETROLERO SUR (2015): *Polos: Injusticias ambientales e industrialización petrolera en Argentina.* Buenos Aires: Ediciones del Jinete Insomne.

Ó TUATHAIL, Gearóid (1996): *Critical Geopolitics.* Minneapolis: University of Minnesota Press.

OVIEDO, Atawallpa (2013): *Buen vivir versus Sumak Kawsay: Reforma capitalista y revolución alter-nativa. Una propuesta desde los Andes para salir de la crisis global.* Buenos Aires: CICCUS, 3ª edição.

PACHECO, Tania e FAUSTINO, Cristiane (2013): A iniludível e edesumana prevalência do racismo ambiental nos conflitos do mapa. In: PORTO, Marcelo Firpo *et al.* (orgs.): *Injustiça ambiental e saúde no Brasil: O mapa de conflitos.* Rio de Janeiro: FIOCRUZ.

PEET, Richard e WATTS, Michael (2004 [1996]): Liberating political ecology. In: PEET, Richard e WATTS, Michael (orgs.): *Liberation Ecologies: Environment, Development, Social Movements.* Londres e Nova Iorque: Routledge, 2ª ed.

PELLETIER, Philippe (2015): Élisée Reclus et la mésologie. Texto apresentado no Colóquio *Retour des territoires, renouveau de la mésologie* (Università di Corsica, Corte, 26-27 de março de 2015). *On-line* (18/11/2017): https://raforum.info/reclus/IMG/pdf/ER-Mesologie.pdf.

PELLOW, David N. (2007): *Resisting Global Toxics: Transnational Movements for Environmental Justice.* Cambridge (MA) e Londres: The MIT Press.

PEZZULLO, Phaedra C. e SANDLER, Ronald (orgs.) (2007): *Environmental Justice and Environmentalism: The Social Justice Challenge to the Environmental Movement*. Cambridge (MA) e Londres: The MIT Press.

PITHOUSE, Richard (2007): The university of Abahlali baseMjondolo. *On-line* (01/08/2012): http://abahlali.org/node/2814.

PONTING, Clive (2007 [1991]): *A New Green History of the World*. Londres: Penguin.

PORTO, Marcelo Firpo (2013): Injustiça ambiental no campo e nas cidades: do agronegócio químico-dependente às zonas de sacrifício urbanas. In: PORTO, Marcelo Firpo *et al.* (orgs.): *Injustiça ambiental e saúde no Brasil: O mapa de conflitos*. Rio de Janeiro: FIOCRUZ.

PORTO-GONÇALVES, Carlos Walter (1984): *Paixão da Terra: Ensaios críticos de ecologia e Geografia*. Rio de Janeiro: Rocco e Socii.

______ (1998): *Nos varadouros do mundo: da territorialidade seringalista à territorialidade seringueira*. Rio de Janeiro: mimeo. [Tese de doutorado submetida ao Programa de Pós-GraduaçãoemGeografia da UFRJ.]

______ (2001a): *Amazônia, Amazônias*. São Paulo: Contexto.

______ (2001b): *Geo-grafias: movimientos sociales, nuevas territorialidades y sustentabilidad*. México, D.F.: Siglo XXI.

______ (2006): *A globalização da natureza e a natureza da globalização*. Rio de Janeiro: Civilização Brasileira.

______ (2008): De saberes e de territórios: diversidade e emancipação a partir da experiência latino-americana. In: CECEÑA, Ana Esther (org.): *De los saberes de la emancipación y de la dominación*. Buenos Aires: CLACSO

______ (2012): A ecologia política na América Latina: Reapropriação social da natureza e reinvenção dos territórios. *INTERthesis*, 9(1), p.16-50. *On--line* (16/06/2017): https://periodicos.ufsc.br/index.php/interthesis/article/view/1807-1384.2012v9n1p16/23002

______ (2013 [2004]): *O desafio ambiental.* Rio de Janeiro e São Paulo: Record, 4ª ed.

______ (2014 [1989]): *Os (des)caminhos do meio ambiente.* São Paulo: Contexto, 15ª ed.

______ (2017): *Amazônia: Encruzilhada civilizatória. Tensões territoriais em curso.* Rio de Janeiro: Consequência.

QUAINI, Massimo (1979 [1974]): *Marxismo e Geografia.* Rio de Janeiro: Paz e Terra.

QUIJANO, Aníbal (2000): Colonialidad del poder, eurocentrismo y América Latina. In: LANDER, Edgardo (org.): *La colonialidad del saber: eurocentrismo y ciencias sociales. Perspectivas Latinoamericanas.* Buenos Aires: CLACSO.

RADKAU, Joachim (2008 [2002]): *Nature and Power: A Global History of the Environment.* Cambridge e outros lugares: Cambridge University Press e German Historical Institute.

RAWLS, John (1999 [1971]): *A Theory of Justice.* Cambridge (MA): The Belknap Press of Harvard University Press, edição revista.

RECLUS, Élisée (1864): L'Homme et la Nature: De l'action humaine sur la géographie physique. *Revue des Deux Mondes,* vol. 54, p. 762-771 [Comentário bibliográfico sobre *Man and Nature,* de G. P. Marsh.] Reprodução fac-similar disponibilizada na Internet pela Librairie Nationale Française (http://gallica.bnf.fr/arc:/12148/bpt6k66040w).

______ (1868-1869): *La Terre.* Description des phénomènes de la vie du globe. Paris: Hachette, 2 vols. Reprodução fac-similar disponibilizada na Internet pela Librairie Nationale Française (http://gallica.bnf.fr; o endereço específico varia de acordo com o tomo).

______ (1876-1894): *Nouvelle Géographie Universelle: La Terre et les Hommes.* Paris: Hachette, 19 vols. Há uma reprodução fac-similar disponibilizada na Internet pela Librairie Nationale Française (http://gallica.bnf.fr; o endereço específico varia de acordo com o tomo), mas da qual estão ausentes três volumes (4, 11 e 14). [A primeira **versão em inglês**, publicada em Londres por J. S. Virtue & Co. entre 1876 e 1894, quase simultaneamente com a versão original francesa, pode ter a reprodução fac-similar de todos os dezenove tomos acessada por meio do site dos *Anarchy Archives*: http://dwardmac.pitzer.edu/Anarchist_Archives/bright/reclus/recluscol.html. A versão publicada em Nova Iorque entre 1886 e 1898 por D. Appleton and Company sob o título *The Earth and its Inhabitants* também pode ser acessada por meio do mesmo site; faltam, porém, os dois últimos dos dezenove volumes, justamente os dedicados à América do Sul.]

______ (1898): La grande famille. *Le Magazine International*, janeiro, p. 8-12 (Reprodução fac-similar disponibilizada na Internet pela Librairie Nationale Française: http://gallica.bnf.fr/ark:/12148/bpt6k660250.r=reclus.langPT).

______ (1905-1908): *L'Homme et la Terre*. Paris: Librairie Universelle, 6 vols. Reprodução fac-similar disponibilizada na Internet pela Librairie Nationale Française (http://gallica.bnf.fr; o endereço específico varia de acordo com o tomo). [Uma **tradução espanhola**, fisicamente menos acessível, mas que constitui uma alternativa para os leitores que não dominam o francês, foi publicada em 1915 em Barcelona, também em seis volumes, pela Casa Editorial Maucci, sob o título *El Hombre y la Tierra*.]

RIBEIRO, Darcy (2007 [1970]): *As Américas e a civilização: Processo de formação e causas de desenvolvimento desigual dos povos americanos*. São Paulo: Companhia das Letras.

RICHTER, Thomas (2009): *Alexander von Humboldt*. Reinbeck bei Hamburg: Rowohlt.

RILEY, Erin P. (2006): Ethnoprimatology: Toward Reconciliation of Biological and Cultural Anthropology. *Ecological and Environmental Anthropology*, 2(2), p. 75-86.

RISÉRIO, Antonio (2007): *A utopia brasileira e os movimentos negros*. São Paulo: Editora 34.

RIVERA CUSICANQUI, Silvia (2015a [2010]): Pensando desde el *nayrapacha*: una reflexión sobre los lenguajes simbólicos como práctica teórica. In: *Sociología de la imagen: Miradas ch'ixi desde la historia andina*. Buenos Aires: Tinta Limón.

______ (2015b [2010]): Principio Potosí Reverso. Otra mirada a la totalidad. In: *Sociología de la imagen: Miradas ch'ixi desde la historia andina*. Buenos Aires: Tinta Limón.

______ (2015c): Contra el colonialismo interno [= entrevista concedida a Verónica Gago]. *Revista Anfibia*. *On-line* (13/11/2015): http://www.revistaanfibia.com/ensayo/contra-el-colonialismo-interno/.

ROBBINS, Paul (2012 [2004]): *Political Ecology: A Critical Introduction*. Malden (MA) e outros lugares: Wiley-Blackwell, 2ª ed.

RODRÍGUEZ, R. S. (2010): El cambio climático y la Ciudad de México: Retos y oportunidades. In: LEZAMA, J. L. e GRAIZBORD, B. (orgs.): *Los grandes problemas de México* (= IV: Medio Ambiente). México (D.F.): El Colégio de México.

RODRÍGUEZ MIR, Javier (2008): Los movimientos indígenas en América Latina. Resistencias y alteridades en un mundo globalizado. *Gazeta de Antropología*, 24(2). *On-line* (31/10/2017): http://www.ugr.es/~pwlac/G24_37Javier_Rodriguez_Mir.pdf.

ROMERO ARAVENA, Hugo I. *et al.* (2017): Cultura, topoclimatología y cambios de clima en la zona andina del desierto de Atacama. *Anais do XII Simpósio Brasileiro de Geografia Física Aplicada/I Congresso Nacional de Geografia Física*. Campinas: Instituto de Geociências da Unicamp. *On-line* (20/11/2018): https://ocs.ige.unicamp.br/ojs/sbgfa/article/view/2455.

______ (2018): Topoclimatología cultural y ciclos hidrosociales de comunidades andinas chilenas: híbridos geográficos para la ordenación de los territórios. *Cuadernos de Geografía: Revista Colombiana de Geografía*, 27(2), p. 242-261.

ROSA, Luiz Pinguelli (2005-2006): *Tecnociências e humanidades: Novos paradigmas, velhas questões*. São Paulo: Paz e Terra, dois vols.

SAGAN, Carl (2017 [1980]): *Cosmos*. São Paulo: Companhia das Letras, edição revista e atualizada.

SAHLINS, Marshall (1972): *Stone Age Economics*. Chicago e Nova Iorque: Aldine + Atherton.

SALVADOR, Nemésio Neves Batista (2001): Análise crítica das práticas de avaliação de impactos ambientais no Brasil. *Anais do 21° Congresso de Engenharia Sanitária e Ambiental* (código do trabalho: VI-018). *On-line* (20/03/2018): http://www.bvsde.paho.org/bvsaidis/brasil21/vi-018.pdf

SÁNCHEZ, Luis Enrique (2013 [2006]): *Avaliação de impacto ambiental: Conceitos e métodos*. São Paulo: Oficina de Textos, 2ª ed.

SANDBERG, L. Anders *et al.* (2013): *The Oak Ridges Moraine Battles: Development, Sprawl and Nature Conservation in the Toronto Region*. Toronto: University of Toronto Press.

SCHARAGER, A. (2016): La "eliminación de obstáculos" en la causa Riachuelo: Controversias en torno a la relocalización de la Villa 21-24. In: MERLINSKY, Gabriela (org.): *Cartografías del conflicto ambiental en Argentina 2*. Buenos Aires: Ciccus e CLACSO.

SCHILTHUIZEN, Menno (2018): *Darwin Comes to Town: How the Urban Jungle Drives Evolution*. Nova Iorque: Picador.

SCHLOSBERG, David (2009): *Defining Environmental Justice: Theories, Movements, and Nature*. Oxford: Oxford University Press.

SCHMID, Christian (2014): Planetary urbanization. In: BRENNER, Neil (org.): *Implosions/Explosions: Towards a Study of Planetary Urbanization*. Berlim: Jovis.

SCHWARZ, Burkhard R. (1996): *La categoría neocolonial en la problemática ecológica de la Quta Püpu y del Petpuju: Algunas consideraciones sobre el aspecto socio-étnico-cultural*. Uru-Uru (= Oruro): Editorial Qhanasita.

SHRADER-FRECHETTE, Kristin (2002): *Environmental Justice: Creating Equality, Reclaiming Democracy*. Oxford e outros lugares: Oxford University Press.

SILVA, Jorge Xavier da *et al.* (1988): Análise ambiental da APA de Cairuçú. *Revista Brasileira de Geografia*, 50(3), p. 41-83.

SIOLI, Harald (1985 [1983]): *Amazônia: Fundamentos da ecologia da maior região de florestas tropicais*. Petrópolis: Vozes.

SMITH, Neil (1998): Antinomies of space and nature in Henri Lefebvre's *The Production of Space*. In: LIGHT, Andrew e SMITH, Jonathan M. (orgs.): *The Production of Public Space* (= *Philosophy and Geography II*). Lanhan e outros lugares: Rowman & Littlefield.

SODRÉ, Nelson Werneck (1977 [1976]): *Introdução à Geografia (Geografia e ideologia)*. Petrópolis: Vozes, 2ª ed.

SOPER, Kate (1995): *What is Nature?* Oxford e Malden (MA): Blackwell.

SOUZA, Jessé (2015): *A tolice da inteligência brasileira, ou: como o país se deixa manipular pela elite*. São Paulo: LeYa.

______ (2017): *A elite do atraso*. Rio de Janeiro: LeYa.

______ (2018 [2003]): *Subcidadania brasileira: Para entender o país além do jeitinho brasileiro*. Rio de Janeiro: LeYa (edição revista, atualizada e ampliada).

SOUZA, Marcelo Lopes de Souza (1988): *O que pode o ativismo de bairro? Reflexão sobre as limitações e potencialidades do ativismo de bairro à luz de um pensamento autonomista*. Dissertação de mestrado submetida ao Departamento de Geografia da UFRJ.

______ (1997): A expulsão do paraíso: O "Paradigma da Complexidade" e o desenvolvimento sócio-espacial. In: CASTRO, Iná E. de *et al.* (orgs.): *Explorações geográficas*. Rio de Janeiro: Bertrand Brasil, p. 45-87.

______ (2000): *O desafio metropolitano: Um estudo sobre a problemática sócio-espacial nas metrópoles brasileiras*. Rio de Janeiro: Bertrand Brasil.

______ (2006a): *A prisão e a ágora*. Reflexões em torno da democratização do planejamento e da gestão das cidades. Rio de Janeiro: Bertrand Brasil.

______ (2006b): *Together with* the state, *despite* the state, *against* the state: Social movements as "critical urban planning" agents. *City*, 10(3), p. 327-42.

______ (2009): Introdução: A "nova geração" de movimentos sociais urbanos — e a nova onda de interesse acadêmico pelo assunto. *Cidades*, vol. 6, n.º 9 [= número temático *Ativismos sociais e espaço urbano*], p. 9-26.

______ (2012a): The city in libertarian thought: From Élisée Reclus to Murray Bookchin — and beyond. *City*, 16(1-2), p. 5-34.

______ (2012b): Challenging heteronomous power in a globalized world: Insurgent spatial practices, "militant particularism", and multiscalarity. In: KRÄTKE, Stefan *et al.* (orgs.): *Transnationalism and Urbanism*. Nova Iorque e Londres: Routledge, p. 172-196.

______ (2012c): Autogestão, "autoplanejamento", *autonomia*: atualidade e dificuldades das práticas espaciais libertárias dos movimentos urbanos. *Cidades*, vol. 9, nº 15, p. 59-93.

______ (2013): *Os conceitos fundamentais da pesquisa sócio-espacial*. Rio de Janeiro: Bertrand Brasil.

______ (2015a [2014]): Do "direito à cidade" ao *direito ao planeta*: Territórios dissidentes pelo mundo afora — e seu significado na atual conjuntura [duas partes]. In: *Dos espaços de controle aos territórios dissidentes: Escritos de divulgação científica e análise política*. Rio de Janeiro: Consequência.

______ (2015b [2014]): O lugar das pessoas nas agendas "verde", "marrom" e "azul": Sobre a dimensão geopolítica da política ambiental urbana. In: *Dos espaços de controle aos territórios dissidentes: Escritos de divulgação científica e análise política*. Rio de Janeiro: Consequência.

______ (2015c): From the "right to the city" to the right to the *planet*: Reinterpreting our contemporary challenges for socio-spatial development. *City*, 19(4), p. 408-443.

______ (2015d): Proteção ambiental *para quem*? A instrumentalização da ecologia contra o direito à moradia. *Mercator*, 14(4), p. 25-44.

______ (2016a): Consiliência ou bipolarização epistemológica? Sobre o persistente fosso entre as ciências da natureza e as da sociedade — e o papel dos geógrafos. In: SPOSITO, Eliseu S. *et al.* (orgs.): *A diversidade da Geografia brasileira. Escalas e dimensões da análise e da ação*. Rio de Janeiro: Consequência.

______ (2016b): Urban eco-geopolitics: Rio de Janeiro's paradigmatic case and its global context. *City*, 20(6), p. 765-785.

______ (2017): *Por uma Geografia libertária*. Rio de Janeiro: Consequência.

SPEKTOR, D. *et al.* (1991): Effects of heavy industrial pollution on respiratory function in the children of Cubatão, Brazil: A preliminary report. *Environmental Health Perspectives*, Vol. 94, p. 51-54.

SUERTEGARAY, Dirce (2017 [2014]): Geografia e ambiente: Desafios ou novos olhares. In: *(Re)ligar a Geografia: Natureza e sociedade*. Porto Alegre: Compasso Lugar-Cultura.

SWISTUN, Débora (2015): Desastres en cámara lenta: incubación de confusión tóxica y emergencia de justicia ambiental y ciudadanía biológica. *O Social em Questão*, ano XVIII, nº 33, p. 193-214.

SWYNGEDOUW, Erik (2006): Circulations and Metabolisms: (Hybrid) Natures and (Cyborg) Cities. *Science as Culture*, 15 (2), p. 105—121.

SWYNGEDOUW, Erik e HEYNEN, Nik (2003): Urban political ecology, justice and the politics of scale. *Antipode*, 35(5), p. 898-918.

TANSLEY, Arthur G. (1935): The Use and Abuse of Vegetational Concepts and Terms. *Ecology*, 16 (3), p. 284-307.

THOMPSON, Edward (1987 [1963-1968]): *A formação da classe operária inglesa*, 3 vols. (I = *A árvore da liberdade*; II = *A maldição de Adão*; III = *A força dos trabalhadores*). Rio de Janeiro e São Paulo: Paz e Terra.

TIERNEY, Kathleen (2014): *The Social Roots of Risk: Producing Disasters, Promoting Resilience*. Stanford (CA): Stanford University Press.

TOBÍAS, M. (2016): El accesso al agua en Buenos Aires durante la era posneoliberal: ¿Derecho humano o *commodity*? In: MERLINSKY, Gabriela (org.): *Cartografías del conflicto ambiental en Argentina 2*. Buenos Aires: Ciccus e CLACSO.

TOLEDO, Víctor M. e BARRERA-BASSOLS, Narciso (2015 [2008]): *A memória biocultural: A importância ecológica das sabedorias tradicionais*. São Paulo: Expressão Popular e AS-PTA.

TOURAINE, Alain (1973): *Production de la société*. Paris: Seuil.

TRICART, Jean (1977): *Ecodinâmica*. Rio de Janeiro: IBGE (SUPREN).

______ (1994): *Écogéographie des espaces ruraux*. Paris: Nathan.

TRICART, Jean e KILIAN, Jean (1979): *L'écogéographie et l'aménagement du milieu naturel*. Paris: François Maspéro (= Collection Hérodote).

TRISCHLER, Helmuth (2016): The Anthropocene: A challenge for the history of science, technology, and the environment. *NTM Journal of the History of Science, Technology, and Medicine*, 24(3), p. 309-135.

UNITED NATIONS (2015): *World Urbanization Prospects — The 2014 Revision*. Nova Iorque: United Nations.

VALVERDE, Orlando (1971): Dos grandes lagos sul-americanos aos grandes eixos rodoviários. *Cadernos de Ciências da Terra* [São Paulo, Instituto de Geociências da USP], nº 14, p. 1-22. [Publicado anteriormente em *A Amazônia Brasileira em Foco*, nº 5, p. 18-33.]

______ (1989): *Grande Carajás: Planejamento da destruição*. Rio de Janeiro, São Paulo e Brasília: Forense Universitária, EDUSP e Editora UnB.

Van DYKE, Vernon (1996): The Individual, the State, and Ethnic Communities in Political Theory. In: KYMLICKA, Will (org.): *The Rights of Minority Cultures*. Nova Iorque: Oxford University Press.

VEIGA, José Eli da (2002): *Cidades imaginárias: O Brasil é menos urbano do que se calcula*. Campinas: Autores Associados.

VESENTINI, José William (1987 [1986]): *A capital da geopolítica*. São Paulo: Ática, 2ª ed.

VOGEL, Steven (1996): *Against Nature: The Concept of Nature in Critical Theory*. Albany (NY): State University of New York Press.

Von HUMBOLDT, Alexander (2004 [1845-1858; 1862]): *Kosmos: Entwurf einer physischen Weltbeschreibung*. Frankfurt (Meno): Eichborn (edição organizada por Ottmar Ette e Oliver Lubrich).

WALKER, Peter A. (2005): Political ecology: Where is the ecology? *Progress in Human Geography*, 29(1), p. 73-82.

______ (2006): Political ecology: Where is the policy? *Progress in Human Geography*, 30(3), p. 382-395.

WATTS, Michael (2005): Nature: Culture. In: CLOKE, Paul e JOHNSTON, Ron (orgs.): *Spaces of Geographical Thought: Deconstructing Human Geography's Binaries*. SAGE: Londres e outros lugares.

WEBER, Max (1995 [1973; anos variados para os textos individuais originais]): *Metodologia das ciências sociais (Parte 2)*. São Paulo: Cortês e Editora da UNICAMP.

WELSCH, Wolfgang (1996): *Vernunft: Die zeitgenössische Vernunftkritik und das Konzept der transversalen Vernunft*. Frankfurt (Meno): Suhrkamp.

WHATMORE, Sarah (2002): *Hybrid Geographies: Natures, Cultures, Spaces*. SAGE: Londres e outros lugares.

WILCHES-CHAUX, Gustavo (1993): La vulnerabilidad global. In: MASKREY, Andrew (org.): *Los desastres no son naturales*. Bogotá: Red de Estudios Sociales en Prevención de Desastres en América Latina.

WILSON, Edward O. (2000 [1975]): *Sociobiology: The New Synthesis*. Cambridge (MA) e Londres: The Belknap Press of Harvard University Press, edição comemorativa do 25° aniversário da primeira edição.

______ (1998): *Consilience: The Unity of Knowledge*. Nova Iorque: Vintage Books.

______ (2014): *The Meaning of Human Existence*. Nova Iorque e Londres: Liveright.

WOLF, Eric (1972): Ownership and political ecology. *Anthropological Quarterly*, 45(3), p. 201-205.

WULF, Andrea (2016): *The Invention of Nature: Alexander von Humboldt's New World*. Nova Iorque: Aldred A. Knopf. (**Edição brasileira**: *A invenção da natureza: A vida e as descobertas de Alexander von Humboldt*. São Paulo, Planeta, 2016.)

ZERZAN, John (2002): *Running on Emptiness: The Pathology of Civilization*. Los Angeles: Feral House.

______ (2009 [1994]): Future primitive. *On-line* (31/01/2018): https://theanarchistlibrary.org/library/john-zerzan-future-primitive.pdf

ZIBECHI, Raúl (2006): *Dispersar el poder: Los movimientos como poderes antiestatales*. Buenos Aires e La Paz: Tinta Limón e Textos Rebeldes.

Impresso no Brasil pela Lis Gráfica
em papel Pólen Soft 70g/m².